高 等 学 校 教 材

化工原理实验

张伟光　李金龙　王 欣　主编

HUAGONG

YUANLI

SHIYAN

化学工业出版社

·北 京·

《化工原理实验》共七章，内容涉及化工原理实验基础知识、基础实验、演示性实验、仿真实验四大部分。1～4章主要介绍化工原理实验相关的基础知识和基本技能，包括化工原理实验的基本要求，实验安全注意事项与环保要求，实验数据测量及误差，实验数据的处理与实验设计方法，以及化工实验参数测量及常用仪器仪表，目的是在实验所涉及范围内，能够方便学生查取相关知识；第5章详细介绍了化工原理典型单元操作共14个实验，内容涵盖了验证性实验、设计性实验和综合性实验三大类；为了增加学生对某些知识和现象的感性认识，第6章中介绍了一些演示实验；第7章介绍了计算机数据采集的综合性实验和计算机仿真实验；另外附录汇总了部分法定计量单位及其换算、化工常用参数、有关仪器的操作简介等。

　　《化工原理实验》可作为普通高等院校化工类及其相关专业的化工原理实验或相关技术基础课的教材或教学参考书，也可供化工、石油、纺织、食品、环境、制药等领域的科技人员参考。

图书在版编目（CIP）数据

化工原理实验/张伟光，李金龙，王欣主编．—北京：化学工业出版社，2017.2（2020.9重印）
ISBN 978-7-122-28805-9

Ⅰ.①化…　Ⅱ.①张…②李…③王…　Ⅲ.①化工原理-实验　Ⅳ.①TQ02-33

中国版本图书馆CIP数据核字（2016）第321401号

责任编辑：宋　薇　马　波　　　　　　　装帧设计：张　辉
责任校对：王素芹

出版发行：化学工业出版社（北京市东城区青年湖南街13号　邮政编码100011）
印　　装：北京虎彩文化传播有限公司
787mm×1092mm　1/16　印张12¾　字数322千字　2020年9月北京第1版第4次印刷

购书咨询：010-64518888　　　　　　　　售后服务：010-64518899
网　　址：http://www.cip.com.cn
凡购买本书，如有缺损质量问题，本社销售中心负责调换。

定　　价：45.00元　　　　　　　　　　　　　　版权所有　违者必究

前言

　　化工原理实验是化工类及其相关专业的一门重要的工程实践课程，它是在学习化工原理理论课的基础上进行的实践性环节，是对理论教学的验证、补充和强化。在实践教学中引导学生运用已学过的知识验证一些结论、结果和现象，或综合运用所学理论知识设计实验和进行综合性的实验，以训练学生对知识的运用能力，实验操作技能、仪器仪表的使用能力，实验数据的处理和分析能力，而且还能培养学生一丝不苟、科学严谨、实事求是的学习态度。

　　《化工原理实验》由教学第一线的教师，在多年教学实践的基础上，结合新进实验仪器设备编写而成，教材编写过程中注意强调对学生多种实验能力和素质的培养与训练；做到概念清晰，层次分明，阐述简洁、易懂，便于学生自学；强调化工原理实验中的共性问题，有较强的通用性。

　　全书共七章，涉及化工原理实验基础知识、基础实验、演示性实验、仿真实验四大部分。1～4 章介绍化工原理实验相关的基础知识和基本技能，包括化工原理实验的基本要求，实验安全注意事项与环保要求，实验数据测量及误差，实验数据的处理与实验设计方法，以及化工实验参数测量及常用仪器仪表，目的是在实验所涉及范围内，能够方便学生查取；第 5 章详细介绍了化工原理典型单元操作共 14 个实验，内容涵盖了验证性实验、设计性实验和综合性实验三大类；为了增加学生对知识和现象的感性认识，第6 章中介绍了一些演示实验；第 7 章介绍了计算机数据采集的综合性实验和计算机仿真实验；附录汇总了部分法定计量单位及其换算、化工常用参数、有关仪器的操作简介等。

　　《化工原理实验》由齐齐哈尔大学组织编写，张伟光、李金龙、王欣任主编，秦世丽和马艳莹任副主编。各部分编写分工如下：第 1 章、第 3 章由秦世丽编写；第 2 章由李金龙编写；第 4 章由马艳莹和王欣编写；第 5 章至第 7 章由马艳莹和张伟光编写；附录由李金龙编写、整理；全书由张伟光统稿。在编写过程中，辛杨、邢进、邸凯、赵国君、佟白等做了大量的数据收集和文字整理工作，提出了许多宝贵意见；全书成稿过程中参考了近年来出版的诸多化工原理实验相关书籍，在此一并向作者表示感谢。

　　由于本书涉及内容较广，限于编者水平，书中若有疏漏和不足之处，恳请广大读者批评指正。

编者

2016 年 11 月

目录

3

第3章

实验数据的处理与实验设计方法

4

第4章

化工实验参数测量及常用仪器仪表

第1章

绪 论

1.1 化工原理实验的基本要求

1.1.1 化工原理实验的地位和教学目的

化工原理是化工、制药、环境、轻化、生物工程等专业学生必修的一门专业基础课程。它主要研究生产过程中各种单元操作的规律，并利用这些规律解决实际生产中的过程问题，是一门实践性很强的专业基础课程。化工原理实验则是学习、掌握和运用这门课程必不可少的重要环节，它与理论教学和课程设计等教学环节构成一个有机的整体。化工原理实验属于工程实验范畴，与一般化学实验相比，不同之处在于它具有工程特点，有些实验具有中试规模或中间实验规模，所得到的结论对于化工单元操作设备的设计，具有重要的指导意义。

通过化工原理实验教学不仅使学生巩固了对化工原理的理解，更重要的是对学生进行了系统和严格的工程实验训练，使学生在实验中增长知识，培养学生对实验现象敏锐的观察能力、运用各种实验手段正确获取实验数据的能力、分析归纳实验数据和实验现象的能力、由实验数据和实验现象得出结论并提出自己见解的能力、增强创新意识和提高分析与解决工程实际问题的能力。通过化工原理实验教学，力求达到以下教学目的。

（1）巩固和深化理论知识

在学习化工原理课程的基础上，进一步理解一些比较典型的已被或将被广泛应用的化工过程与设备的原理和操作，巩固和深化化工原理的理论知识。

（2）提供一个理论联系实际的机会

用所学的化工原理等理论知识去解决实验中遇到的各种实际问题，同时学习在化工领域内如何通过实验获得新的知识和信息。

（3）培养学生从事科学实验的能力

① 为了完成某一研究课题，设计实验方案的能力。

② 进行实验，观察和分析实验现象以及解决实验问题的能力。

③ 正确选择和使用测量仪表的能力。

④ 利用实验的原始数据进行数据处理以获得实验结果的能力。

⑤ 运用文字表达技术报告的能力等。

学生只有通过一定数量的实验训练，才能掌握各种实验技能，为将来从事科学研究和解决工程实际问题打好坚实的基础。

（4）培养科学的思维方法、严谨的科学态度和良好的科学作风

通过误差分析及数据整理，使学生严肃对待参数测量、取样等各个环节，注意观察实验中的各种现象，运用所学的理论去分析实验装置结构、操作等对测量结果的影响，严格遵守操作规程，集中精力进行观察、记录和思考。掌握数据处理方法，分析和归纳实验数据，实事求是地得出实验结论，通过与理论比较，提出自己的见解，分析误差的性质和影响程度，培养学生严肃认真的学习态度和实事求是的科学态度。

总之，化工原理实验教学的目的是着重于实践能力和解决实际问题能力的培养。这种能力的培养是课堂教学所无法替代的。

1.1.2　化工原理实验的教学内容

(1) 实验理论教学

主要讲述化工原理实验教学的目的、要求和方法；化工原理实验的特点；化工原理实验的研究方法；实验数据的误差分析；实验数据的处理方法；与化工原理实验有关的计算机数据采集与控制的基本知识等。

(2) 计算机仿真实验

包括仿真运行、数据处理和实验测评三部分。

(3) 典型单元操作实验

为了适应不同层次、不同专业的教学要求，我们把实验分为三个层次，即演示实验、基础实验和综合设计实验。

1.1.3　化工原理实验的教学方法

由于工程实验是一项技术工作，它本身就是一门重要的技术学科，有其自己的特点和体系。为了切实加强实验教学环节，将实验课单独设课。化工原理实验课程是由若干教学环节组成的，即实验理论课、撰写预习报告、实验前提问、实验操作、撰写实验研究报告和实验考核。实验理论课主要阐明实验基本原理、流程设计、测试技术及仪表的选择和使用方法、典型化工设备的操作、实验操作要点和数据处理注意事项等内容。实验前提问是为了检查学生对实验内容的准备程度。实验操作是整个实验教学中最重要的环节，要求学生在该过程中能正确操作，认真观察实验现象，准确记录实验数据。实验研究报告应独立完成，并按照标准的科研报告形式撰写。

1.1.4　化工原理实验的基本要求

化工原理实验是用工程装置进行实验的，第一次接触常感到陌生、无从下手，同时是几个人一组完成一个实验操作，如果在操作中互相配合不好，将直接影响实验结果。所以，为了切实增强教学效果，要求学生必须认真对待以下几个环节。

(1) 实验前预习

① 认真阅读实验教材，复习课程教材以及参考书的有关内容，清楚地掌握实验项目的要求，实验所依据的原理，实验步骤及所需测量的参数。熟悉实验所用测量仪表的使用方法，掌握其操作和安全注意事项。应试图对每个实验提出问题，带着问题到实验室现场预习。

② 到实验室现场熟悉设备装置的结构和流程，摸清测试点和控制点的位置。确定操作程序、所测参数项目、所测参数单位及所测数据点如何分布等。

③ 具有 CAI 计算机辅助教学手段时，可以让学生进行计算机仿真练习。通过计算机仿真练习，熟悉各个实验装置的组成、性能、实验操作步骤和注意事项，思考并回答有关问题，强化对基础理论和实验过程的理解，以增强实验效果。

④ 学生在预习和仿真练习的基础上写出实验预习报告。预习报告的内容应包括实验目的、原理、流程、操作步骤和注意事项等。准备好原始数据记录表格，并标明各参数的单位。

⑤ 特别要考虑一下设备的哪些部分或操作中哪个步骤会产生危险，如何防护，以保证实验过程中的人身和设备安全。不预习者不准做实验。预习报告经指导教师检查通过后方可进行实验。

（2）实验操作

一般以 3～4 人为一小组合作进行实验，实验前必须做好组织工作，做到既分工又合作，每个组员要各负其责，并且要在适当的时候进行工作轮换，这样既能保证质量，又能获得全面的训练。

（3）实验数据的测定、记录和处理

① 确定要测定哪些数据。凡是与实验结果有关或是整理数据时必需的参数都应一一测定。原始数据记录表的设计应在实验前完成。原始数据应包括工作介质性质、操作条件、设备几何尺寸及大气条件等。并不是所有数据都要直接测定，凡是可以根据某一参数推导出或根据某一参数由手册查出的数据，就不必直接测定。例如水的黏度、密度等物理性质，一般只要测出水温后即可查出，因此不必直接测定水的黏度、密度，而应该改测水的温度。

② 实验数据的分割。一般来说，实验时要测的数据尽管有许多个，但常常选择其中一个数据作为自变量来控制，而把其他受其影响或控制的随之而变的数据作为因变量，如离心泵特性曲线就把流量选择为自变量，而把其他同流量有关的扬程、轴功率、效率等作为因变量。实验结果又往往要把这些所测的数据标绘在各种坐标系上，为了使所测数据在坐标上得到分布均匀的曲线，这里就涉及到实验数据均匀分割的问题。化工原理实验最常用的有两种坐标：直角坐标和双对数坐标，坐标不同所采用的分割方法也不同。其分割值 x 与实验预定的测定次数 n 以及其最大、最小的控制量 x_{max}、x_{min} 之间的关系如下：

a. 对于直角坐标系：

$$x_i = x_{min} \qquad \Delta x = \frac{x_{max} - x_{min}}{n-1} \qquad \Delta x_{i+1} = x_i + \Delta x$$

b. 对于双对数坐标：

$$x_i = x_{min} \qquad \lg \Delta x = \frac{\lg x_{max} - \lg x_{min}}{n-1}$$

$$\therefore \Delta x = \left(\frac{x_{max}}{x_{min}}\right)^{\frac{1}{n-1}} \qquad x_{i+1} = x_i \cdot \Delta x$$

③ 读数与记录。

a. 待设备各部分运转正常，操作稳定后才能读取数据，如何判断是否已达稳定？一般是经两次测定其读数应相同或十分相近。当变更操作条件后各项参数达到稳定需要一定的时间，因此也要待其稳定后方可读数，否则易造成实验结果无规律甚至反常。

b. 同一操作条件下，不同数据最好是数人同时读取，若操作者同时兼读几个数据时，应尽可能动作敏捷。

c. 每次读数都应与其他有关数据及前一点数据对照，看看相互关系是否合理？如不合理应查找原因，是现象反常还是读错了数据？并要在记录上注明。

d. 所记录的数据应是直接读取的原始数值，不要经过运算后记录，例如秒表读数 1 分 23 秒，应记为 $1'23''$，不要记为 $83''$。

e. 读取数据必须充分利用仪表的精度，读至仪表最小分度以下一位数，这个数应为估计值。如水银温度计最小分度为 0.1℃，若水银柱恰好指 22.4℃ 时，应记为 22.40℃。注意过多取估计值的位数是毫无意义的。

碰到有些参数在读数过程中波动较大，首先要设法减小其波动。在波动不能完全消除的情况下，可取波动的最高点与最低点两个数据，然后取平均值，在波动不很大时可取一次波动的高低点之间的中间值作为估计值。

f. 不要凭主观臆测修改记录数据，也不要随意舍弃数据，对可疑数据，除有明显原因，如读错、误记等情况使数据不正常可以舍弃之外，一般应在数据处理时检查处理。

g. 记录完毕要仔细检查一遍，有无漏记或记错之处，特别要注意仪表上的计量单位。实验完毕，须将原始数据记录表格交给指导教师检查并签字，认为准确无误后方可结束实验。

④ 数据的整理及处理。

a. 原始记录只可进行整理，绝不可以随便修改。经判断确实为过失误差造成的不正确数据须注明后可以剔除不计入结果。

b. 采用列表法整理数据清晰明了，便于比较，一张正式实验报告一般要有四种表格：原始数据记录表、中间运算表、综合结果表和结果误差分析表。中间运算表之后应附有计算示例，以说明各项之间的关系。

c. 运算中尽可能利用常数归纳法，以避免重复计算，减少计算错误。例如流体阻力实验，计算 Re 和 λ 值，可按以下方法进行。

例如，Re 的计算

$$Re = \frac{du\rho}{\mu}$$

其中，d、μ、ρ 在水温不变或变化甚小时可视为常数，合并为 $A = \frac{d\rho}{\mu}$，故有

$$Re = Au$$

A 的值确定后，改变 u 值可算出 Re 值。

又例如，管内摩擦系数 λ 值的计算，由直管阻力计算公式

$$\Delta p = \lambda \frac{l}{d} \frac{\rho u^2}{2}$$

得

$$\lambda = \frac{d}{l} \cdot \frac{2}{\rho} \cdot \frac{\Delta P}{u^2} = B' \frac{\Delta P}{u^2}$$

式中，常数 $B' = \frac{d}{l} \frac{2}{\rho}$。

又实验中流体压降 ΔP，用 U 形管压差计读数 R 测定，则

$$\Delta P = gR(\rho_0 - \rho) = B''R$$

式中，常数 $B'' = g(\rho_0 - \rho)$。

将 Δp 代入上式整理为

$$\lambda = B'B'' \frac{R}{u^2} = B \frac{R}{u^2}$$

式中，常数 $B = \frac{d}{l} \cdot \frac{2g(\rho_0 - \rho)}{\rho}$。

仅有变量 R 和 u，这样 λ 的计算非常方便。

d. 实验结果及结论用列表法、图示法或回归分析法来说明都可以，但均需标明实验条件。

（4）撰写实验报告

实验报告是对实验工作的全面总结，实验报告是一份技术文件，是技术部门对实验结果进行评估的文字材料。实验报告必须写得简明、数据完整、结论明确、有讨论、有分析，得出的公式或图线有明确的使用条件。撰写实验报告的能力也需要经过严格训练，为今后写好研究报告和科学论文打下基础。因此要求学生各自独立完成这项工作。化工原理实验具有显著的工程性，属于工程技术科学的范畴，它研究的对象是复杂的实际问题和工程问题，因此，化工原理的实验报告可以按传统实验报告格式或小论文格式撰写。

1.1.5　实验报告的撰写规范

1.1.5.1　传统实验报告格式

本课程实验报告的内容应包括以下几项：

（1）实验报告的封面

实验名称，报告人姓名、班级及同组实验人姓名，实验地点，指导教师，实验日期。

（2）实验目的和内容

简明扼要地说明为什么要进行本实验，实验要解决什么问题。

（3）实验的理论依据（实验原理）

简要说明实验所依据的基本原理，包括实验涉及的主要概念，实验依据的重要定律、公式及据此推算的重要结果。要求准确、充分。

（4）实验装置流程示意图

简单地画出实验装置流程示意图和测试点、控制点的具体位置及主要设备、仪表的名称。标出设备、仪器仪表及调节阀等的标号，在流程图的下方写出图名及与标号相对应的设备、仪器等的名称。

（5）实验操作要点

根据实际操作程序划分为几个步骤，并在前面加上序数词，以使条理更为清晰。对于操作过程的说明应简单、明了。

（6）注意事项

对于容易引起设备或仪器仪表损坏、容易发生危险以及一些对实验结果影响比较大的操作，应在注意事项中注明，以引起注意。

（7）原始数据记录

记录实验过程中从测量仪表所读取的数值。读数方法要正确，记录数据要准确，要根据仪表的精度决定实验数据的有效数字的位数。

（8）数据处理

数据处理是实验报告的重点内容之一，要求将实验原始数据经过整理、计算、加工成表格或图的形式。表格要易于显示数据的变化规律及各参数的相关性；图要能直观地表达变量间的相互关系。

（9）数据处理计算过程举例

以某一组原始数据为例，把各项计算过程列出，以说明数据整理表中的结果是如何得到的。

（10）实验结果的分析与讨论

实验结果的分析与讨论是作者理论水平的具体体现，也是对实验方法和结果进行的综合分析研究，是工程实验报告的重要内容之一，主要内容包括：

① 从理论上对实验所得结果进行分析和解释，说明其必然性。

② 对实验中的异常现象进行分析讨论，说明影响实验的主要因素。

③ 分析误差的大小和原因，指出提高实验结果的途径。

④ 将实验结果与前人和他人的结果对比，说明结果的异同，并解释这种异同。

⑤ 本实验结果在生产实践中的价值和意义，推广和应用效果的预测等。

⑥ 由实验结果提出进一步的研究方向或对实验方法及装置提出改进建议等。

(11) 实验结论

实验结论是根据实验结果所作出的最后判断，得出的结论要从实际出发，有理论依据。

1.1.5.2 科学论文格式

科学论文有其特定的写作格式，其构成常包括以下部分：标题、作者和单位、中英文摘要、关键词、前言、正文、结论（或结果讨论）、致谢、参考文献、附录、外文摘要等。

(1) 标题

标题又叫题目，它是论文的总纲，是文献检索的依据，是全篇文章的实质与精华，也是引导读者判断是否阅读该文的一个依据，因此要求标题能准确地反映论文的中心内容。

(2) 作者和单位

署名作者只限于那些选定研究课题和制定研究方案，直接参加全部或主要研究工作，做出主要贡献并了解论文报告的全部内容，能对全部内容负责解答的人。工作单位写在作者名下。

(3) 摘要

撰写摘要的目的是让读者一目了然本文研究了什么问题，用什么方法，得到什么结论，这些结果有什么意义，是对论文内容不加注解和评论的概括性陈述，是全文的高度浓缩，一般是文章完成后，最后提炼出来的。摘要的长短一般以几十字至 300 字为宜。

(4) 关键词

关键词是将论文中起关键作用的、最说明问题的、代表论文内容特征的或最有意义的词选出来，便于检索，可选 3~8 个关键词。

(5) 前言

前言，又叫引言、导言、序言等，是论文主体部分的开端。前言贵在言简意明，条理清楚，不与摘要雷同。比较短的论文只要一小段文字作简要说明，则不用"前言"或"引言"两字。前言一般包括以下几项内容：

① 研究背景和目的：说明从事该项研究的理由，其目的与背景是密不可分的，便于读者去领会作者的思路，从而准确地领会文章的实质。

② 研究范围：指研究所涉及的范围或所取得成果的适用范围。

③ 相关领域里前人的工作和知识空白：实事求是地交代前人已做过的工作或是前人并未涉足的问题，前人工作中有什么不足并简述其原因。

④ 研究方法：指研究采用的实验方法或实验途径。前言中只提及方法的名称即可，无须展开细述。

⑤ 预想结果和意义：扼要提出本文将要解决什么问题以及解决这些问题有什么重要意义。

(6) 正文

正文是论文的核心部分，这一部分的形式主要根据作者意图和文章的内容决定，不可能也不应该规定一个统一的形式，下面只介绍以实验为研究手段的论文或技术报告。

① 实验原材料及其制备方法。

② 实验所用设备、装置和仪器等。

③ 实验方法和过程，说明实验所采用的是什么方法，实验过程是如何进行的，操作上应注意什么问题。要突出重点，只写关键性步骤。如果是采用前人或他人的方法，只写出方法的名称即可；如果是自己设计的新方法，则应写得详细些。在此详细说明本文的研究工作过程，包括理论分析和实验过程，可根据论文内容分成若干个标题来叙述其演变过程或分析结论，每个标题的中心内容也是本文的主要结构之一。或者说整个文章有一个中心点，每个标题是它的分论点，它是从不同角度、不同层次支持、证明中心论点的一些观点，他们又可以看作是中心论点的论据。

（7） 实验结果与分析讨论

这部分内容是论文的重点，是结论赖以产生的基础。需对数据处理的实验结果进一步加以整理，从中选出最能反映事物本质的数据或现象，并将其制成便于分析讨论的图或表。分析是指从理论（机理）上对实验所得的结果加以解释，阐明自己的新发现或新见解。写这部分时应注意以下几个问题：

① 选取数据时，必须严肃认真，实事求是。选取数据要从必要性和充分性两方面去考虑，决不可随意取舍，更不能伪造数据。对于异常的数据，不要轻易删掉，要反复验证，查明是因工作差错造成的，或是事情本来就如此，或是意外现象。

② 对图和表，要精心设计、制作，图要能直观地表达变量间的相互关系；表要易于显示数据的变化规律及各参数的相关性。

③ 分析问题时，必须以事实为基础，以理论为依据。

总之，在结果与分析中既要包含所取得的结果，还要说明结果的可信度、再现性和误差，以及与理论或分析结果的比较、经验公式的建立上存在的问题等。

（8） 结论（结束语）

结论是论文在理论分析和计算结果（实验结果）中分析和归纳的观点，它是以结果和讨论（或实验验证）为前提，经过严密的逻辑推理做出的最后判断，是整个研究过程的结晶，是全篇论文的精髓。据此可以看出研究成果的水平。

（9） 致谢

致谢的作用主要是表示尊重所有合作者的劳动。致谢对象包括除作者以外所有对研究工作和论文写作有贡献、有帮助的人，如：指导过论文写作的专家、教授；帮助收集和整理资料者；对研究工作和论文写作提过建议的人等。

（10） 参考文献

参考文献反映作者的科学态度，也反映作者对文献掌握的广度和深度，可提示读者查阅原始文献，同时也表示作者对他人成果的尊重。一般来说，前言部分所列的文献都应与主题有关；在方法部分，常需引用一定的文献与之比较；在讨论部分，要将自己的结果与同行的有关研究进行比较，这种比较都要以别人的原始出版物为基础。对引用的文献按其在论文中出现的顺序，用阿拉伯数字连续编码，并顺序排列。

被引用的文献为期刊论文的单篇文献时，著录格式为："顺序号．作者．题名［J］．刊名，出版年，卷号（期号）：引文所在的起止页码"。被引用的文献为图书、科技报告等整本文献时，著录格式为："顺序号．作者．文献书名［M］．版本（第一版不标注）．出版地址：出版者，出版年；引用资料所在的起止页码"。其他出版物可参照科技论文参考文献引用格式，这里不再一一列举。

（11） 附录

附录是在论文末尾作为正文主体的补充项目，并不是必需的。对于某些数量较大的重要原始数据、篇幅过大不便于作正文的材料、对专业同行有参考价值的资料等可作为附录，放在论文的最后（参考文献之后）。

（12）外文摘要

对于正式发表的论文，有些刊物要求要有外文摘要。通常是将中文标题（Topic）、作者（Author）、摘要（Abstract）及关键词（Key words）译为英文。

用论文形式撰写"化工原理实验"的实验报告，可极大地提高学生写作能力、综合应用知识能力和科研能力。可为学生今后撰写毕业论文和工作后撰写学术论文打下坚实的基础，是一种综合素质和能力培养的重要手段，应提倡这种形式的实验报告。但无论何种形式的实验报告，均应体现它的学术性、科学性、理论性、规范性、创造性和探索性。论文和参考文献的格式，具体参考国家标准：GB 7713—1987《科学技术报告、学位论文和学术论文的编写格式》和 GB 7714—1987《文后参考文献著录规则》。

实验报告必须力求简明、书写工整、文字通顺、数据完全、结论明确。图形图表的绘制必须用直尺、曲线板或计算机数据处理。

报告应在指定时间交给指导老师批阅。

1.1.6　化工原理实验课程的研究方法

工程实验不同于基础课程的实验，后者采用的方法是理论的、严密的，研究的对象通常是简单的、基本的甚至是理想的，而工程实验面对的是复杂的实验问题和工程问题，对象不同，实验研究方法必然不一样，工程实验的困难在于变量多，涉及的物料千变万化，设备大小悬殊，困难可想而知。化学工程学科，如同其他工程学科一样，除了生产经验总结以外，实验研究是学科建立和发展的重要基础。多年来，化工原理在发展过程中形成的研究方法有直接实验法、因次分析法和数学模型法三种。

1.1.6.1　直接实验法

这是一种解决工程实际问题的最基本的方法，对特定的工程问题直接进行实验测定，所得到的结果也较为可靠，但它往往只能用到条件相同的情况，具有较大的局限性。例如过滤某种物料，已知滤浆的浓度，在某一恒压条件下，直接进行过滤实验，测定过滤时间和所得滤液量，根据过滤时间和所得滤液量两者之间的关系，可以作出该物料在某一压力下的过滤曲线。如果滤浆浓度改变或过滤压力改变，所得过滤曲线也将不同。

对一个多变量影响的工程问题，为研究过程的规律，往往采用网格法规划实验，即依次固定其他变量，改变某一变量测定目标值。比如影响流体阻力的主要因素有：管径 d、管长 l、平均流速 u、流体密度 ρ、流体黏度 μ 及管壁粗糙度 ε，变量数为 6，如果每个变量改变条件次数为 10 次，则需要做 1×10^6 次实验，不难看出变量数是出现在幂上，涉及变量越多，所需实验次数将会剧增，因此实验需要在一定的理论指导下进行，以减少工作量，并使得到的结果具有一定的普遍性。

1.1.6.2　因次分析法

因次分析法所依据的基本理论是因次一致性原则和白金汉（Buckingham）的 π 定理。因次一致性原则是：凡是根据基本的物理规律导出的物理量方程，其中各项的因次必然相同。白金汉的 π 定理是：用因次分析所得到的独立的因次数群个数，等于变量数与基本因次数之差。

因次分析法是将多变量函数整理为简单的无因次数群的函数，然后通过实验归纳整理出算图或准数关系式，从而大大减少实验工作量，同时也容易将实验结果应用到工程计算和设计中。

使用因次分析法时应明确因次与单位是不同的，因次又称量纲，是指物理量的种类，而单位是比较同一种类物理量大小所采用的标准，比如，力可以用牛顿、公斤、磅来表示，但单位的种类同属质量类。

因次有两类：一类是基本因次，它们是彼此独立的，不能相互导出；另一类是导出因次，由基本因次导出。例如，在力学领域内基本因次有三个，通常为长度 [L]、时间 [T]、质量 [M]，其他力学的物理量的因次都可以由这三个因次导出并可写成幂指数乘积的形式。

现设某个物理量的导出因次为 Q：$[Q] = [M^a L^b T^c]$，式中 a、b、c 为常数。如果基本因次的指数均为零，这个物理量称为无因次数（或无因次数群），如反映流体流动状态的雷诺数就是无因次数群。因次分析法的具体步骤为：

① 找出影响过程的独立变量。
② 确定独立变量所涉及的基本因次。
③ 构造因变量和自变量的函数式，通常以指数方程的形式表示。
④ 用基本因次表示所有独立变量的因次，得出各独立变量的因次式。
⑤ 依据物理方程的因次一致性原则和 π 定理得到准数方程。
⑥ 通过实验归纳总结准数方程的具体函数式。

以获得流体在管内流动的阻力和摩擦系数 λ 的关系式为例。根据摩擦阻力的性质和有关实验研究，得知由于流体内摩擦而出现的压力降 Δp 与 6 个因素有关，写成函数关系式为：

$$\Delta p = f(d, l, u, \rho, \mu, \varepsilon) \tag{1-1}$$

这个隐函数是什么形式并不知道，但从数学上讲，任何非周期性函数，用幂函数的形式逼近是可取的，所以化工上一般将其改为下列幂函数的形式：

$$\Delta p = K d^a l^b u^c \rho^d \mu^e \varepsilon^f \tag{1-2}$$

尽管上式中各物理量上的幂指数是未知的，但根据因次一致性原则可知，方程式等号右侧的因次必须与 Δp 的因次相同，那么组合成几个无因次数群才能满足要求呢？由式(1-1)分析，变量数 $n=7$（包括 Δp），表示这些物理量的基本因次 $m=3$（质量 [M]、长度 [L]、时间 [T]），因此根据白金汉的 π 定理可知，组成的无因次数群的数目为 $N = n - m = 4$。

通过因次分析，将变量无因次化。式(1-2)中各物理量的因次分别是：

$$\Delta p = [ML^{-1}T^2] \qquad d = l = [L] \qquad u = [LT^{-1}]$$
$$\rho = [ML^{-3}] \qquad \mu = [ML^{-1}T^{-1}] \qquad \varepsilon = [L]$$

将各物理量的因次代入式(1-2)，则两端因次为：

$$ML^{-1}T^{-2} = KL^a L^b (LT^{-1})^c (ML^{-3})^d (ML^{-1}T^{-1})^e L^f$$

根据因次一致性原则，上式等号两边各基本量的因次的指数必然相等，可得方程组：

对基本因次 [M]　　　$d + e = 1$
对基本因次 [L]　　　$a + b + c - 3d - e - f = -1$
对基本因次 [T]　　　$-c - e = -2$

此方程组包括 3 个方程，却有 6 个未知数，设用其中三个未知数 b、e、f 来表示 a、d、c，解此方程组。可得：

$$\begin{cases} a = -b - c + 3d + e - f - 1 \\ d = 1 - e \\ c = 2 - e \end{cases} \qquad \begin{cases} a = -b - e - f \\ d = 1 - e \\ c = 2 - e \end{cases}$$

将求得的 a、d、c 代入式(1-2)，即得：

$$\Delta p = K d^{-b-e-f} l^b u^{2-e} \rho^{1-e} \mu^e \varepsilon^f \tag{1-3}$$

将指数相同的各物理量合并在一起得：

$$\frac{\Delta p}{u^2 \rho} = K \left(\frac{l}{d}\right)^b \left(\frac{du\rho}{\mu}\right)^{-e} \left(\frac{\varepsilon}{d}\right)^f \qquad (1\text{-}4)$$

$$\Delta p = 2K \left(\frac{l}{d}\right)^b \left(\frac{du\rho}{\mu}\right)^{-e} \left(\frac{\varepsilon}{d}\right)^f \left(\frac{u^2 \rho}{2}\right) \qquad (1\text{-}5)$$

将此式与计算流体在管内摩擦阻力的公式

$$\Delta P = \lambda \frac{l}{d} \left(\frac{u^2 \rho}{2}\right) \qquad (1\text{-}6)$$

相比较，整理得到研究摩擦系数 λ 的关系式，即

$$\lambda = 2K \left(\frac{du\rho}{\mu}\right)^{-e} \left(\frac{\varepsilon}{d}\right)^f \qquad (1\text{-}7)$$

或

$$\lambda = \Phi \left(Re \cdot \frac{\varepsilon}{d}\right) \qquad (1\text{-}8)$$

由以上分析可以看出：在因次分析法的指导下，将一个复杂的多变量的管内流体阻力的计算问题，简化为摩擦系数 λ 的研究和确定。它是建立在正确判断过程影响因素的基础上，进行了逻辑加工而归纳出的数群。上面的例子只能告诉我们：λ 是 Re 与 ε/d 的函数，至于它们之间的具体形式，归根到底还得靠实验来实现。通过实验变成一种算图或经验公式用以指导工程计算和工程设计。著名的莫狄（Moody）摩擦系数图即"摩擦系数 λ 与 Re、ε/d 的关系曲线"就是这种实验的结果。许多实验研究了各种具体条件下的摩擦系数 λ 的计算公式，其中较著名的，如适用于光滑管的柏拉修斯（Blasius）公式：

$$\lambda \frac{0.3164}{Re^{0.25}}$$

其他研究结果可以参看有关教科书及手册。

因次分析法有两点值得注意：

① 最终所得数群的形式与求解联立方程组的方法有关。在前例中如果不以 b、e、f 来表示 a、d、c 而改为以 d、e、f 表示 a、b、c，整理得到的数群形式也就不同。不过，这些形式不同的数群可以通过互相乘除，仍然可以变换成前例中所求得的四个数群。

② 必须对所研究的过程的问题有本质的了解，如果有一个重要的变量被遗漏或者引进一个无关的变量，就会得出不正确的结果，甚至导致错误的结论。所以应用因次分析法必须持谨慎的态度。

从以上分析可知：因次分析法是通过将变量组合成无因次数群，从而减少实验自变量的个数，大幅度地减少实验次数，此外另一个极为重要的特性是，若按式(1-1)进行实验时，为改变 ρ 和 μ，实验中必须换多种液体；为改变 d，必须改变实验装置（管径）。而应用因次分析所得的式(1-5)指导实验时，要改变 $du\rho/\mu$ 只需改变流速；要改变 l/d，只需改变测量段的距离，即两测压点的距离。从而可以将水、空气等的实验结果推广应用于其他流体，将小尺寸模型的实验结果应用于大型实验装置。因此实验前的无因次化工作是规划一个实验的一种有效手段，在化工上广为应用。

1.1.6.3　数学模型法

(1) 数学模型法主要步骤

① 将复杂问题作合理又不过于失真的简化，提出一个近似实际过程又易于用数学方程式描述的物理模型。

② 对所得到的物理模型进行数学描述即建立数学模型，然后确定该方程的初始条件和边界条件，求解方程。

③ 通过实验对数学模型的合理性进行检验并测定模型参数。

（2）数学模型法举例说明

以求取流体通过固定床的压降为例。固定床中颗粒间的空隙形成许多可供流体通过的细小通道，这些通道是曲折而且互相交联的，同时，这些通道的截面大小和形状又是很不规则的，流体通过如此复杂的通道时的压降自然很难进行理论计算，但我们可以用数学模型法来解决。

① 物理模型。流体通过颗粒层的流动多呈层流状态，单位体积床层所具有的表面积对流动阻力有决定性的作用。这样，为解决压降问题，可在保证单位体积表面积相等的前提下，将颗粒层内的实际流动过程作如下大幅度的简化，使之可以用数学方程式加以描述：

将床层中的不规则通道简化成长度为 L_e 的一组平行细管，并规定：

a. 细管的内表面积等于床层颗粒的全部表面；

b. 细管的全部流动空间等于颗粒床层的空隙容积。

根据上述假定，可求得这些虚拟细管的当量直径 d_e

$$d_e = \frac{4 \times 通道的截面积}{湿润周边} \tag{1-9}$$

分子、分母同乘 L_e，则有

$$d_e = \frac{4 \times 床层的流动空间}{细管的全部内表面} \tag{1-10}$$

以 $1m^3$ 床层体积为基准，则床层的流动空间为 ε，$1m^3$ 床层的颗粒表面即为床层的比表面 a_B，因此

$$d_e = \frac{4\varepsilon}{a_B} = \frac{4\varepsilon}{a(1-\varepsilon)} \tag{1-11}$$

按此简化的物理模型，流体通过固定床的压降即可等同于流体通过一组当量直径为 d_e，长度为 L_e 的细管的压降。

② 数学模型。上述简化的物理模型，已将流体通过具有复杂的几何边界的床层的压降简化为通过均匀圆管的压降。对此，可用现有的理论作了如下数学描述：

$$h_f = \frac{\Delta p}{\rho} = \lambda \frac{L_e}{d_e} \frac{u_1^2}{2} \tag{1-12}$$

式中，u_1 为流体在细管内的流速。u_1 可取为实际填充床中颗粒空隙间的流速，它与空床流速（表观流速）u 的关系为：

$$u = \varepsilon u_1 \tag{1-13}$$

将式(1-11)、式(1-13) 代入式(1-12) 得

$$\frac{\Delta p}{L} = \left(\lambda \frac{L_e}{8L} \right) \frac{(1-\varepsilon)\alpha}{\varepsilon^3} \rho u^2 \tag{1-14}$$

细管长度 L_e 与实际长度 L 不等，但可以认为 L_e 与实际床层高度 L 成正比，即 $\frac{L_e}{L}$＝常数，并将其并入摩擦系数中，于是

$$\frac{\Delta p}{L} = \lambda' \frac{(1-\varepsilon)\alpha}{\varepsilon^3} \rho u^2 \tag{1-15}$$

式中，$\lambda' = \frac{\lambda}{8} \frac{L_e}{L}$。

式(1-15) 即为流体通过固定床压降的数学模型，其中包括一个未知的待定系数 λ'。λ' 称为模型参数，就其物理意义而言，也可称为固定床的流动摩擦系数。

③ 模型的检验和模型参数的估值。上述床层的简化处理只是一种假定，其有效性必须经过实验检验，其中的模型参数 λ' 亦必须由实验测定。

康采尼和欧根等均对此进行了实验研究，获得了不同实验条件下不同范围的 λ' 与 Re' 的关联式。由于篇幅所限，详细内容请参考有关书籍。

对于数学模型法，决定成败的关键是对复杂过程的合理简化，即能否得到一个足够简单即可用数学方程式表示而又不失真的物理模型。只有充分地认识了过程的特殊性并根据特定的研究目的加以利用，才有可能对真实的复杂过程进行大幅度的合理简化，同时在指定的某一侧面保持等效。上述例子进行简化时，只在压降方面与实际过程这一侧面保持等效。

对于因次分析法，决定成败的关键在于能否如数列出影响过程的主要因素。它无须对过程本身的规律有深入理解，只要做若干析因分析实验，考察每个变量对实验结果的影响程度即可。在因次分析法指导下的实验研究只能得到过程的外部联系，而对过程的内部规律则不甚了然。然而，这正是因次分析法的一大特点，它使因次分析法成为对各种研究对象原则上皆适用的一般方法。

无论是数学模型法还是因次分析法，最后都要通过实验解决问题，但实验的目的大相径庭。数学模型法的实验目的是为了检验物理模型的合理性并测定为数较少的模型参数；而因次分析法的实验目的是为了寻找各无因次变量之间的函数关系。

1.2 实验安全注意事项与环保要求

化工原理实验与一般化学实验比较起来有共同点，也有其本身的特殊性。每一个实验相当于一个小型单元生产流程，电器、仪表和机械传动设备等组合为一体。学生们初进化工原理实验室进行实验，为保证人身安全、仪器设备的正常使用等，还应了解实验室的防火、用电、防爆和防毒等安全知识与环保操作规范。

1.2.1 化工实验注意事项

(1) 设备启动前必须检查的事项

① 泵、风机、压缩机、电机等转动设备，用手使其运转，从感觉及声音上判别有无异常；检查润滑油位是否正常。

② 设备上阀门的开、关状态。

③ 接入设备的仪表开、关状态。

④ 拥有的安全措施，如防护罩、绝缘垫、隔热层等。

(2) 仪器仪表使用前必须做到的事项

① 熟悉原理与结构。

② 掌握连接方法与操作步骤。

③ 分清量程范围，掌握正确的读数方法。

④ 接入电路前必须经教师检查。

(3) 操作过程中应做到的事项

注意分工配合，严守自己的岗位，精心操作。关心和注意实验的进行，随时观察仪表指示值的变动，保证操作过程在稳定的条件下进行。产生不合规律的现象时要及时观察研究，分析原因，不要轻易放过。

(4) 异常情况处理

操作过程设备及仪表发生问题应立即按停车步骤停车，报告指导教师。同时应自己分析原因供教师参考。未经教师同意不得自行处理。在教师处理问题时，学生应了解其过程，这是学习分析问题与处理问题的好机会。

（5）实验结束应做到的事项

实验结束时应先将有关的热源、水源、气源、仪表的阀门关闭，然后再切断电机电源。

（6）提高实验安全防范意识

化工实验要特别注意安全。实验前要搞清楚总水闸、电闸、气源阀门的位置和灭火器材的安放地点。

1.2.2 化工实验安全知识

为了确保设备和人身安全，实验者必须具有最基本的安全知识。因为事故经常是由于无知和粗心造成的。

1.2.2.1 危险药品分类

实验室常用的危险品必须合理分类存放。易燃物品不能与氧化剂放在一起，以免发生着火燃烧的危险。对不同的危险药品，在为扑救火灾选择灭火剂时，必须针对药品进行选用，否则不仅不能取得预期效果，反而会引起其他的危险。例如，着火处有金属钾、钠存放，不能用水进行灭火，因为水与金属钾、钠等剧烈反应，会发生爆炸，十分危险；轻质油类着火时，不能用水灭火，否则会使火灾蔓延；若着火处有氰化钾，则不能使用泡沫灭火剂，因为灭火剂中的酸与氰化钾反应生成剧毒的氰化氢。因此，了解危险品性质与分类十分必要。危险药品大致分为下列几种类型：

（1）爆炸性物品

常见的爆炸性物品有硝酸铵（硝铵炸药的主要成分）、雷酸盐、重氮盐、三硝基甲苯（TNT）和其他含有三个硝基以上的有机化合物等。这类化合物对热和机械作用（研磨、撞击等）很敏感，爆炸威力都很强，特别是干燥的爆炸物爆炸时威力更强。

（2）氧化剂

氧化剂包括高氯酸盐、氯酸盐、次氯酸盐、过氧化物、过硫酸盐、高锰酸盐、铬酸盐及重铬酸盐、硝酸盐、溴酸盐、碘酸盐、亚硝酸盐等。它本身一般不能燃烧，但在受热、受阳光照射或与其他药品（酸、水等）作用时，能产生氧，起助燃作用并造成猛烈燃烧。如过氧化钠与水作用，反应剧烈并能引起猛烈燃烧。强氧化剂与还原剂或有机药品混合后，能因受热、摩擦、撞击发生爆炸。如氯酸钾与硫混合可因撞击而爆炸；过氯酸镁是很好的干燥剂，若被干燥的气流中存在烃类蒸汽时，其吸附烃类后就有爆炸危险。

（3）自燃物品

带油污的废纸、废橡胶、硝化纤维、黄磷等，都属于自燃性物品。它们在空气中能因逐渐氧化而自燃，如果热量不能及时散失，温度会逐渐升高到该物品的燃点，发生燃烧。因此，对这类自燃性废弃物，不要在实验室内堆放，应当及时清除，以防意外。

（4）遇水燃烧物

钾、钠、钙等轻金属遇水时能产生氢和大量的热，以至发生爆炸。电石遇水能产生乙炔和大量的热，即使冷却有时也能着火，甚至会引起爆炸。

（5）易燃液体和可燃气体

易燃液体和可燃气体在有机化工实验室内大量接触，容易挥发和燃烧，达到一定浓度遇明火即着火。若在密封容器内着火，甚至会造成容器超压破裂而爆炸。易燃液体的蒸汽一般比空气重，当它们在空气中挥发时，常常在低处或她面上漂浮。因此，可能在距离存放这种液体的地面相当远的地方着火，着火后容易蔓延并回传，引燃容器中的液体。所以使用这种物品时必须严禁明火、远离电热设备和其他热源，更不能同其他危险品放在一起，以免引起更大危害。

（6）易燃固体

松香、石蜡、硫、镁粉、铝粉等都属于易燃固体。它们不自燃，但易燃。燃烧速度一般较快。这类固体若以粉尘悬浮物分散在空气中，达到一定浓度时，遇有明火就可能发生爆炸。

（7）毒害性物品

凡是少量就能使人中毒受害的物品都称为毒品。中毒途径有误服、吸入呼吸道或皮肤被沾染等。其中有的蒸汽有毒，如汞；有的固体或液体有毒，如钡盐、农药。根据毒品对人身的危害程度分为剧毒药品（氰化钾、砒霜等）和有毒药品（农药）。使用这类物质应十分小心，以防止中毒。实验室所用毒品应有专人管理，建立保存与使用档案。

（8）腐蚀性物品

这类物品有强酸、强碱，如硫酸、盐酸、硝酸、氢氟酸、苯酚、氢氧化钾、氢氧化钠等。它们对皮肤和衣物都有腐蚀作用。特别是在浓度和温度都较高的情况下，作用更甚。使用中应防止与人体（特别是眼睛）和衣物直接接触。灭火时也要考虑是否有这类物质存在，以便采取适当措施。

（9）压缩气体与液化气体

该类物品有三种：

① 可燃性气体（氢、乙炔、甲烷、煤气等）。

② 助燃性气体（氧、氯等）。

③ 不燃性气体（氮、二氧化碳等）。

该类物品的使用和操作有一定要求，有关内容在安全使用压缩气体一节中专门介绍。

1.2.2.2　安全使用危险药品

实验用的毒品必须按规定手续领用与保管。剧毒品要登记注册，并有专人管理。使用后的废液必须妥善处理，不允许倒入下水道和酸缸中。凡是产生有害气体的实验操作，必须在通风橱内进行。但应注意不使毒品洒落在实验台或地面上，一旦洒落必须彻底清理干净。绝不允许用实验室内任何容器作食具，也不准在实验室内吃食品，实验完毕必须多次洗手，确保人身安全。

对具有污染性质的化学药品不能与一般化学试剂放在一起。对有污染性物质的操作必须在规定的防护装置内进行。违反规程造成他人的人身伤害应负法律责任。实验室内防毒防污染的操作往往离不开防毒面具、防护罩及其他的工具，在此不一一介绍。

对于易燃易爆药品应根据实验的需用量和按照规定数量领取。不能在实验场所存放大量该类物品。存放易燃品应严禁明火，远离热源，避免日光直射。有条件的实验室应设专用贮放室或存放柜。

危险性物品在实验前应结合实验具体情况，制定出安全操作规程。在进行蒸馏易燃液体、有机物品或在高压釜内进行液相反应时，加料的数量绝不允许超过容器的三分之二。在加热和操作过程中，操作人员不得离岗，不允许在无操作人员监视下加热。对沸点低的易燃有机物品整理时，不应使用直接明火加热，也不能加热过快，致使急剧汽化而冲开瓶塞，引起火灾或造成爆炸。进行这类实验的操作人员，必须熟悉实验室中灭火器材存放地点及使用方法。

在化工实验中，往往被人们所忽视的毒物是压差计中的水银。如果操作不慎，压差计中的水银可能被冲出来。水银是一种累积性的毒物，水银进入人体不易被排除，累积多了就会中毒。因此，一方面装置中竭力避免采用水银；另一方面要谨慎操作，开关阀门要缓慢，防止冲走压差计中的水银。操作过程要小心，不要碰破压差计。一旦水银冲出来，一定要认真地尽可能地将它收集起来。实在无法收集的细粒，也要用硫黄粉和氯化铁溶液覆盖。因为细粒水银蒸发面积大，易于蒸发汽化，不能采用扫帚扫或用水冲的办法。

1.2.2.3 易燃物品的安全使用

各种易燃液体、有机化合物蒸汽和易燃气体在空气中含量达到一定浓度时，就能与空气（实际是氧）构成爆炸性的混合气体。这种混合气体若遇到明火就发生闪燃爆炸。

任何一种可燃气体在空气中构成爆炸性混合气体时，该气体所占的最低体积百分比称爆炸下限；该气体所占的最高体积百分比称爆炸上限；在下限与上限之间称爆炸范围。低于爆炸下限或高于爆炸上限的可燃性气体和空气构成的混合气体都不会发生爆炸。但对体积比超过上限的混合气遇明火会发生燃烧，但不会爆炸。例如甲苯蒸气在空气中的浓度为 1.2%～1.7%时就构成爆炸性的混合气体。在这个温度范围遇明火（火红的热表面、火花等各种火源）即发生爆炸，低于 1.2%或高于 1.7%都不会发生爆炸。

当某些可燃性气体或蒸汽遇空气混合进行燃烧时，也可能突然发生爆炸。这是由于该气体在空气中所占的体积比逐渐升高或降低，浓度由爆炸限以外进入爆炸限以内所致。反之，爆炸性的混合气体由于成分的变化也可以从爆炸限内逐渐变至爆炸限范围以外，称为非爆炸性气体。

这类具有爆炸性的混合气体在使用时应倍加重视，但也并不可怕。若能认真而严格地按照安全规程操作，是不会有危险的。因为构成爆炸应具备两个条件：可燃物在空气中的浓度落在爆炸范围内；有明火存在。故防止方法就是不使浓度进入爆炸极限以内。在配气时，必须严格控制。使用可燃气体时，必须在系统中充氮吹扫空气，同时还必须保证装置严密不漏气。实验室要保证有良好通风，并禁止在室内有明火和敞开式的电热设备，也不能让室内有产生火花的必要条件存在等。此外，应注意某些剧烈的放热反应操作，避免引起自燃或爆炸。总之，只要严格掌握和遵守有关安全操作规程就不会发生事故。

1.2.3 高压钢瓶的安全使用

在化工实验中，另一类需要引起特别注意的东西，就是各种高压气体。化工实验中所用的气体种类较多，一类是具有刺激性气味的气体，如氨、二氧化硫等，这类气体的泄漏一般容易被发觉。另一类是无色无味，但有毒性或易燃、易爆的气体，如一氧化碳等，不仅易中毒，在室温下空气中的爆炸范围为 12%～74%。当气体和空气的混合物在爆炸范围内，只要有火花等诱发，就会立即爆炸。氢在室温下空气中的爆炸范围为 4%～75.2%（体积分数）。因此使用有毒或易燃易爆气体时，系统一定要严密不漏，尾气要导出室外，并注意室内通风。

高压钢瓶是一种贮存各种压缩气体或液化气体的高压容器。钢瓶容积一般为 40～60L，最高工作压力为 15MPa，最低的也在 0.6MPa 以上。瓶内压力很高，以及贮存的某些气体本身又是有毒或易燃易爆，故使用气瓶一定要掌握其构造特点和安全知识，以确保安全。

气瓶主要有筒体和瓶阀构成，其他附件还有保护瓶阀的安全帽、开启瓶阀的手轮、使运输过程减少震动的橡胶圈。另外，在使用时瓶阀出口还要连接减压阀和压力表。

标准高压气瓶是按国家标准制造的，并经有关部门严格检验方可使用。各种气瓶使用过程中，还必须定期送有关部门进行水压试验。经过检验合格的气瓶，在瓶肩上用钢印打上下列资料：制造厂家；制造日期；气瓶型号和编号；气瓶重量；气瓶容积；工作压力；水压试验压力，水压试验日期和下次试验日期。

各类气瓶的表面都应涂上一定颜色的油漆，其目的不仅是为了防锈，主要是能从颜色上迅速辨别钢瓶中所贮存气体的种类，以免混淆。常用的各类气瓶的颜色及其标识如表 1-1 所示。

表 1-1　常用的各类气瓶的颜色及其标识

气体种类	工作压力/MPa	水压试验压力/MPa	气瓶颜色	文字	文字颜色	阀门出口螺纹
氧	15	22.5	浅蓝色	氧	黑色	正扣
氢	15	22.5	暗绿色	氢	红色	反扣
氮	15	22.5	黑色	氮	黄色	正扣
氩	15	22.5	棕色	氩	白色	正扣
压缩空气	15	22.5	黑色	压缩空气	白色	正扣
二氧化碳	12.5(液)	19	黑色	二氧化碳	黄色	正扣
氨	3(液)	6	黄色	氨	黑色	正扣
氯	3(液)	6	草绿色	氯	白色	正扣
乙炔	3(液)	6	白色	乙炔	红色	反扣
二氧化硫	0.6(液)	1.2	黑色	二氧化硫	白色	正扣

为了确保安全，在使用钢瓶时，一定要注意以下几点：

① 当气瓶受到明火或阳光等热辐射的作用时，气体因受热而膨胀，使瓶内压力增大。当压力超过工作压力时，就有可能发生爆炸。因此，在钢瓶运输、保存和使用时，应远离热源（明火、暖气、炉子等），并避免长期在日光下暴晒，尤其在夏天更应注意。

② 气瓶即使在温度不高的情况下受到猛烈撞击，或不小心将其碰倒跌落，都有可能引起爆炸。因此，钢瓶在运输过程中，要轻搬轻放，避免跌落撞击，使用时要固定牢靠，防止碰倒。不允许用锥子、扳手等金属器具击打钢瓶。

③ 瓶阀是钢瓶中关键部件，必须保护好，否则将会发生事故。

a. 若瓶内存放的是氧、氢、二氧化碳和二氧化硫等，瓶阀应用铜和钢制成。当瓶内存放的是氨，则瓶阀必须用钢制成，以防腐蚀。

b. 使用钢瓶时，必须用专用的减压阀和压力表。尤其是氢气和氧气不能互换，为了防止氢和氧两类气体的减压阀混用造成事故，氢气表和氧气表的表盘上都注明有氢气表和氧气表的字样。氢及其他可燃气体瓶阀，连接减压阀的连接管为左旋螺纹；而氧等不可燃烧气体瓶阀，连接管为右旋螺纹。

c. 氧气瓶阀严禁接触油脂。因为高压氧气与油脂相遇，会引起燃烧，以至爆炸。开关氧气瓶时，切莫用带油污的手和扳手。

d. 要注意保护瓶阀。开关瓶阀时一定要搞清楚方向缓慢转动，旋转方向错误和用力过猛会使螺纹受损，可能冲脱而出，造成重大事故。关闭瓶阀时，不漏气即可，不要关得过紧。用毕和搬运时，一定要安上保护瓶阀的安全帽。

e. 瓶阀发生故障时，应立即报告指导教师。严禁擅自拆卸瓶阀上任何零件。

④ 当钢瓶安装好减压阀和连接管线后，每次使用前都要在瓶阀附近用肥皂水检查，确认不漏气才能使用。对于有毒或易燃易爆气体的气瓶。除了保证严密不漏外，最好单独放置在远离实验室的小屋里。

⑤ 钢瓶中气体不要全部用净。一般钢瓶使用到压力为 0.5MPa 时，应停止使用。因为压力过低会给充气带来不安全因素，当钢瓶内压力与外界大气压力相同时，会造成空气的进入。对危险气体来说，由于上述情况在充气时发生爆炸事故已有许多教训。乙炔钢瓶规定剩余压力与室温有关（见表 1-2）。

表 1-2　乙炔钢瓶的剩余压力与室温关系

室温/℃	<−5	−5~5	5~15	15~25	25~35
余压/MPa	0.05	0.1	0.15	0.2	0.3

⑥ 气瓶必须严格按期检验。

1.2.4　实验室消防知识

实验操作人员必须了解消防知识。实验室内应准备一定数量的消防器材。工作人员应熟悉消防器材的存放位置和使用方法，绝不允许将消防器材移作他用。实验室常用的消防器材包括以下几种。

1.2.4.1　火砂箱

易燃液体和其他不能用水灭火的危险品着火时可用砂子来扑灭，砂子能隔断空气并起降温作用而灭火。但砂子中不能混有可燃性杂物，并且要干燥些。潮湿的砂子遇火后因水分蒸发，致使燃着的液体飞溅。砂箱中存砂有限，实验室内又不能存放过多砂箱，故这种灭火工具只能扑灭局部小规模的火源。对于不能覆盖的大面积火源，因砂量太少而作用不大。此外还可用不燃性固体粉末灭火。

1.2.4.2　石棉布、毛毡或湿布

这些器材适于迅速扑灭火源区域不大的火灾，也是扑灭衣服着火的常用方法，其作用是隔绝空气。

1.2.4.3　泡沫灭火器

实验室多用手提式泡沫灭火器。它的外壳用薄钢板制成。内有一个玻璃胆，其中盛有硫酸铝。胆外装有碳酸氢钠溶液和发泡剂（甘草精）。灭火液由 50 份硫酸铝和 50 份碳酸氢钠及 5 份甘草精组成。使用时将灭火器倒置，马上有化学反应生成含 CO_2 的泡沫。

$$6NaHCO_2 + Al_2(SO_4)_3 \longrightarrow 3Na_2SO_4 + Al_2O_3 + 3H_2O + 6CO_2$$

此泡沫黏附在燃烧物表面上，形成与空气隔绝的薄层而达到灭火目的。它适用于扑灭实验室的一般火灾。油类着火在开始时可使用，但不能用于扑灭电线和电器设备火灾。因为泡沫本身是导电的，这样会造成扑火人触电事故。

1.2.4.4　四氯化碳灭火器

该灭火器是在钢筒内装有四氯化碳并压入 0.7MPa 的空气，使灭火器具有一定的压力。使用时将灭火器倒置，旋开手阀即喷出四氯化碳。它是不燃液体。其蒸汽比空气重，能覆盖在燃烧物表面与空气隔绝而灭火。它适用于扑灭电器设备的火灾。但使用时要站在上风侧，因四氯化碳是有毒的。室内灭火后应打开门窗通风一段时间，以免中毒。

1.2.4.5　二氧化碳灭火器

钢筒内装有压缩的二氧化碳。使用时，旋开手阀，二氧化碳就能急剧喷出，使燃烧物与空气隔绝，同时降低空气中含氧量。当空气中含有 12%~15% 的二氧化碳时，燃烧即停止。但使用时要注意防止现场人员窒息。

1.2.4.6　其他灭火剂

干粉灭火剂可扑灭易燃液体、气体、带电设备引起的火灾。1211 灭火器适用于扑救油类、电器类、精密仪器等火灾。在一般实验室内使用不多，对大型及大量使用可燃物的实验场所应备用此类灭火剂。

1.2.5　实验室安全用电

1.2.5.1　保护接地和保护接零

在正常情况下电器设备的金属外壳是不导电的，但设备内部的某些绝缘材料若损坏，金属外壳就会导电。当人体接触到带电的金属外壳或带电的导线时，就会有电流流过人体。带电体电压越高，流过人体的电流就越大，对人体的伤害也越大。当大于 10mA 的交流电或大于 50mA 的直流电流过人体时，就可能危及生命安全。我国规定 36V（50Hz）的交流电是安全电压。超过安全电压的用电就必须注意用电安全，防止触电事故。

为防止发生触电事故，要经常检查实验室用的电器设备，寻找是否有漏电现象。同时要检查用电导线有无裸露和电器设备是否有保护接地或保护接零措施。

(1) 设备漏电测试

检查带电设备是否漏电，使用试电笔最为方便。它是一种测试导线和电器设备是否带电的常用电工工具，由笔尖端金属体、电阻、氖管、弹簧和笔尾端金属体组成。大多数将笔尖作成改锥形式。如果把试电笔笔尖金属体与带电体（如相线）接触，笔尾金属端与人的手部接触，那么氖管就会发光，而人体并无不适感觉。氖管发光说明被测物带电。这样，可及时发现电器设备有无漏电。一般使用前要在带电的导线上预测，以检查是否正常。用试电笔检查漏电，只是定性的检查，欲知电器设备外壳漏电的程度还必须用其他仪表检测。

(2) 保护接地

保护接地是用一根足够粗的导线，一端接在设备的金属外壳上，另一端接在接地体上（专门埋在地下的金属体），使之与大地连成一体。一旦发生漏电，电流通过接地导线流入大地，降低外壳对地电压。当人体触及外壳时，流入人体电流很小而不致触电。电器设备接地的电阻越小则越安全。如果电路有保护熔断丝，会因漏电产生电流而使保护熔断丝熔化并自动切断电源。一般的实验室用电采用这种接地方式已较少，大部分用保护接零的方法。

(3) 保护接零

保护接零是把电器设备的金属外壳接到供电线路系统中的中性线上，而不需专设接地线和大地相连。这样，当电器设备因绝缘损坏而碰壳时，相线（即火线）、电器设备的金属外壳和中性线就形成一个"单相短路"的电路。由于中性线电阻很小，短路电流很大，会使保护开关动作或使电路保护熔断丝断开，切断电源，消除触电危险。

在保护接零系统内，不应再设置外壳接地的保护方法。因为漏电时，可能由于接地电阻比接零电阻大，致使保护开关或熔断丝不能及时熔断，造成电源中性点电位升高，使所有接零的电器设备外壳都带电，反而增加了危险。

保护接零是由供电系统中性点接地所决定的。对中性点接地的供电系统采用保护接零是既方便又安全的办法。但保证用电安全的根本方法是电器设备绝缘性良好，不发生漏电现象。因此，注意检测设备的绝缘性能是防止漏电造成触电事故的最好方法。设备绝缘情况应经常进行检查。

1.2.5.2　实验室用电的导线选择

实验室用电或实验流程中的电路配线，设计者要提出导线规格，有些流程要亲自安装，如果导线选择不当就会在使用中造成危险。导线种类很多，不同导线和不同配线条件下都有安全截流值规定，在有关手册中可以查到。在实验时，应考虑电源导线的安全截流量。不能任意增加负载而导致电源导线发热造成火灾或短路的事故。合理配线的同时还应注意保护熔断丝选配恰当，不能过大也不应小。过大失去保护作用；过小则在正常负荷下会熔断而影响工作。熔断丝的选择要根据负载情况而定，可参看有关电工手册。

1.2.5.3 实验室安全用电注意事项

化工原理实验中电器设备较多，某些设备的电负荷也较大。在接通电源之前，必须认真检查电器设备和电路是否符合规定要求，对于直流电设备应检查正负极是否接对。必须搞清楚整套实验装置的启动和停车操作顺序，以及紧急停车的方法。注意安全用电极为重要，对电器设备必须采取安全措施。操作者必须严格遵守下列操作规定：

① 进行实验之前必须了解室内总电闸与分电闸的位置，以便出现用电事故时及时切断各电源。

② 电器设备维修时必须停电作业。

③ 带金属外壳的电器设备都应该保护接零，定期检查是否连接良好。

④ 导线的接头应紧密牢固。接触电阻要小。裸露的接头部分必须用绝缘胶布包好，或者用绝缘管套好。

⑤ 所有的电器设备在带电时不能用湿布擦拭，更不能有水落于其上。电器设备要保持干燥清洁。

⑥ 电源或电器设备上的保护熔断丝或保险管，都应按规定电流标准使用。严禁私自加粗保险丝或用铜或铝丝代替。当保险丝熔断后，一定要查找原因，消除隐患，而后再换上新的保险丝。

⑦ 电热设备不能直接放在木制实验台上使用，必须用隔热材料垫架，以防引起火灾。

⑧ 发生停电现象必须切断所有的电闸。防止操作人员离开现场后，因突然供电而导致电器设备在无人监视下运行。

⑨ 合闸动作要快，要合得牢。合闸后若发现异常声音或气味，应立即拉闸，进行检查。如发现保险丝熔断，应立刻检查带电设备上是否有问题，切忌不经检查便换上保险丝或保险管就再次合闸，这样会造成设备损坏。

⑩ 离开实验室前，必须把分管本实验室的总电闸拉下。

1.2.6 实验室安全事故处理

在实验操作过程中，总会不可避免地发生危险事故，如火灾、触电、中毒及其他意外事故。为了及时阻止事故进一步扩大，在紧急情况下，应立即采取果断有效的措施。

（1）割伤

取出伤口中的玻璃片或其他固体物，然后上药并包扎。

（2）烫伤

切勿用水冲洗，轻伤涂以烫伤油膏、玉树油、鞣酸油膏或黄色的苦味酸溶液；重伤涂以烫伤油膏后去医院治疗。

（3）试剂灼伤

被酸（或碱）灼伤，应立即用大量水冲洗，然后相应地用饱和碳酸氢钠溶液或2％醋酸溶液洗，最后再用水洗。严重时要消毒，拭干后涂以烫伤油膏。

（4）酸（碱）溅入眼内

立即用大量水冲洗，然后相应地用1％碳酸氢钠溶液或1％硼酸溶液冲洗，最后再用水冲洗。溴水溅入眼内与酸溅入眼内的处理方法相同。

（5）吸入刺激性或有毒气体

立即到室外呼吸新鲜空气。如有昏迷休克、虚脱或呼吸机能不全者，可人工呼吸，可能时立刻给予氧气和浓茶、咖啡等。

(6) 毒物进入口内

① 腐蚀性毒物：对于强酸或强碱，先饮大量水，然后相应服用氢氧化铝膏、鸡蛋白或醋酸果汁，再给以牛奶灌注。

② 刺激剂及神经性毒物：先给以适量牛奶或鸡蛋白使之立即冲淡缓和，再给以 15～25ml 1‰的硫酸铜溶液内服，再用手指伸入咽喉部促使呕吐，然后立即送往医院。

(7) 触电

① 应立即落下电闸，切断电源，使触电者脱离电源。或戴上橡皮手套穿上胶底鞋或踏干燥木板绝缘后将触电者从电源拉开。

② 将触电者移至适当地方，解开衣服，必要时进行人工呼吸及心脏按摩。并立即找医生处理。

(8) 火灾

① 一旦发生火灾，应保持沉着冷静，首先切断电源、熄灭所有加热设备，移出附近的可燃物；关闭通风装置，减少空气流通，防止火势蔓延。同时尽快拨打"119"求救。

② 要根据起因和火势选用合适的方法。一般的小火可用湿布、石棉布或砂子覆盖燃烧物即可熄灭。火势较大时应根据具体情况采用下列灭火器。

a. 四氯化碳灭火器。用于扑灭电器内或电器附近着火，但不能在狭小的通风不良的室内使用（因为四氯化碳在高温时将生成剧毒的光气）。使用时只需开启开关，四氯化碳即会从喷嘴喷出。

b. 二氧化碳灭火器。适用性较广，使用时应注意，一手提灭火器，一手握在喇叭筒的把手上，而不能握在喇叭筒上（否则易被冻伤）。

c. 泡沫灭火器。非大火时通常不用，因事后处理较麻烦。使用时将筒身颠倒即可喷出大量二氧化碳泡沫。无论使用何种灭火器，皆应从火的四周开始向中心扑灭。若身上的衣服着火，切勿奔跑，应赶快脱下衣服；或用厚的外衣包裹使火熄灭；或用石棉布覆盖着火处；或就地卧倒打滚；或打开附近的自来水冲淋使火熄灭。严重者应躺在地上（以免火焰向头部）用防火毯紧紧包住直至火熄灭。烧伤较重者，立即送往医院。若个人力量无法有效地阻止事故进一步发展，应该立即报告消防队。

1.2.7 实验室环保操作规范

① 处理废液、废物时，一般要戴上防护眼镜和橡皮手套，有时要穿防毒服装。处理有刺激性和挥发性废液时，要戴上防毒面具在通风橱内进行。

② 接触过有毒物质的器皿、滤纸等要收集后集中处理。

③ 废液应根据物质性质的不同分别集中在废液桶内，贴上标签，以便处理。在集中废液时要注意，有些废液不可以混合，如过氧化物和有机物、盐酸等挥发性酸与不挥发性酸、铵盐及挥发性胺与碱等。

④ 实验室内严禁吃食品，离开实验室要洗手，如面部或身体被污染必须清洗。

⑤ 实验室内须采用通风、排毒、隔离等安全环保防范措施。

第2章

实验数据测量及误差

通过实验测量所得大批数据是实验的主要成果，但在实验中，由于测量仪表和人的观察等方面的原因，实验数据总存在一些误差，所以在整理这些数据时，首先应对实验数据的可靠性进行客观的评定。

误差分析的目的就是评定实验数据的精确性，通过误差分析，认清误差的来源及其影响，并设法消除或减小误差，提高实验的精确性。对实验误差进行分析和估算，在评判实验结果和设计方案方面具有重要的意义。本章就化工原理实验中遇到的一些误差基本概念与估算方法作一扼要介绍。

2.1 误差的基本概念

2.1.1 真值与平均值

真值是指某物理量客观存在的确定值。通常一个物理量的真值是不知道的，是我们努力要求测到的。严格来讲，由于测量仪器、测定方法、环境、人的观察力、测量的程序等，都不可能是完美无缺的，故真值是无法测得的，是一个理想值。科学实验中真值的定义是：设在测量中观察的次数为无限多，则根据误差分布定律正负误差出现的概率相等，故将各观察值相加，加以平均，在无系统误差情况下，可能获得极近于真值的数值。故"真值"在现实中是指观察次数无限多时，所求得的平均值（或是写入文献手册中所谓的"公认值"）。然而对我们工程实验而言，观察的次数都是有限的，故用有限观察次数求出的平均值，只能是近似真值，或称为最佳值。一般我们称这一最佳值为平均值。常用的平均值有下列几种：

(1) 算术平均值

这种平均值最常用。凡测量值的分布服从正态分布时，用最小二乘法原理可以证明，在一组等精度的测量中，算术平均值为最佳值或最可信赖值。

$$\bar{x} = \frac{x_1 + x_2 + \cdots + x_n}{n} = \frac{\sum_{i=1}^{n} x_i}{n} \tag{2-1}$$

式中　x_1，x_2，$\cdots$，x_n——各次观测值；

　　　　n——观察的次数。

(2) 均方根平均值

均方根平均值常用于计算气体分子的平均动能，其定义式为

$$\bar{x}_{均} = \sqrt{\frac{x_1^2 + x_2^2 + \cdots + x_n^2}{n}} = \sqrt{\frac{\sum\limits_{i=1}^{n} x_i^2}{n}} \tag{2-2}$$

(3) 加权平均值

设对同一物理量用不同方法去测定，或对同一物理量由不同人去测定，计算平均值时，常对比较可靠的数值予以加重平均，称为加权平均。

$$\bar{w} = \frac{w_1 x_1 + w_2 x_2 + \cdots + w_n x_n}{w_1 + w_2 + \cdots + w_n} = \frac{\sum\limits_{i=1}^{n} w_i x_i}{\sum\limits_{i=1}^{n} w_i} \tag{2-3}$$

式中　x_1，x_2，$\cdots$，x_n——各次观测值；

　　　w_1，w_2，$\cdots$，w_n——各测量值的对应权重。

各观测值的权数一般凭经验确定。

(4) 几何平均值

$$\bar{x}_{几} = \sqrt[n]{x_1 \cdot x_2 \cdot x_3 \cdots \cdot x_n} \tag{2-4}$$

(5) 对数平均值

$$\bar{x}_{对} = \frac{x_1 - x_2}{\ln x_1 - \ln x_2} = \frac{x_1 - x_2}{\ln \dfrac{x_1}{x_2}} \tag{2-5}$$

对数平均值多用于热量和质量传递中，当 $x_1/x_2 < 2$ 时，可用算术平均值代替对数平均值，引起的误差不超过 4.4%。

以上介绍的各种平均值，目的是要从一组测定值中找出最接近真值的那个值。平均值的选择主要决定于一组观测值的分布类型，在化工原理实验研究中，数据分布较多属于正态分布，故通常采用算术平均值。

2.1.2　误差的定义及分类

在任何一种测量中，无论所用仪器多么精密，方法多么完善，实验者多么细心，不同时间所测得的结果不一定完全相同，而有一定的误差和偏差，严格来讲，误差是指实验测量值（包括直接和间接测量值）与真值（客观存在的准确值）之差，偏差是指实验测量值与平均值之差，但习惯上通常将两者混淆而不以区别。

根据误差的性质及其产生的原因，可将误差分为系统误差、偶然误差和过失误差三种。

(1) 系统误差

又称恒定误差，由某些固定不变的因素引起的。在相同条件下进行多次测量，其误差数值的大小和正负保持恒定，或随条件改变按一定的规律变化。产生系统误差的原因有：

① 测量仪器不良，如仪器刻度不准，安装不正确，仪表零点未校正或标准表本身存在偏差等。

② 周围环境的改变，如外界温度、压力、湿度等偏离校准值。

③ 测量方法选用不当，如近似的测量方法或近似的计算公式等引起的误差。

④ 实验人员的习惯与偏向，如读取数据常偏高或偏低，记录某一信号的时间总是滞后，判定滴定终点的颜色程度各人不同等等因素所引起的误差。

可以用准确度一词来表征系统误差的大小，系统误差越小，准确度越高，反之亦然。由于系统误差是测量误差的重要组成部分，消除和估计系统误差对于提高测量准确度就十分重要。一般系统误差是有规律的。其产生的原因也往往是可知或找出原因后可以清除掉。至于不能消除的系统误差，我们应设法确定或估计出来。

（2）偶然误差

又称随机误差，由某些不易控制的因素造成的。在相同条件下作多次测量，其误差的大小，正负方向不一定，其产生原因一般不详，因而也就无法控制，主要表现在测量结果的分散性，但完全服从统计规律，研究随机误差可以采用概率统计的方法。在误差理论中，常用精密度一词来表征偶然误差的大小。偶然误差越大，精密度越低，反之亦然。

在测量中，如果已经消除引起系统误差的一切因素，而所测数据仍在未一位或未二位数字上有差别，则为偶然误差。偶然误差的存在，主要是我们只注意认识影响较大的一些因素，而往往忽略其他还有一些小的影响因素，不是我们尚未发现，就是我们无法控制，而这些影响，正是造成偶然误差的原因。

（3）过失误差

又称粗大误差，与实际明显不符的误差，主要是由于实验人员粗心大意所致，如读错，测错，记错等都会带来过失误差。含有粗大误差的测量值称为坏值，应在整理数据时依据常用的准则加以剔除。

必须指出，上述三误差之间，在一定条件下可以相互转化。例如：尺子刻度划分有误差，对制造尺子者来说是随机误差；一旦用它进行测量时，这尺子的分度对测量结果形成系统误差。随机误差和系统误差间并不存在绝对的界限。同样，对于粗大误差，有时也难以和随机误差相区别，从而当作随机误差来处理。

综上所述，我们可以认为系统误差和过失误差总是可以设法避免的，而偶然误差是不可避免的，因此最好的实验结果应该只含有偶然误差。

2.1.3　精密度、正确度和精确度（准确度）

测量的质量和水平，可用误差的概念来描述，也可用准确度等概念来描述。国内外文献所用的名词术语颇不统一，精密度、正确度、精确度这几个术语的使用一向比较混乱，近年来趋于一致的多数意见是：

（1）精密度

可以衡量某些物理量几次测量之间的一致性，即重复性。它可以反映偶然误差大小的影响程度，精密度高指随机误差小。如果实验数据的相对误差为 0.01%，且误差纯由随机误差引起，则可认为精密度为 1.0×10^{-4}。

（2）正确度

指在规定条件下，测量中所有系统误差的综合。它可以反映系统误差大小的影响程度，正确度高，表示系统误差小。如果实验数据的相对误差为 0.01%，且误差纯由系统误差引起，则可认为正确度为 1.0×10^{-4}。

（3）精确度（准确度）

指测量值与真值接近的程度，为测量中所有系统误差和随机误差的综合。如果实验数据的相对误差为 0.01%，且误差由系统误差和随机误差共同引起，则可认为精密度为 1.0×10^{-4}。

为说明它们间的区别，往往用打靶来作比喻。如图 2-1 所示，A 的系统误差小而偶然误差大，即正确度高而精密度低；B 的系统误差大而偶然误差小，即正确度低而精密度高；C 的系统误差和偶然误差都小，表示精确度（准确度）高。当然实验测量中没有像靶心那样明确的真值，而是设法去测定这个未知的真值。

对于实验测量来说，精密度高，正确度不一定高；正确度高，精密度也不一定高。但精确度（准确度）高，必然是精密度与正确度都高。

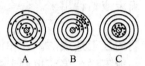

图 2-1　精密度、正确度、精确度含义示意

2.2 误差的表示方法

测量误差分为测量点和测量列（集合）的误差。它们有不同的表示方法。

2.2.1 测量点的误差表示

① 绝对误差 D。测量集合中某次测量值与其真值之差的绝对值称为绝对误差。

$$D = |X - x| \tag{2-6}$$

即 $X - x = \pm D$ $\qquad x - D \leqslant X \leqslant x + D$

式中　X——真值，常用多次测量的平均值代替；

$\quad\quad x$——测量集合中某测量值。

② 相对误差 E_r。绝对误差与真值之比称为相对误差。

$$E_r = \frac{D}{|X|} \tag{2-7}$$

相对误差常用百分数或千分数表示。因此不同物理量的相对误差可以互相比较，相对误差与被测之量的大小及绝对误差的数值都有关系。

③ 引用误差。仪表量程内最大示值误差与满量程示值之比的百分值。引用误差常用来表示仪表的精度。

2.2.2 测量列（集合）的误差表示

① 范围误差。是指一组测量中的最高值与最低值之差，以此作为误差变化的范围。使用中常应用误差系数的概念。

$$K = \frac{L}{\alpha} \tag{2-8}$$

式中　K——最大误差系数；

$\quad\quad L$——范围误差；

$\quad\quad \alpha$——算术平均值。

范围误差最大缺点是使 K 只以决于两极端值。而与测量次数无关。

② 算术平均误差。是表示误差的较好方法，其定义为

$$\delta = \frac{\sum d_i}{n}, \quad i = 1, 2, \cdots, n \tag{2-9}$$

式中　n——观测次数；

$\quad\quad d_i$——测量值与平均值的偏差，$d_i = x_i - \alpha$。

算术平均误差的缺点是无法表示出各次测量间彼此符合的情况。

③ 标准误差。也称为根误差。

$$\sigma = \sqrt{\frac{\sum d_i^2}{n}} \tag{2-10}$$

标准误差对一组测量中的较大误差或较小误差感觉比较灵敏，成为表示精确度的较好方法。

上式适用无限次测量的场合。实际测量中，测量次数是有限的，改写为

$$\sigma = \sqrt{\frac{\sum d_i^2}{n-1}} \tag{2-11}$$

标准误差不是一个具体的误差，σ 的大小只说明在一定条件下等精度测量集合所属的任一次观察值对其算术平均值的分散程度，如果 σ 的值小，说明该测量集合中相应小的误差就占优势，任一次观测值对其算术平均值的分散度就小，测量的可靠性就大。

算术平均误差和标准误差的计算式中第 i 次误差可分别代入绝对误差和相对误差，相对得到的值表示测量集合的绝对误差和相对误差。

上述的各种误差表示方法中，不论是比较各种测量的精度或是评定测量结果的质量，均以相对误差和标准误差表示为佳，而在文献中标准误差更常被采用。

2.2.3 仪表的精确度与测量值的误差

(1) 电工仪表等一些仪表的精确度与测量误差

这些仪表的精确度常采用仪表的最大引用误差和精确度的等级来表示。仪表的最大引用误差的定义为

$$最大引用误差 = \frac{仪表显示值的绝对误差}{该仪表相应档次量程的绝对值} \times 100\% \tag{2-12}$$

式中仪表显示值的绝对误差指在规定的正常情况下。被测参数的测量值与被测参数的标准值之差的绝对值的最大值。对于多档次仪表，不同档次显示值的绝对误差和程量范围均不相同。

式(2-12)表明，若仪表显示值的绝对误差相同，则量程范围越大，最大引用误差越小。

我国电工仪表的精确度等级有七种：0.1、0.2、0.5、1.0、1.5、2.5、5.0。如某仪表的精确度等级为 2.5 级，则说明此仪表的最大引用误差为 2.5%。

在使用仪表时，如何估算某一次测量值的绝对误差和相对误差？

设仪表的精确度等级 P 级，其最大引用误差为 10%。设仪表的测量范围为 x_n，仪表的示值为 x_i，则由式(2-12)得该示值的误差为

$$\left. \begin{array}{l} 绝对误差\ D \leqslant x_n \times P\% \\[2mm] 相对误差\ E = \dfrac{D}{x_i} \leqslant \dfrac{x_n}{x_i} \times P\% \end{array} \right\} \tag{2-13}$$

式(2-13)表明：

① 若仪表的精确度等级 P 和测量范围 x_n 已固定，则测量的示值 x_i 越大，测量的相对误差越小。

② 选用仪表时，不能盲目地追求仪表的精确度等级。因为测量的相对误差还与 x_n/x_i 有关。应该兼顾仪表的精确度等级和 x_n/x_i 两者。

(2) 天平类仪器的精确度和测量误差

这些仪器的精确度用以下公式来表示：

$$仪器的精确度 = \frac{名义分度值}{量程的范围} \tag{2-14}$$

式中名义分度值指测量时读数有把握正确的最小分度单位，即每个最小分度所代表的数值。例如 TG-3284 型天平，其名义分度值（感量）为 0.1mg，测量范围为 0～200g，则其

$$精确度 = \frac{0.1}{(200-0) \times 10^3} = 5 \times 10^{-7} \tag{2-15}$$

若仪器的精确度已知，也可用式(2-14)求得其名义分度值。

使用这些仪器时，测量的误差可用下式来确定：

$$\left. \begin{array}{l} 相对误差 \leqslant 名义分度值 \\ 相对误差 \leqslant \dfrac{名义分度值}{测量值} \end{array} \right\} \tag{2-16}$$

(3) 测量值的实际误差

由于仪表的精确度用上述方法所确定的测量误差，一般总是比测量值的实际误差小得多。这是因为仪器没有调整到理想状态，如不垂直、不水平、零位没有调整好等，会引起误差；仪表的实际工作条件不符合规定的正常工作条件，会引起附加误差；仪器经过长期使用后，零件发生磨损，装配状况发生变化等，也会引起误差；可能存在有操作者的习惯和偏向所引起的误差；仪表所感受的信号实际上可能并不等于待测的信号；仪表电路可能会受到干扰等。

总而言之，测量值实际误差大小的影响因素是很多的。为了获得较准确的测量结果，需要有较好的仪器，也需要有科学的态度和方法，以及扎实的理论知识和实践经验。

2.3 "过失"误差的舍弃

这里加引号的"过失"误差与前面提到真正的过失误差是不同的，在稳定过程，不受任何人为因素影响，测量出少量过大或过小的数值，随意地舍弃这些"坏值"，以获得实验结果的一致，这是一种错误的做法，"坏值"的舍弃要有理论依据。

如何判断是否属于异常值？最简单的方法是以三倍标准误差为依据。

从概率的理论可知，大于 3σ（均方根误差）的误差所出现的概率只有 0.3%，故通常把这一数值称为极限误差，即

$$\delta_{极限} = 3\sigma \tag{2-17}$$

如果个别测量的误差超过 3σ，那么就可以认为属于过失误差而将其舍弃。重要的是如何从有限的几次观察值中舍弃可疑值，因为测量次数少，概率理论已不适用，而个别失常测量值对算术平均值影响很大。

有一种简单的判断法，即略去可疑观测值后，计算其余各观测值的平均值 a 及平均误差 δ，然后算出可疑观测值 x_i 与平均值 a 的偏差 d。

如果 $$d \geqslant 4\delta$$

则此可疑值可以舍弃，因为这种观测值存在的概率大约只有千分之一。

2.4 间接测量中的误差传递

在许多实验和研究中，所得到的结果有时不是用仪器直接测量的，而是要把实验现场直接测量值代入一定的理论关系式中，通过计算求得结果，即间接测量值。由于直接测量值总有一定的误差，因此它们必然引起间接测量值也有一定的误差，也就是说直接测量误差不可避免地传递到间接测量值中去，从而产生间接测量误差。

误差的传递公式：从数学中知道，当间接测量值（y）与直接值测量值（x_1，x_2，…，x_n）有函数关系时，即

$$y = f(x_1, x_2, \cdots, x_n)$$

则其微分式为：

$$dy = \frac{\partial y}{\partial x_1} dx_1 + \frac{\partial y}{\partial x_2} dx_2 + \cdots + \frac{\partial y}{\partial x_n} dx_n \tag{2-18}$$

$$\frac{dy}{y} = \frac{1}{f(x_1, x_2, \cdots, x_n)} \left(\frac{\partial y}{\partial x_1} dx_1 + \frac{\partial y}{\partial x_2} dx_2 + \cdots + \frac{\partial y}{\partial x_n} dx_n \right) \tag{2-19}$$

根据式（2-18）和式（2-19），当直接测量值的误差（Δx_1，Δx_2，…，Δx_n）很小，并且考虑到最不利的情况，应是误差累积和取绝对值，则可求间接测量值的误差 Δy 或 $\Delta y / y$ 为：

$$\Delta y = \left| \frac{\partial y}{\partial x_1} \right| \cdot |\Delta x_1| + \left| \frac{\partial y}{\partial x_2} \right| \cdot |\Delta x_2| + \cdots + \left| \frac{\partial y}{\partial x_n} \right| \cdot |\Delta x_n| \tag{2-20}$$

$$E_r = \frac{\Delta y}{y} = \frac{1}{f(x_1, x_2, \cdots, x_n)} \left(\left| \frac{\partial y}{\partial x_1} \right| \cdot |\Delta x_1| + \left| \frac{\partial y}{\partial x_2} \right| \cdot |\Delta x_2| + \cdots + \left| \frac{\partial y}{\partial x_n} \right| \cdot |\Delta x_n| \right) \tag{2-21}$$

这两个式子就是由直接测量误差计算间接测量误差的误差传递公式。对于标准差的传递则有：

$$\sigma_y = \sqrt{\left(\frac{\partial y}{\partial x_1} \right)^2 \sigma_{x_1}^2 + \left(\frac{\partial y}{\partial x_2} \right)^2 \sigma_{x_2}^2 + \cdots\cdots + \left(\frac{\partial y}{\partial x_n} \right)^2 \sigma_{x_n}^2} \tag{2-22}$$

式中　σ_{x_1}，σ_{x_2}，…，σ_{x_n}——直接测量的标准误差；

　　　　σ_y——间接测量值的标准误差。

上式在有关资料中称之为"几何合成"或"极限相对误差"。现将计算函数的误差的各种关系式列于表 2-1 中。

表 2-1　函数式的误差关系表

数学式	误差传递公式	
	最大绝对误差	最大相对误差 $E_r(y)$
$y = x_1 + x_2 + \cdots + x_n$	$\Delta y = \pm(|\Delta x_1| + |\Delta x_2| + \cdots + |\Delta x_n|)$	$E_r(y) = \dfrac{\Delta y}{y}$
$y = x_1 + x_2$	$\Delta y = \pm(|\Delta x_1| + |\Delta x_2|)$	$E_r(y) = \dfrac{\Delta y}{y}$
$y = x_1 \cdot x_2$	$\begin{aligned}\Delta y &= \Delta(x_1 \cdot x_2)\\ &= \pm|x_1 \cdot \Delta x_2| + |x_2 \cdot \Delta x_1|\\ \text{或} \Delta y &= y \cdot E_r y\end{aligned}$	$\begin{aligned}E_r y &= E_r x_1 \cdot x_2\\ &= \pm\left(\left|\dfrac{\Delta x_1}{x_1}\right| + \left|\dfrac{\Delta x_2}{x_2}\right|\right)\end{aligned}$
$y = x_1 \cdot x_2 \cdot x_3$	$\begin{aligned}\Delta y &= \pm(|x_1 \cdot x_2 \cdot \Delta x_3|\\ &+ |x_1 \cdot x_3 \cdot \Delta x_2| + |x_2 \cdot x_3 \cdot \Delta x_1|)\\ \Delta y &= y \cdot E_r(y)\end{aligned}$	$E_r(y) = \pm\left(\left|\dfrac{\Delta x_1}{x_1}\right| + \left|\dfrac{\Delta x_2}{x_2}\right| + \left|\dfrac{\Delta x_3}{x_3}\right|\right)$
$y = x^n$	$\begin{aligned}\Delta y &= \pm(|nx^{n-1} \cdot \Delta x|)\\ \text{或} \Delta y &= y \cdot E_r(y)\end{aligned}$	$E_r(y) = \pm\left(n\left|\dfrac{\Delta x}{x}\right|\right)$
$y = \sqrt[n]{x}$	$\begin{aligned}\Delta y &= \pm\left(\left|\dfrac{1}{n}x^{\frac{1}{n}-1} \cdot \Delta x\right|\right)\\ \Delta y &= y \cdot E_r(y)\end{aligned}$	$E_r(y) = \dfrac{\Delta y}{y} = \pm\left(\left|\dfrac{1}{n}\dfrac{\Delta x}{x}\right|\right)$
$y = \dfrac{x_1}{x_2}$	$\Delta y = y \cdot E_r(y)$	$E_r(y) = \pm\left(\left|\dfrac{\Delta x_1}{x_1}\right| + \left|\dfrac{\Delta x_2}{x_2}\right|\right)$

数学式	误差传递公式	
	最大绝对误差	最大相对误差 $E_r(y)$
$y=cx$	$\Delta y=\Delta(cx)=\pm\|c\cdot\Delta x\|$ 或 $\Delta y=y\cdot E_r(y)$	$E_r(y)=\dfrac{\Delta y}{y}$ 或 $E_r(y)=\pm\left\|\dfrac{\Delta x}{x}\right\|$
$y=\lg x$ $=0.43429\ln x$	$\Delta y=\pm\|(0.43429\ln x)'\cdot\Delta x\|$ $=\pm\left\|\dfrac{0.43429}{x}\cdot\Delta x\right\|$	$E_r(y)=\dfrac{\Delta y}{y}$

2.5 误差分析在阻力实验中的具体应用

误差分析除用于计算测量结果的精确度外，还可以对具体的实验设计预先进行误差分析，在找到误差的主要来源及每一个因素所引起的误差大小后，对实验方案和选用仪器仪表提出有益的建议。

【例 2-1】 本实验测定层流 Re-λ 关系是在 Dg6（公称径为 6mm）的小铜管中进行，因内径太小，不能采用一般的游标卡尺测量，而是采用体积法进行直径间接测量。截取高度为 400mm 的管子，测量这段管子中水的容积，从而计算管子的平均内径。测量的量具用移液管，其体积刻度线相当准确，而且它的系统误差可以忽略。体积测量三次，分别为 11.31ml、11.26ml、11.30ml。问体积的算术平均值 α、平均绝对误差 D、相对误差 E_r 为多少？

解： 算术平均值 $\alpha=\dfrac{\sum x_i}{n}=\dfrac{11.31+11.26+11.30}{3}=11.29$

平均绝对误差 $\overline{D}=\dfrac{|11.29-11.31|+|11.29-11.26|+|11.29-11.30|}{3}=0.02$

相对误差 $E_r=\dfrac{\overline{D}}{\alpha}=\dfrac{\pm0.02}{11.29}\times100\%=0.18\%$

【例 2-2】 要测定层流状态下，公称内径为 6mm 的管道的摩擦系数 λ（参见流体阻力实验），希望在 $Re=2000$ 时，λ 的精确度不低于 4.5%，问实验装置设计是否合理？并选用合适的测量方法和测量仪器。

解： λ 的函数形式是：$\lambda=\dfrac{2g\pi^2}{16}\cdot\dfrac{d^5(R_1-R_2)}{lV_s^2}$

式中 R_1，R_2——被测量段前后液注读数值，mH_2O；

$\quad\quad V_s$——流量，m^3/s；

$\quad\quad l$——被测量段长度，m。

标准误差：$E_r(\lambda)=\dfrac{\Delta\lambda}{\lambda}=\pm\sqrt{\left[5\left(\dfrac{\Delta d}{d}\right)\right]^2+\left[2\left(\dfrac{\Delta V_s}{V_s}\right)\right]^2+\left(\dfrac{\Delta l}{l}\right)^2+\left(\dfrac{\Delta R_1+\Delta R_2}{R_1-R_2}\right)^2}$

要求 $E_r(\lambda)<4.5\%$，由于 $\dfrac{\Delta l}{l}$ 所引起的误差小于 $\dfrac{E_r(\lambda)}{10}$，故可以略去不考虑。剩下三项分误差，可按等效法进行分配，每项分误差和总误差的关系：

$$E_r(\lambda)=\sqrt{3m_i^2}=4.5\%$$

每项分误差 $m_i=\dfrac{4.5}{\sqrt{3}}\%=2.6\%$

（1）流量项的分误差估计

首先确定 V_s 值

$$V_s = Re \frac{d\mu\pi}{4\rho} = 2000 \times \frac{0.006 \times 10^{-3} \times \pi}{4 \times 1000} = 9.4 \times 10^{-6} (\text{m}^3/\text{s}) = 9.4 (\text{ml/s})$$

这么小的流量可以采用 500ml 的量筒测其流量，量筒系统误差很小，可以忽略，读数误差为 ±5ml，计时用的秒表系统误差也可忽略，开停秒表的随机误差估计为 ±0.1s，当 $Re = 2000$ 时，每次测量水量约为 450ml，需时间 48s 左右。流量测量最大误差为：

$$\frac{\Delta V_s}{V_s} = \pm \left(\frac{\Delta V}{V} + \frac{\Delta\tau}{\tau} \right) = \pm \left(\frac{5}{450} + \frac{0.1}{48} \right) = \pm (0.011 + 0.0021)$$

式中具体数字说明 $\frac{\Delta V}{V}$ 误差较大，$\frac{\Delta\tau}{\tau}$ 可以忽略。因此流量项的分误差为：

$$m_1 = 2 \frac{\Delta V_s}{V_s} = 2 \times 0.011 \times 100\% = 2.2\%$$

没有超过每项分误差范围。

（2）d 的相对误差

要求：$5 \frac{\Delta d}{d} \leqslant m$ 则 $\frac{\Delta d}{d} \leqslant \frac{m}{5}$，即 $\frac{\Delta d}{d} \leqslant \frac{2.6\%}{5} = 0.52\%$。

由【例 2-1】知道管径 d 由体积法进行间接测量。

$$V = \frac{\pi}{4} d^2 h$$

$$d = \sqrt{\frac{V}{h} \times \frac{4}{\pi}}$$

已知管高度为 400mm，绝对误差 ±0.5mm

为保险起见，仍采用几何合成法计算 d 的相对误差。

$$\frac{\Delta d}{d} = \frac{1}{2} \left(\frac{\Delta V}{V} + \frac{\Delta h}{h} \right)$$

由【例 2-1】已计算出 $\frac{\Delta V}{V}$ 的相对误差为 0.18%

代入具体数值：

$$m_2 = 5 \frac{\Delta d}{d} = \frac{5}{2} \left(\frac{\Delta V}{V} + \frac{\Delta h}{h} \times 100\% \right) = \frac{5}{2} \left(0.18 + \frac{0.5}{400} \times 100\% \right) = 0.8\%$$

也没有超过每项分误差范围。

（3）压差的相对误差

单管式压差计用分度为 1mm 的尺子测量，系统误差可以忽略，读数随机绝对误差 ΔR 为 ±0.5mm。

$$\frac{\Delta R_1 + \Delta R_2}{R_1 - R_2} = \frac{2\Delta R_1}{R_1 - R_2} = \frac{2 \times 0.5}{R_1 - R_2}$$

压差测量值 $R_1 - R_2$ 与两测压点间的距离 l 成正比，即

$$R_1 - R_2 = \frac{64}{Re} \cdot \frac{l}{d} \cdot \frac{u^2}{2g} = \frac{64}{2000} \cdot \frac{l}{0.006} \cdot \frac{\left(\frac{9.4 \times 10^{-6}}{0.785 \times 0.006^2} \right)^2}{2g} = 0.031$$

式中　u ——平均流速，m/s。

由上式可算出 l 的变化对压差相对误差的影响（见表 2-2）。

表 2-2　压差相对误差表

l/mm	$(R_1-R_2)/\mathrm{mm}$	$\dfrac{2\Delta R_1}{R_1-R_2}\times100\%$
500	15	6.7
1000	30	3.3
1500	45	2.2
2000	60	1.6

由表中可见，选用 $l\geqslant1500\mathrm{mm}$ 可满足要求，若实验采用 $l=1500\mathrm{mm}$ 其相对误差为：

$$m_3=\frac{\Delta R_1+\Delta R_2}{R_1-R_2}=\frac{2\Delta R_1}{R_1-R_2}=\frac{2\times0.5}{0.03\times1500}\times100\%=2.2\%$$

总误差：$E_r(\lambda)=\dfrac{\Delta\lambda}{\lambda}=\pm\sqrt{m_1^2+m_2^2+m_3^2}=\pm\sqrt{(2.2)^2+(0.8)^2+(2.2)^2}=\pm3.2\%$

通过以上误差分析可知：

① 为实验装置中两测点间的距离 l 的选定充分提供了依据。

② 直径 d 的误差，因传递系数较大（等于5），对总误差影响较大，但所选测量 d 的方案合理，这项测量精确度高，对总误差影响反而下降了。

③ 现有的测量 V_s 误差显得过大，其误差主要来自体积测量，因而若改用精确度更高一级的量筒，则可以提高实验结果的精确度。

【例 2-3】 若 l 选用 $1.796\mathrm{m}$，水温 $20\,^{\circ}\mathrm{C}$，$R_1-R_2=8.1\mathrm{mm}$，测得出水量为 $450\mathrm{ml}$ 时，所需时间为 $319\mathrm{s}$，当 $Re=300$ 时，所测 λ 的相对误差为多少？

解：已知 $m_1=2.2\%$，$m_2=0.8\%$

$$m_3=\frac{2\Delta R_1}{R_1-R_2}=\frac{2\times0.5}{8.1}\times100\%=12.3\%$$

$$E_r(\lambda)=\pm\sqrt{m_1^2+m_2^2+m_3^2}=\pm\sqrt{2.2^2+0.8^2+12.3^2}=\pm12.5\%$$

结果表明，由于压差下降，压差测量的相对误差上升，致使 λ 测量的相对误差增大。当 $Re=300$ 时，λ 的理论值为 $\dfrac{64}{Re}=0.213$，如果实验结果与此值有差异（例如 $\lambda=0.186$ 或 $\lambda=0.240$），并不一定说明 λ 的测量值与理论值不符，要看偏差多少？象括号中的这种偏差是测量精密度不高引起的，如果提高压差测量精度或者增加测量次数并取平均值，就有可能与理论值相符。以上例子充分说明了误差分析在实验中的重要作用。

2.6　提高分析结果精确度的方法

对试样精心分析测试的目的，是希望得到物质最真实的信息，以指导生产和科研。因此，如何提高分析测定结果的精确度，是分析测试工作的核心问题。

要提高分析测试的精确度，就必须减少测定中的系统误差和随机误差。

① 选择合适的分析方法。各种分析方法的精确度和灵敏度不相同，必须根据具体情况和测定的要求来选择方法。

② 减少测量误差。为保证分析结果的精确度，要十分注意在每一步的操作中减少测量误差。

③ 减少偶然误差，增加测定次数。在消除或校正了系统误差的前提下，减少偶然误差可以提高测定的精确度，适当增多测定次数可以提高测定结果的精确度。

④ 消除与校正系统误差。要提高分析结果精确度，要发现和消除系统误差。

系统误差来源于确定因素，为了发现并消除（或校正）系统误差，可选用下面几种方法：对照实验；回收实验；空白实验；仪器校正。

2.7 有效数字及其运算规则

在科学与工程中，测量或计算结果总是以一定位数来表示的。究竟取几位数才是有效的呢？实验中从测量仪表上所读取的数值的位数是有限的，而且取决于测量仪表的精度，其最后一位数字往往是仪表所决定的估计数字。即一般应读到测量仪表最小刻度的十分之一位，数值准确度大小由有效数字位数来定。

2.7.1 有效数字

一个数据，其中除了起定位作用的"0"外，其他数都是有效数字。如0.0029只有两位有效数字，而290.0则有四位有效数字。一般要求测试数据有效数字为4位。要注意有效数字不一定都是可靠数字。测流体所用的U形管压差计，最小刻度是1mm，但是我们可以读到0.1mm，如324.4mmHg。又如二等标准温度计的最小刻度为0.1℃，我们可以读到0.01℃，如16.15℃，此时有效数字为四位，而可靠数字只有三位，最后一位是不可靠的，称为可疑数字。记录测量数字时只保留一位可疑数字。

2.7.2 科学记数法

为了清楚地表示数值的准确度，需明确数值的有效数字位数，常用指数形式表示，即写成数字与10的整数幂的乘积。这种以10的整数幂来记数的方法称为科学记数法。科学记数法的特点是小数点前面永远是一位非零数字，乘号前面的数字都为有效数字，有效数字的位数一目了然。如47800的有效数字分别为4位、3位、2位时，依次表示为4.780×10^4、4.78×10^4、4.8×10^4；0.00752的有效数字分别为4位、3位、2位时，则依次表示为7.520×10^{-3}、7.52×10^{-3}、7.5×10^{-3}。

2.7.3 有效数字的运算

① 记录测量数值时，只保留一位可疑数字。

② 在数字计算过程中，确定有效数字的位数，舍去其余数位的方法通常是将末尾有效数字后边的第一位数字采用四舍五入的计算规则。若在一些精度较高的场合，则采用四舍六入五留双的方法，即：

a. 末尾有效数字的第一位数字若小于5，则舍去。

b. 末尾有效数字的第一位数字若大于5，则将末尾的有效数字加上1。

c. 末尾有效数字的第一位数字若等于5，则由末尾有效数字的奇偶而定，当其为偶数或0时，不变；当其为奇数时，则加上1位（变为偶数或0）。

如对下面几个数保留3位有效数字，则：

25.44变成25.4；

25.45变成25.4；

25.47变成25.5；

25.55变成25.6。

③ 在加减运算中，其和或差的位数应与各数中小数点后位数最少的相同。例如，在传热实验中，测得水的进出口温度分别为30.2℃和45.36℃，为了确定水的定性温度，须计算

两温度之和 $30.2+45.36=75.56≈75.6℃$。由该例可以看出，由于计算结果有两位可疑数字，而按照有效数字的定义只能保留一位，第二位可疑数字应按四舍五入法舍弃。

④ 在乘除运算中，各数所保留的位数，以各数中有效数字位数最少的那个数为准，其结果的有效数字位数亦应与各数中有效数字最少的那个数相同。例如，$0.0121×25.64×1.05782=0.32818230808≈0.328$。

⑤ 乘方、开方后的有效数字与其底数相同。

⑥ 在对数计算中，所取对数位数应与底数有效数字位数相同。

⑦ 在四个数以上的平均值计算中，平均值的有效数字可比各数据中最小有效位数多一位。

⑧ 所有取自手册上的数据，其有效数按计算需要选取，但原始数据如有限制，则应服从原始数据。

⑨ 一般在工程计算中取三位有效数已足够精确，在科学研究中根据需要和仪器的精度，可以取到四位有效数字。

第3章

实验数据的处理与实验设计方法

　　实验数据处理，就是以测量为手段，以研究对象的概念、状态为基础，以数学运算为工具，推断出某量值的真值，并导出某些具有规律性结论的整个过程。因此对实验数据进行处理，可使人们清楚地观察到各变量之间的定量关系，以便进一步分析实验现象，提出新的研究方案或得出规律，用于指导生产与设计。

　　在化工原理实验中，数据处理的方法有三种：列表法、图示法和回归分析法。

3.1 列表法

　　将实验数据按自变量和因变量的关系，以一定的顺序列出数据表，即为列表法。列表法有许多优点，如为了不遗漏数据，原始数据记录表会给数据处理带来方便；列出数据使数据易比较；形式紧凑；同一表格内可以表示几个变量间的关系等。列表通常是整理数据的第一步，为标绘曲线图或整理成数学公式打下基础。

3.1.1 实验数据表的分类

　　数据表操作简单明了，有利于阐明某些实验结果的规律。如果设计合理，可以同时表达几种变量，而且不易混淆。实验数据表一般分为原始数据记录表和整理计算数据表。本节以流体流动阻力实验测定层流 λ-Re 关系为例进行说明。

　　原始数据记录表用于实验过程中随时记录测量的数据，所以在进行实验之前，要根据实验目的和待测参数进行设计和绘制，在进行实验时就可以清晰、完整地将实验数据记录下来。在原始数据记录表中，应逐项列出实验所需要测量的所有参数名称及其单位，并注意采用与测量仪表相一致的有效位数，在对较大数量级的表达上，应尽量采用科学记数法。层流阻力实验原始数据记录表如表 3-1 所示。在实验过程中，当完成一组实验数据的测试时，必须及时将测量的相关数据记录在表格内，实验完成后将得到一份完整的原始数据记录表。

　　实验结束后，要对所记录的实验数据进行分析和计算处理。整理计算数据表可细分为中间计算结果表（体现出实验过程主要变量的计算结果）、综合结果表（表达实验过程中得出的结论）和误差分析表（表达实验值与参照值或理论值的误差范围）等，实验报告中要用到几个表，应根据具体实验情况而定。层流阻力实验整理计算数据表见表 3-2，误差分析结果表见表 3-3。

表 3-1 层流阻力实验原始数据记录表

实验装置编号：第_____套 管径_____m 管长_____m 平均水温_____℃

实验时间_____年_____月_____日

序号	水的体积 V/ml	时间 t/s	压差计示值			备注
			左/mm	右/mm	ΔR/mm	
1						
2						
⋮						
n						

表 3-2 层流阻力实验整理计算数据表

序号	流量 V/(m³/s)	平均流速 u/(m/s)	层流沿程损失值 h_f/mH₂O	$Re/\times10^2$	$\lambda/\times10^2$	λ-Re 关系式
1						
2						
⋮						
n						

表 3-3 层流阻力实验误差分析结果表

层流	$\lambda_{实验}$	$\lambda_{理论}$	相对误差/%

3.1.2 设计实验数据表的注意事项

① 表格设计要力求简明扼要，一目了然，便于阅读和使用。记录、计算项目要满足实验需要，如原始数据记录表格上方要列出实验装置的几何参数以及平均水温等常数项。

② 表头列出物理量的名称、符号和计算单位。符号与计量单位之间用斜线"/"隔开。斜线不能重叠使用，可以根据情况使用"（）"或者负指数的形式。计量单位不宜混在数字之中，以免难以区分。

③ 注意实验数据的有效数字位数，即记录的数据应与测量仪表的准确度相吻合，不可过多或者过少。

④ 物理量的数值较大或较小时，要用科学计数法表示。以"物理量的代表符号$\times10^{\pm n}$/计量单位"的形式，将$10^{\pm n}$记入表头，该形式的数据记录原则为：

$$物理量的实际值\times10^{\pm n}＝表中数据$$

⑤ 为了便于整理和使用，每一个数据表都应在表的上方写明表的序号和表的名称（表题）。表的序号应按出现的顺序进行编号。在出现表格之前，要在正文中有所交代，不能出现得太突然，要有必要的过渡。同一个表尽量不要跨页，必须跨页时，在跨页的表上须注明"续表×××"。

⑥ 数据表格要正规，数据书写要清楚整齐，不能潦草应付，否则会难以辨认。修改错误时要用单线将错误的划掉，将正确的写在下面。各种实验条件及作记录者的姓名可作为"表注"，写在表的下方。

3.2 图示法

图示法是表示实验中各变量之间关系最常用的方法，它是将整理得到的实验数据或结果标绘成描述因变量和自变量的依从关系的曲线图。该法的优点是直观清晰，便于比较，容易看出数据中的极值点、转折点、周期性、变化率以及其他特性，准确的图形还可以在不知数学表达式的情况下进行微积分运算，因此得到广泛的应用。

在化工原理实验中，经常遇到两个变量 x，y 的情况将自变量 x 作为图形的横轴，将因变量 y 作为纵轴，得到所需要的图形。所以，在绘制图形之前要完成的工作就是按照列表法的要求列出因变量 y 与自变量 x 相对应的 y_i 与 x_i 数据表格。

作图时值得注意的是：选择合适的坐标，使得图形直线化，以便求得经验方程式；坐标的分度要适当，能清楚表达变量间的函数关系。作曲线图时必须根据一定的法则，得到与实验点位置偏差最小而光滑的曲线图形。

3.2.1　选择适宜的坐标系

3.2.1.1　坐标系

化工中常用的坐标系为直角坐标系、单对数坐标系和双对数坐标系。下面仅介绍单对数坐标系和对数坐标系。

① 单对数坐标系。如图 3-1 所示。一个轴是分度均匀的普通坐标轴，另一个轴是分度不均匀的对数坐标轴。

② 双对数坐标系。如图 3-2 所示。两个轴都是对数标度的坐标轴。

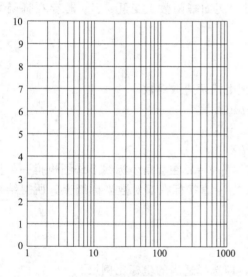

图 3-1　单对数坐标图

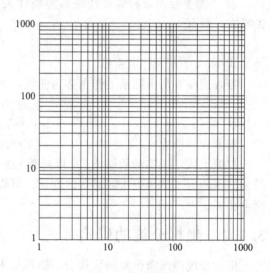

图 3-2　双对数坐标图

3.2.1.2　选用坐标纸的基本原则

(1) 直角坐标

变量 x、y 间的函数关系式为：$y = a + bx$

即为直线函数型，将变量 x、y 标绘在直角坐标纸上得到一直线图形，系数 a、b 不难由图上求出。

(2) 单对数坐标

在下列情况下，建议使用单对数坐标纸：

① 变量之一在所研究的范围内发生了几个数量级的变化。

② 在自变量由零开始逐渐增大的初始阶段，当自变量的少许变化引起因变量极大变化

时，采用单对数坐标可使曲线最大变化范围伸长，使图形轮廓清楚。

③ 当需要变换某种非线性关系为线性关系时，可用单对数坐标。如将指数型函数变换为直线函数关系。若变量 x、y 间存在指数函数型关系，则有：

$$y = ae^{bx}$$

式中，a，b 为待定系数。

在这种情况下，若把 x、y 数据在直角坐标纸上作图，所得图形必为一曲线。若对上式两边同时取对数

则　　　　　　　　　　　　　　$\lg y = \lg a + bx \lg e$

令　　　　　　　　　　　　　　$\lg y = Y,\ b \lg e = k$

则上式变为　　　　　　　　　$Y = \lg a + kx$

经上述处理变成了线性关系，以 $\lg y = Y$ 对 x 在直角坐标纸上作图，其图形也是直线。为了避免对每一个实验数据 y 取对数的麻烦，可以采用单对数坐标纸。因此可以说把实验数据标绘在单对数坐标纸上，如为直线的话，其关联式必为指数函数型。

(3) 双对数坐标

在下列情况下，建议使用双对数坐标纸：

① 变量 x、y 在数值上均变化了几个数量级。

② 需要将曲线开始部分划分成展开的形式。

③ 当需要变换某种非线性关系为线性关系时，例如幂函数。变量 x、y 若存在幂函数关系式，则有

$$y = ax^{b}$$

式中，a，b 为待定系数。

若直接在直角坐标系上作图必为曲线，为此把上式两边取对数

$$\lg y = \lg a + b \lg x$$

令　　　　　　　　　　　　　　$\lg y = Y,\ \lg x = X$

则上式变换为　　　　　　　　$Y = \lg a + bX$

根据上式，把实验数据 x、y 取对数 $\lg x = X$，$\lg y = Y$ 在直角坐标线上作图也得一条直线。同理，为了解决每次取对数的麻烦，可以把 x、y 直接标在双对数坐标纸上，所得结果完全相同。

3.2.2　坐标分度的确定

坐标分度指每条坐标轴所代表的物理量大小，即选择适当的坐标比例尺。

① 为了得到良好的图形，在 x、y 的误差 Δx、Δy 已知的情况下，比例尺的取法应使实验"点"的边长为 $2\Delta x$、$2\Delta y$（近似于正方形），而且使 $2\Delta x = 2\Delta y = 1 \sim 2\text{mm}$，若 $2\Delta x = 2\Delta y = 2\text{mm}$，则它们的比例尺应为：

$$M_x = \frac{2\text{mm}}{2\Delta x} = \frac{1}{\Delta x}\text{mm} \tag{3-1}$$

$$M_y = \frac{2\text{mm}}{2\Delta y} = \frac{1}{\Delta y}\text{mm} \tag{3-2}$$

如已知温度误差 $\Delta T = 0.05℃$，则

$$M_T = \frac{1\text{mm}}{0.05℃} = 20\text{mm/℃}$$

此时温度 1℃ 的坐标为 20mm 长，若感觉太大可取 $2\Delta x = 2\Delta y = 1\text{mm}$，此时 1℃ 的坐标

为 10mm 长。

② 若测量数据的误差不知道，那么坐标的分度应与实验数据的有效数字大体相符，即最适合的分度是使实验曲线坐标读数和实验数据具有同样的有效数字位数。其次，横、纵坐标之间的比例不一定取得一致，应根据具体情况选择，使实验曲线的坡度介于 $30°\sim60°$ 之间，这样的曲线坐标读数准确度较高。

③ 推荐使用坐标轴的比例常数 $M=(1、2、5)\times10^{\pm n}$（$n$ 为正整数），而 3、6、7、8、9 等的比例常数绝不可选用，因为后者的比例常数不但会引起图形的绘制和实验麻烦，也极易造成错误。

3.2.3　图示法应注意的事项

① 对于两个变量的系统，习惯上选横轴为自变量，纵轴为因变量。在两轴侧要标明变量名称、符号和单位，如离心泵特性曲线的横轴须标明：流量 $Q/(m^3/h)$。尤其是单位，初学者往往因受纯数学的影响而容易忽略。

② 坐标分度要适当，使变量的函数关系表现清楚。

对于直角坐标的原点不一定选为零点，应根据所标绘数据范围而定，其原点应移至比数据中最小者稍小一些的位置为宜，能使图形占满全幅坐标线为原则。

对于对数坐标，坐标轴刻度是按 1，2，…，10 的对数值大小划分的，其分度要遵循对数坐标的规律，当用坐标表示不同大小的数据时，只可将各值乘以 10^n（n 取正、负整数）而不能任意划分。对数坐标的原点是（1，1），而不是（0，0）；在对数坐标上，1、10、100、1000 之间的实际距离是相同的，因为上述各数相应的对数值为 0、1、2、3，这在线性坐标上的距离相同。

③ 实验数据的标绘。若在同一张坐标纸上同时标绘几组测量值，则各组要用不同符号（如：○，△，×等）以示区别。若 n 组不同函数同绘在一张坐标纸上，则在曲线上要标明函数关系名称。

④ 图必须有图号和图题（图名），图号应按出现的顺序编写，并在正文中有所交代。必要时还应有图注。

⑤ 图线应光滑。利用曲线板等工具将各离散点连接成光滑曲线，并使曲线尽可能通过较多的实验点，或者使曲线以外的点尽可能位于曲线附近，并使曲线两侧的点数大致相等。

3.3　实验数据数学方程表示法

在实验研究中，除了用表格和图形描述变量间的关系外，还常常把实验数据整理成方程式，以描述过程或现象的自变量和因变量之间的关系，即建立过程的数学模型。其方法是将实验数据绘制成曲线，与已知的函数关系式的典型曲线（线性方程、幂函数方程、指数函数方程、抛物线函数方程、双曲线函数方程等）进行对照选择，然后用图解法或者数值方法确定函数式中的各种常数。所得函数表达式是否能准确地反映实验数据所存在的关系，应通过检验加以确认。运用计算机将实验数据结果回归为数学方程已成为实验数据处理的主要手段。

3.3.1　数学方程式的选择

数学方程式选择的原则是：既要求形式简单，所含常数较少，同时也希望能准确地表达实验数据之间的关系，但要满足两者条件往往是难以做到，通常是在保证必要的准确度的前提下，尽可能选择简单的线性关系或者经过适当方法转换成线性关系的形式，使数据处理工作得到简单化。

数学方程式选择的方法是：将实验数据标绘在普通坐标纸上，得一直线或曲线。如果是直线，则根据初等数学可知，$y = a + bx$，其中 a、b 值可由直线的截距和斜率求得。如果不是直线，也就是说，y 和 x 不是线性关系，则可将实验曲线和典型的函数曲线相对照，选择与实验曲线相似的典型曲线函数，然后用直线化方法处理，最后以所选函数与实验数据的符合程度加以检验。

直线化方法就是将函数 $y = f(x)$ 转化成线性函数 $Y = a + bX$ 的方法。如 3.2.1.2 节所述的幂函数和指数函数转化成线性方程的方法。

常见函数的典型图形及线性化方法列于表 3-4。

表 3-4　化工中常见的曲线与函数式之间的关系

序号	图　形	函数及线性化方法

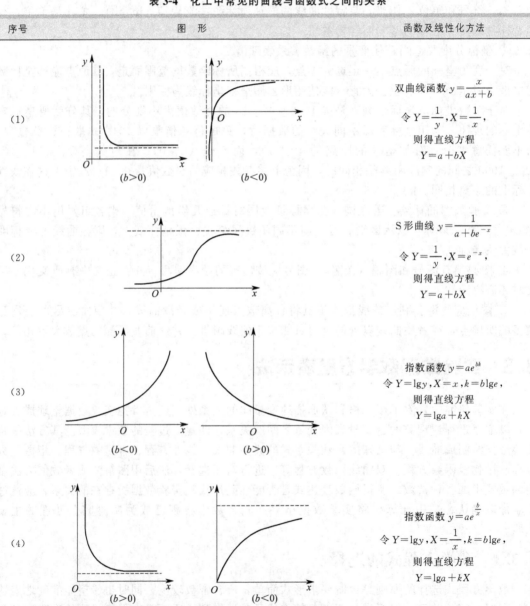

(1)　$(b>0)$　$(b<0)$　双曲线函数 $y = \dfrac{x}{ax+b}$

令 $Y = \dfrac{1}{y}$，$X = \dfrac{1}{x}$，则得直线方程 $Y = a + bX$

(2)　S形曲线 $y = \dfrac{1}{a + be^{-x}}$

令 $Y = \dfrac{1}{y}$，$X = e^{-x}$，则得直线方程 $Y = a + bX$

(3)　$(b<0)$　$(b>0)$　指数函数 $y = ae^{bk}$

令 $Y = \lg y$，$X = x$，$k = b\lg e$，则得直线方程 $Y = \lg a + kX$

(4)　$(b>0)$　$(b<0)$　指数函数 $y = ae^{\frac{b}{x}}$

令 $Y = \lg y$，$X = \dfrac{1}{x}$，$k = b\lg e$，则得直线方程 $Y = \lg a + kX$

序号	图 形	函数及线性化方法

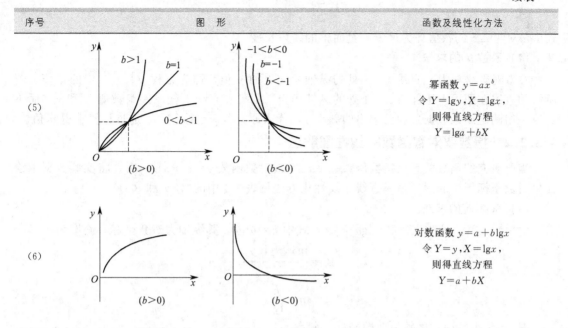

| (5) | (b>0)　　　　　　(b<0) | 幂函数 $y=ax^b$ 令 $Y=\lg y,X=\lg x$，则得直线方程 $Y=\lg a+bX$ |
| (6) | (b>0)　　　　　　(b<0) | 对数函数 $y=a+b\lg x$ 令 $Y=y,X=\lg x$，则得直线方程 $Y=a+bX$ |

3.3.2　图解法求公式中的常数

当公式选定后，可用图解法求方程式中的常数，本节以幂函数、指数函数和对数函数为例进行说明。

3.3.2.1　幂函数的线性图解

幂函数 $y=ax^b$ 经线性化后成为 $Y=\lg a+bX$（见 3.2.1.2 内容所述）。

(1) 系数 b 的求法

系数 b 即为直线的斜率，如图 3-3 所示的 AB 线的斜率。在对数坐标上求取斜率方法与直角坐标上的求法不同。因为在对数坐标上标度的数值是真数而不是对数，因此双对数坐标纸上直线的斜率需要用对数值来求算，或者在两坐标轴比例尺相同情况下直接用尺子在坐标纸上量取线段长度来求取。

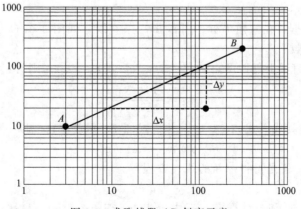

图 3-3　求取线段 AB 斜率示意

$$b = \frac{\Delta y}{\Delta x} = \frac{\lg y_2 - \lg y_1}{\lg x_2 - \lg x_1} \tag{3-3}$$

式中 Δy 与 Δx 的数值即为尺子测量而得的线段长度。

（2）系数 a 的求法

在双对数坐标上，直线 $x=1$ 处的纵轴相交处的 y 值，即为方程 $y=ax^b$ 中的 a 值。若所绘的直线在图面上不能与 $x=1$ 处的纵轴相交，则可在直线上任取一组数值 x 和 y（而不是取一组测定结果数据）和已求出的斜率 b，代入原方程 $y=ax^b$ 中，通过计算求得 a 值。

3.3.2.2 指数或对数函数的线性图解法

当所研究的函数关系呈指数函数 $y=ae^{bx}$ 或对数函数 $y=a+b\lg x$ 时，将实验数据标绘在单对数坐标纸上的图形是一直线。线性化方法见表 3-4 中的（3）和（6）。

（1）系数 b 的求法

对 $y=ae^{bx}$，线性化为 $Y=\lg a+kx$，式中 $k=b\lg e$，其纵轴为对数坐标，斜率为：

$$k = \frac{\lg y_2 - \lg y_1}{x_2 - x_1} \tag{3-4}$$

$$b = \frac{k}{\lg e} \tag{3-5}$$

对 $y=a+b\lg x$，横轴为对数坐标，斜率为：

$$b = \frac{y_2 - y_1}{\lg x_2 - \lg x_1} \tag{3-6}$$

（2）系数 a 的求法

系数 a 的求法与幂函数中所述方法基本相同，可用直线上任一点处的坐标值和已经求出的系数 b 代入函数关系式后求解。

3.3.2.3 二元线性方程的图解

若实验研究中，所研究对象的物理量是一个因变量与两个自变量，它们必成线性关系，则可采用以下函数式表示：

$$y = a + bx_1 + cx_2 \tag{3-7}$$

在图解此类函数式时，应首先令其中一自变量恒定不变，例如使 x_1 为常数，则上式可改写成：

$$y = d + cx_2 \tag{3-8}$$

式中 $d=a+bx_1=\text{const}$。

由 y 与 x_2 的数据可在直角坐标中标绘出一条直线，如图 3-4(a) 所示。采用上述图解法即可确定 x_2 的系数 c。

在图 3-4(a) 中直线上任取两点 $e_1(x_{21}, y_1)$，$e_2(x_{22}, y_2)$，则有：

$$c = \frac{y_2 - y_1}{x_{22} - x_{21}} \tag{3-9}$$

当 c 求得后，将其代入式(3-7) 中，并将式(3-7) 重新改写成以下形式：

$$y - cx_2 = a + bx_1 \tag{3-10}$$

令 $y'=y-cx_2$，于是可得一新的线性方程：

$$y' = a + bx_1 \tag{3-11}$$

由实验数据 y，x_2 和 c 计算得 y'，由 y' 与 x_1 在图 3-4(b) 中标绘其直线，并在该直线上任取 $f_1(x_{11}, y_1')$ 及 $f_2(x_{12}, y_2')$ 两点。由 f_1，f_2 两点即可确定 a、b 两个常数。

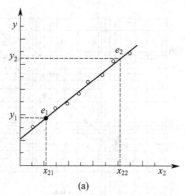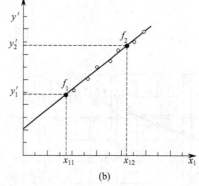

图 3-4　二元线性方程图解示意

$$b = \frac{y_2' - y_1'}{x_{12} - x_{11}} \tag{3-12}$$

$$a = \frac{y_1' x_{12} - y_2' x_{11}}{x_{12} - x_{11}} \tag{3-13}$$

应该指出的是，在确定 b、a 时，其自变量 x_1，x_2 应同时改变，才能使其结果覆盖整个实验范围。

薛伍德（Sherwood）利用 7 种不同流体对流过圆形直管的强制对流传热进行研究，并取得大量数据，采用幂函数形式进行处理，其函数形式为：

$$Nu = BRe^m Pr^n \tag{3-14}$$

式中，Nu 随 Re 及 Pr 而变化，将上式两边取对数，采用变量代换，使之化为二元线性方程形式：

$$\lg Nu = \lg B + m\lg Re + n\lg Pr \tag{3-15}$$

令 $y = \lg Nu$，$x_1 = \lg Re$，$x_2 = \lg Pr$，$a = \lg B$，上式即可表示为二元线性方程式：

$$y = a + mx_1 + nx_2 \tag{3-16}$$

现将式（3-15）改写为以下形式，确定常数 n（固定变量 Re 值，使 Re = 常数，自变量减少一个）。

$$\lg Nu = (\lg B + m\lg Re) + n\lg Pr \tag{3-17}$$

薛伍德固定 $Re = 1 \times 10^4$，将七种不同流体的实验数据在双对数坐标纸上标绘 Nu 和 Pr 之间的关系见图 3-5（a）。实验表明，不同 Pr 数的实验结果，基本上是一条直线，用这条直线决定 Pr 准数的指数 n，然后在不同 Pr 数及不同 Re 数下实验，按式（3-18）图解法求解：

$$\lg(Nu/Pr^n) = \lg B + m\lg Re \tag{3-18}$$

以 Nu/Pr^n 对 Re，在双对数坐标纸上作图，标绘出一条直线如图 3-5（b）所示。由这条直线的斜率和截距决定 B 和 m 值。这样，经验公式中的所有待定常数 B、m 和 n 均被确定。

3.3.3　联立方程法求公式中的常数

此法又称"平均值法"，仅适用于实验数据精度很高的条件下，即实验点与理想曲线偏离较小，否则所得函数将毫无意义。

平均值法定义为：选择能使其同各测定值的偏差的代数和为零的那条曲线为理想曲线。具体步骤是：

① 选择适宜的经验公式：$y = f(x)$；

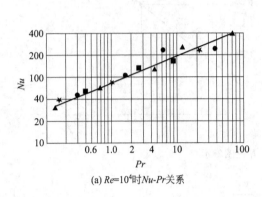
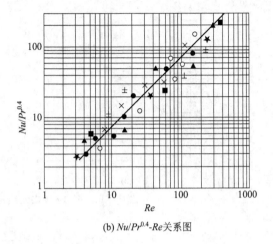

(a) $Re=10^4$时Nu-Pr关系　　　　　　(b) $Nu/Pr^{0.4}$-Re关系图

图 3-5　$Nu=BRe^m Pr^n$ 图解法示意

注：● 空气；▲ 水；○ 丙酮；× 苯；■ 煤油；★ 正丁醛；± 石油

② 建立求待定常数和系数的方程组。

现假定画出的理想曲线为直线，其方程为 $y=a+bx$，设测定值为 x_i、y_i，将 x_i 代入上式，所得的 y 值为 y_i'，即 $y_i'=a+bx_i$，而 $y_i=a+bx_i$，所以应该是 $y_i'=y_i$。然而，一般由于测量误差，实测点偏离直线，使 $y_i'\neq y_i$。若设 y_i 和 y_i' 的偏差为 Δ_i，则

$$\Delta_i=y_i-y_i'=y_i-(a+bx) \tag{3-19}$$

最好能引一使这个偏差值的总和为零的直线，设测定值的个数为 N，由下式

$$\sum \Delta_i=\sum y_i-Na-b\sum x_i=0 \tag{3-20}$$

定出 a、b，则以 a、b 为常数和系数的直线即为所求的理想直线。

由于式(3-20)含有两个未知数 a 和 b，所以需将测定值按实验数据的次序分成相等或近似相等的两组，分别建立相应的方程式，然后联立方程，解之即得 a、b。

【例 3-1】　以转子流量计标定时得到的读数与流量关系为例，求实验方程。

读数 x/格	0	2	4	6	8	10	12	14	16
流量 y/(m³/h)	30.00	31.25	32.58	33.71	35.01	36.20	37.31	38.79	40.04

解： 把上表数据分成 A、B 两组，前面 5 对 x、y 为 A 组，后面 4 对 x、y 为 B 组。

$(\sum x)_A=0+2+4+6+8=20$

$(\sum y)_A=30.00+31.25+32.58+33.71+35.01=162.55$

$(\sum x)_B=10+12+14+16=52$

$(\sum y)_B=36.20+37.31+38.79+40.04=152.34$

把这些数值代入式(3-20)

$$\begin{cases}162.55-5a-20b=0\\152.34-5a-52b=0\end{cases}$$

联立求解得　$a=30.0$，$b=0.620$

所求直线方程为：$y=30.0+0.620x$

平均值法在实验数据精度不高的情况下不可使用，比较准确的方法是采用最小二乘法。

3.3.4　实验数据的回归分析法

在 3.3.2 节介绍了用图解法获得经验公式的过程。尽管图解法有很多优点，但它的应用

范围毕竟很有限。本节将介绍目前在寻求实验数据的变量关系间的数学模型时，应用最广泛的一种数学方法，即回归分析法。用这种数学方法可以从大量观测的散点数据中寻找到能反映事物内部的一些统计规律，并可以用数学模型形式表达出来。回归分析法与计算机相结合，已成为确定经验公式最有效的手段之一。

回归也称拟合。对具有相关关系的两个变量，若用一条直线描述，则称一元线性回归，用一条曲线描述，则称一元非线性回归。对具有相关关系的三个变量，其中一个因变量、两个自变量，若用平面描述，则称二元线性回归，用曲面描述，则称二元非线性回归。依次类推，可以延伸到 n 维空间进行回归，则称多元线性回归或多元非线性回归。处理实验问题时，往往将非线性问题转化为线性来处理。建立线性回归方程的最有效方法为线性最小二乘法，以下主要讨论用最小二乘法回归一元线性方程。

3.3.4.1　一元线性回归方程的求法

在科学实验的数据统计方法中，通常要从获得的实验数据 $(x_i, y_i, i=1,2,\cdots,n)$ 中，寻找其自变量 x_i 与因变量 y_i 之间的函数关系 $y=f(x)$。由于实验测定数据一般都存在误差，因此，不能要求所有的实验点均在 $y=f(x)$ 所表示的曲线上，只需满足实验点 (x_i, y_i) 与 $f(x_i)$ 的残差 $d_i=y_i-f(x_i)$ 小于给定的误差即可。此类寻求实验数据关系近似函数表达式 $y=f(x)$ 的问题称之为曲线拟合。

曲线拟合首先应针对实验数据的特点，选择适宜的函数形式，确定拟合时的目标函数。例如在取得两个变量的实验数据之后，若在普通直角坐标纸上标出各个数据点，如果各点的分布近似于一条直线，则可考虑采用线性回归求其表达式。

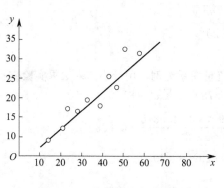

图 3-6　一元线性回归示意图

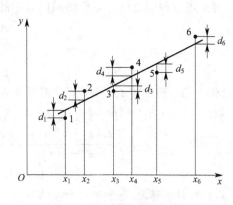

图 3-7　实验曲线示意图

设给定 n 个实验点 (x_1,y_1), (x_2,y_2), $\cdots$, (x_n,y_n)，其离散点图如图 3-6 所示。于是可以利用一条直线来代表它们之间的关系

$$y'=a+bx \tag{3-21}$$

式中　y'——由回归式算出的值，称回归值；

　　　a，b——回归系数。

对每一测量值 x_i 可由式(3-21) 求出一回归值 y'。回归值 y' 与实测值 y_i 之差的绝对值 $d_i=|y_i-y_i'|=|y_i-(a+bx_i)|$ 表明 y_i 与回归直线的偏离程度。两者偏离程度愈小，说明直线与实验数据点拟合愈好。$|y_i-y_i'|$ 值代表点 (x_i, y_i)，沿平行于 y 轴方向到回归直线的距离，如图 3-7 上各竖直线 d_i 所示。

曲线拟合时应确定拟合时的目标函数。选择残差平方和为目标函数的处理方法即为最小二乘法。此法是寻求实验数据近似函数表达式的更为严格有效的方法。定义为：最理想的曲线就是能使各点同曲线的残差平方和为最小。

设残差平方和 Q 为：

$$Q = \sum_{i=1}^{n} d_i^2 = \sum_{i=1}^{n} [y_i - (a + bx_i)]^2 \tag{3-22}$$

其中 x_i、y_i 是已知值，故 Q 为 a 和 b 的函数，为使 Q 值达到最小，根据数学上极值原理，只要将式(3-22)分别对 a 和 b 求偏导数 $\dfrac{\partial Q}{\partial a}$，$\dfrac{\partial Q}{\partial b}$，并令其等于零即可求 a 和 b 之值，这就是最小二乘法原理。即

$$\begin{cases} \dfrac{\partial Q}{\partial a} = -2 \sum_{i=1}^{n} (y_i - a - bx_i) = 0 \\ \dfrac{\partial Q}{\partial b} = -2 \sum_{i=1}^{n} (y_i - a - bx_i) x_i = 0 \end{cases} \tag{3-23}$$

由式(3-23)可得正规方程：

$$\begin{cases} a + \bar{x}b = \bar{y} \\ n\bar{x}a + \left(\sum_{i=1}^{n} x_i^2 \right) b = \sum_{i=1}^{n} x_i y_i \end{cases} \tag{3-24}$$

式中

$$\bar{x} = \frac{1}{n} \sum_{i=1}^{n} x_i, \quad \bar{y} = \frac{1}{n} \sum_{i=1}^{n} y_i \tag{3-25}$$

解正规方程(3-24)，可得到回归式中的 a（截距）和 b（斜率）

$$b = \frac{\sum (x_i \cdot y_i) n \bar{x} \bar{y}}{\sum x_i^2 - n(\bar{x})^2} \tag{3-26}$$

$$a = \bar{y} - b\bar{x} \tag{3-27}$$

【例 3-2】 仍以转子流量计标定时得到的读数与流量关系为例，用最小二乘法求实验方程。

解： $\sum (x_i \cdot y_i) = 2668.58$ $\quad \bar{x} = 8$ $\quad \bar{y} = 34.9878$ $\quad \sum x_i^2 = 816$

$$b = \frac{\sum (x_i \cdot y_i) n \bar{x} \bar{y}}{\sum x_i^2 - n(\bar{x})^2} = \frac{2668.58 - 9 \times 8 \times 34.9878}{816 - 9 \times 8^2} = 0.623$$

$$a = \bar{y} - b\bar{x} = 34.9878 - 0.623 \times 8 = 30.0$$

∴ 回归方程为：$y = 30.0 + 0.623x$

3.3.4.2 回归效果的检验

实验数据变量之间的关系具有不确定性，一个变量的每一个值对应的是整个集合值。当 x 改变时，y 的分布也以一定的方式改变。在这种情况下，变量 x 和 y 间的关系就称为相关关系。

在以上求回归方程的计算过程中，并不需要事先假定两个变量之间一定有某种相关关系。就方法本身而论，即使平面图上是一群完全杂乱无章的离散点，也能用最小二乘法给其配一条直线来表示 x 和 y 之间的关系。但显然这是毫无意义的。实际上只有两变量是线性关系时进行线性回归才有意义。因此，必须对回归效果进行检验。

(1) 相关系数

我们可引入相关系数 r 对回归效果进行检验，相关系数 r 是说明两个变量线性关系密切程度的一个数量性指标。

若回归所得线性方程为：$y' = a + bx$

则相关系数 r 的计算式为（推导过程略）：

$$r = \frac{\sum(x_i - \bar{x})(y_i - \bar{y})}{\sqrt{\sum(x_i - \bar{x})^2 \sum(y_i - \bar{y})^2}}$$ (3-28)

r 的变化范围为 $-1 \leqslant r \leqslant 1$，其正、负号取决于 $\sum(x_i - \bar{x})(y_i - \bar{y})$，与回归直线方程的斜率 b 一致。r 的几何意义可用图 3-8 来说明。

当 $r = \pm 1$ 时，即 n 组实验值 (x_i, y_i)，全部落在直线 $y = a + bx$ 上，此时称完全相关，如图 3-8 的中（4）和（5）。

当 $0 < |r| < 1$ 时，代表绝大多数的情况，这时 x 与 y 存在着一定线性关系。当 $r > 0$ 时，散点图的分布是 y 随 x 增加而增加，此时称 x 与 y 正相关，如图 3-8 中的（2）。当 $r < 0$ 时，散点图的分布是 y 随 x 增加而减少，此时称 x 与 y 负相关，如图 3-8 中的（3）。$|r|$ 越小，散点离回归线越远，越分散。当 $|r|$ 越接近 1 时，即 n 组实验值 (x_i, y_i) 越靠近 $y = a + bx$，变量与 x 之间的关系越接近于线性关系。

当 $r = 0$ 时，变量之间就完全没有线性关系了，如图 3-8 中的（1）。应该指出，没有线性关系，并不等于不存在其他函数关系，如图 3-8 中的（6）。

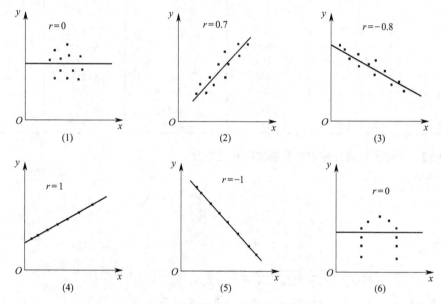

图 3-8　相关系数 r 的几何意义图

（2）显著性检验

如上所述，相关系数 r 的绝对值愈接近 1，x、y 间越线性相关。但究竟 $|r|$ 接近到什么程度才能说明 x 与 y 之间存在线性相关关系呢？这就有必要对相关系数进行显著性检验。只有当 $|r|$ 达到一定程度才可以采用回归直线来近似地表示 x、y 之间的关系，此时可以说明相关关系显著。一般来说，相关系数 r 达到使相关显著的值与实验数据的个数 n 有关。因此只有 $|r| > r_{min}$ 时，才能采用线性回归方程来描述其变量之间的关系。r_{min} 值可以从表 3-5 中查出。利用该表可根据实验点个数 n 及显著水平系数 α 查出相应的 r_{min}。显著水平系数 α 一般可取 1% 或 5%。在转子流量计标定一例中，$n = 9$ 则 $n - 2 = 7$，查表 3-5 得：

$\alpha = 0.01$ 时，$r_{min} = 0.798$；$\alpha = 0.05$ 时，$r_{min} = 0.666$。

若实际的 $|r| \geqslant 0.798$，则说明该线性相关关系在 $\alpha = 0.01$ 水平上显著。当 $0.798 \geqslant |r| \geqslant 0.666$ 时，则说明该线性相关关系在 $\alpha = 0.05$ 水平上显著。当实验的 $|r| \geqslant 0.666$，则说明相

关关系不显著，此时认为 x、y 线性不相关，配回归直线毫无意义。α 越小，显著程度越高。

表 3-5 相关系数检验表

$n-2$	r_{min}＼α 0.05	0.01	$n-2$	r_{min}＼α 0.05	0.01
1	0.997	1.000	21	0.413	0.526
2	0.950	0.990	22	0.404	0.515
3	0.878	0.959	23	0.396	0.505
4	0.811	0.917	24	0.388	0.496
5	0.754	0.874	25	0.381	0.487
6	0.707	0.834	26	0.374	0.478
7	0.666	0.798	27	0.367	0.470
8	0.632	0.765	28	0.361	0.463
9	0.602	0.735	29	0.355	0.456
10	0.576	0.708	30	0.349	0.449
11	0.553	0.684	35	0.325	0.418
12	0.532	0.661	40	0.304	0.393
13	0.514	0.641	45	0.288	0.272
14	0.497	0.623	50	0.273	0.354
15	0.482	0.606	60	0.250	0.325
16	0.468	0.590	70	0.232	0.302
17	0.456	0.575	80	0.217	0.283
18	0.444	0.561	90	0.205	0.267
19	0.433	0.549	100	0.195	0.254
20	0.423	0.537	200	0.138	0.181

【例 3-3】 求转子流量计标定实验的实际相关系数 r。

解： $\bar{x}=8$ $\bar{y}=34.9878$

$$\sum(x_i-\bar{x})(y_i-\bar{y})=149.46$$
$$\sum(x_i-\bar{x})^2=240$$
$$\sum(y_i-\bar{y})^2=93.12$$

$$r=\frac{\sum(x_i-\bar{x})(y_i-\bar{y})}{\sqrt{\sum(x_i-\bar{x})^2\sum(y_i-\bar{y})^2}}=\frac{149.46}{\sqrt{240\times93.12}}=0.99976\geqslant0.798$$

说明此例的相关系数在 $\alpha=0.01$ 的水平仍然是高度显著的。

3.4 正交试验设计方法

3.4.1 实验设计方法概述

实验设计是数理统计学的一个重要的分支。多数数理统计方法主要用于分析已经得到的数据，而实验设计却是用于决定数据收集的方法。实验设计方法主要讨论如何合理地安排实验以及实验所得的数据如何分析等。

【例 3-4】 某化工厂想提高某化工产品的质量和产量，对工艺中三个主要因素各按三个水平进行实验（见表 3-6）。实验的目的是为提高合格产品的产量，寻求最适宜的操作条件。

对此实例该如何进行实验方案的设计呢？

很容易想到的是全面搭配法方案（如图 3-9 所示）：

表 3-6　因素水平

水平	因素符号	温度 T/℃	压力 p/Pa	加碱量 m/kg
1		T_1(80)	p_1(5.0)	m_1(2.0)
2		T_2(100)	p_2(6.0)	m_2(2.5)
3		T_3(120)	p_3(7.0)	m_3(3.0)

此方案数据点分布的均匀性极好，因素和水平的搭配十分全面，唯一的缺点是实验次数多达 $3^3=27$ 次（指数 3 代表 3 个因素，底数 3 代表每因素有 3 个水平）。因素、水平数愈多，则实验次数就愈多，例如，做一个 6 因素 3 水平的实验，就需 $3^6=729$ 次实验，显然难以做到。因此需要寻找一种合适的实验设计方法。

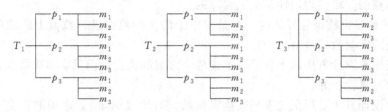

图 3-9　全面搭配法方案

实验设计方法常用的术语定义如下：

① 实验指标：指作为实验研究过程的因变量，常为实验结果特征的量（如得率、纯度等）。【例 3-4】的实验指标为合格产品的产量。

② 因素：指作实验研究过程的自变量，常常是造成实验指标按某种规律发生变化的原因。如【例 3-4】的温度、压力、碱的用量。

③ 水平：指实验中因素所处的具体状态或情况，又称为等级。如【例 3-4】的温度有 3 个水平。温度用 T 表示，下标 1、2、3 表示因素的不同水平，分别记为 T_1、T_2、T_3。

常用的实验设计方法有：正交试验设计法、均匀试验设计法、单纯形优化法、双水平单纯形优化法、回归正交设计法、序贯实验设计法等。可供选择的实验方法很多，各种实验设计方法都有其一定的特点。所面对的任务与要解决的问题不同，选择的实验设计方法也应有所不同。由于篇幅的限制，我们只讨论正交试验设计方法。

3.4.2　正交试验设计方法的优点和特点

用正交表安排多因素实验的方法，称为正交试验设计法。其特点为：完成实验要求所需的实验次数少；数据点的分布很均匀；可用相应的极差分析方法、方差分析方法、回归分析方法等对实验结果进行分析，引出许多有价值的结论。

从【例 3-4】可看出，采用全面搭配法方案，需做 27 次实验。那么采用简单比较法方案又如何呢？

先固定 T_1 和 p_1，只改变 m，观察因素 m 不同水平的影响，做了如图 3-10(1) 所示的三次实验，发现 $m=m_2$ 时的实验效果最好（好的用□表示），合格产品的产量最高，因此认为在后面的实验中因素 m 应取 m_2 水平。

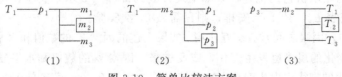

图 3-10　简单比较法方案

固定 T_1 和 m_2，改变 p 的三次实验如图 3-10(2) 所示，发现 $p = p_3$ 时的实验效果最好，因此认为因素 p 应取 p_3 水平。

固定 p_3 和 m_2，改变 T 的三次实验如图 3-10(3) 所示，发现因素 T 宜取 T_2 水平。

因此可以引出结论：为提高合格产品的产量，最适宜的操作条件为 $T_2 p_3 m_2$。与全面搭配法方案相比，简单比较法方案的优点是实验的次数少，只需做 9 次实验。但必须指出，简单比较法方案的实验结果是不可靠的，因为：

① 在改变 m 值（或 p 值，或 T 值）的三次实验中，说 m_2（或 p_3 或 T_2）水平最好是有条件的。在 $T \neq T_1$，$p \neq p_1$ 时，m_2 水平不是最好的可能性是有的。

② 在改变 m 的三次实验中，固定 $T = T_2$，$p = p_3$ 应该说也是可以的，是随意的，故在此方案中数据点的分布的均匀性是毫无保障的。

③ 用这种方法比较条件好坏时，只是对单个的实验数据进行数值上的简单比较，不能排除必然存在的实验数据误差的干扰。

运用正交试验设计方法，不仅兼有上述两个方案的优点，而且实验次数少，数据点分布均匀，结论的可靠性较好。

正交试验设计方法是用正交表来安排实验的。对于【例 3 4】适用的正交表是 $L_9(3^4)$，其实验安排见表 3-7。

表 3-7　实验安排表

实验号	列号 因素 符号	1 温度 $T/℃$	2 压力 p/Pa	3 加碱量 m/kg	4
1		$1(T_1)$	$1(p_1)$	$1(m_1)$	1
2		$1(T_1)$	$2(p_2)$	$2(m_2)$	2
3		$1(T_1)$	$3(p_3)$	$3(m_3)$	3
4		$2(T_2)$	$1(p_1)$	$2(m_2)$	3
5		$2(T_2)$	$2(p_2)$	$3(m_3)$	1
6		$2(T_2)$	$3(p_3)$	$1(m_1)$	2
7		$3(T_3)$	$1(p_1)$	$3(m_3)$	2
8		$3(T_3)$	$2(p_2)$	$1(m_1)$	3
9		$3(T_3)$	$3(p_3)$	$2(m_2)$	1

所有的正交表与 $L_9(3^4)$ 正交表一样，都具有以下两个特点：

① 在每一列中，各个不同的数字出现的次数相同。在表 $L_9(3^4)$ 中，每一列有三个水平，水平 1、2、3 都是各出现 3 次。

② 表中任意两列并列在一起形成若干个数字对，不同数字对出现的次数也都相同。在表 $L_9(3^4)$ 中，任意两列并列在一起形成的数字对共有 9 个：(1，1)，(1，2)，(1，3)，(2，1)，(2，2)，(2，3)，(3，1)，(3，2)，(3，3)，每一个数字对各出现一次。

这两个特点称为正交性。正是由于正交表具有上述特点，就保证了用正交表安排的试验方案中因素水平是均衡搭配的，数据点的分布是均匀的。因素、水平数越多，运用正交试验设计方法，越发能显示出它的优越性，如上述提到的 6 因素 3 水平实验，用全面搭配方案需729 次，若用正交表 $L_{27}(3^{13})$ 来安排，则只需做 27 次实验。

在化工生产中，因素之间常有交互作用。如果上述的因素 T 的数值和水平发生变化时，试验指标随因素 p 变化的规律也发生变化，或反过来，因素 p 的数值和水平发生变化时，实验指标随因素 T 变化的规律也发生变化。这种情况称为因素 T、p 间有交互作用，记为 $T \times p$。

3.4.3 正交表

使用正交设计方法进行试验方案的设计，就必须用到正交表。正交表请查阅有关参考书。

3.4.3.1 各列水平数均相同的正交表

各列水平数均相同的正交表，也称单一水平正交表。这类正交表名称的写法举例如下：

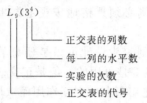

各列水平均为 2 的常用正交表有：$L_4(2^3)$，$L_8(2^7)$，$L_{12}(2^{11})$，$L_{16}(2^{15})$，$L_{20}(2^{19})$，$L_{32}(2^{31})$。

各列水平数为 3 的常用正交表有：$L_9(3^4)$，$L_{27}(3^{13})$。

各列水平数均为 4 的常用正交表有：$L_{16}(4^5)$。

各列水平数均为 3 的常用正交表有：$L_{25}(5^6)$。

3.4.3.2 混合水平正交表

各列水平数不相同的正交表，叫混合水平正交表，下面就是一个混合水平正交表名称的写法：

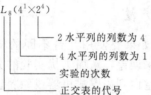

$L_8(4^1 \times 2^4)$ 常简写为 $L_8(4 \times 2^4)$。此混合水平正交表含有 1 个 4 水平列，4 个 2 水平列，共有 $1+4=5$ 列。

3.4.3.3 选择正交表的基本原则

一般都是先确定实验的因素、水平和交互作用，后选择适用的 L 表。在确定因素的水平数时，主要因素宜多安排几个水平，次要因素可少安排几个水平。

① 先看水平数。若各因素全是 2 水平，就选用 $L(2^*)$ 表；若各因素全是 3 水平，就选 $L(3^*)$ 表。若各因素的水平数不相同，就选择适用的混合水平表。

② 每一个交互作用在正交表中应占一列或二列。要看所选的正交表是否足够大，能否容纳得下所考虑的因素和交互作用。为了对实验结果进行方差分析或回归分析，还必须至少留一个空白列，作为"误差"列，在极差分析中要作为"其他因素"列处理。

③ 要看实验精度的要求。若要求高，则宜取实验次数多的 L 表。

④ 若实验费用很昂贵，或实验的经费很有限，或人力和时间都比较紧张，则不宜选实验次数太多的 L 表。

⑤ 按原来考虑的因素、水平和交互作用去选择正交表，若无正好适用的正交表可选，简便且可行的办法是适当修改原定的水平数。

⑥ 对某因素或某交互作用的影响是否确实存在没有把握的情况下，选择 L 表时常为该

选大表还是选小表而犹豫。若条件许可，应尽量选用大表，让影响存在的可能性较大的因素和交互作用各占适当的列。某因素或某交互作用的影响是否真的存在，留到方差分析进行显著性检验时再做结论。这样既可以减少实验的工作量，又不至于漏掉重要的信息。

3.4.3.4 正交表的表头设计

所谓表头设计，就是确定试验所考虑的因素和交互作用，在正交表中该放在哪一列的问题。

① 有交互作用时，表头设计则必须严格地按规定办事。因篇幅限制，此处不讨论，请查阅有关书籍。

② 若实验不考虑交互作用，则表头设计可以是任意的。如在【例 3-4】中，对 $L_9(3^4)$ 表头设计，表 3-8 所列的各种方案都是可用的。但是正交表的构造是组合数学问题，必须满足 3.4.2 中所述的特点。对实验之初不考虑交互作用而选用较大的正交表，空列较多时，最好仍与有交互作用时一样，按规定进行表头设计。只不过将有交互作用的列先视为空列，待实验结束后再加以判定。

表 3-8 $L_9(3^4)$ 表头设计方案

列 号 方 案	1	2	3	4
1	T	p	m	—
2	—	T	p	m
3	m	—	T	p
4	p	m	—	T

3.4.4 正交试验的操作方法

① 分区组。对于一批试验，如果要使用几台不同的机器，或要使用几种原料来进行，为了防止机器或原料的不同而带来误差，从而干扰实验的分析，可在开始做试验之前，用 L 表中未排因素和交互作用的一个空白列来安排机器或原料。

与此类似，若试验指标的检验需要几个人（或几台机器）来做，为了消除不同人（或仪器）检验水平不同给实验分析带来的干扰，也可采用在 L 表中用一空白列来安排的办法，这种作法叫分区组法。

② 因素水平表排列顺序的随机化。如在【例 3-4】中，每个因素的水平序号从小到大时，因素的数值总是按由小到大或由大到小的顺序排列。按正交表做试验时，所有的 1 水平要碰在一起，而这种极端的情况有时是不希望出现的，有时也没有实际意义。因此在排列因素水平表时，最好不要简单地按因素数值由小到大或由大到小的顺序排列。从理论上讲，最好能使用一种叫做随机化的方法。所谓随机化就是采用抽签或查随机数值表的办法，来决定排列的顺序。

③ 试验进行的次序没必要完全按照正交表上实验号码的顺序。为减少试验中由于先后试验操作熟练的程度不匀带来的误差干扰，理论上推荐用抽签的办法来决定试验的次序。

④ 在确定每一个试验的试验条件时，只需考虑所确定的几个因素和分区组该如何取值，而不要（其实也无法）考虑交互作用列和误差列怎么办。交互作用列和误差列的取值问题由试验本身的客观规律来确定，它们对指标影响的大小在方差分析时给出。

⑤ 做实验时，要力求严格控制试验条件。这个问题在因素各水平下的数值差别不大时更为重要。例如，【例 3-4】中的因素（加碱量）m 的三个水平：$m_1=2.0$，$m_2=2.5$，$m_3=3.0$，在以 $m=m_2=2.5$ 为条件的某一个试验中，就必须严格认真地让 $m_2=2.5$。若因为粗

心和不负责任，造成 $m_2 = 2.2$ 或造成 $m_2 = 3.0$，那就将使整个实验失去正交试验设计方法的特点，使极差和方差分析方法的应用丧失了必要的前提条件，因而得不到正确的试验结果。

3.4.5 正交试验结果分析方法

正交试验方法之所以能得到科技工作者的重视并在实践中得到广泛的应用，其原因不仅在于能使试验的次数减少，而且能够用相应的方法对试验结果进行分析并引出许多有价值的结论。因此，有正交试验法进行试验，如果不对试验结果进行认真的分析，并引出应该引出的结论，那就失去用正交试验法的意义和价值。

3.4.5.1 极差分析方法

下面以表 3-9 为例讨论 $L_4(2^3)$ 正交试验结果的极差分析方法。极差指的是各列中各水平对应的试验指标平均值的最大值与最小值之差。从表 3-9 的计算结果可知，用极差法分析正交试验结果可引出以下几个结论：

① 在试验范围内，各列对试验指标的影响从大到小的排队。某列的极差最大，表示该列的数值在试验范围内变化时，使试验指标数值的变化最大。所以各列对试验指标的影响从大到小的排队，就是各列极差 D 的数值从大到小的排队。

② 试验指标随各因素的变化趋势。为了能更直观地看到变化趋势，常将计算结果绘制成图。

③ 使试验指标最好的适宜的操作条件（适宜的因素水平搭配）。

④ 可对所得结论和进一步的研究方向进行讨论。

表 3-9 $L_4(2^3)$ 正交试验计算

列号 试验号	1	2	3	试验指标 y_i
1	1	1	1	y_1
2	1	2	2	y_2
3	2	1	2	y_3
$N=4$	2	2	1	y_4
I_j	$\mathrm{I}_1 = y_1 + y_2$	$\mathrm{I}_2 = y_1 + y_3$	$\mathrm{I}_3 = y_1 + y_4$	
II_j	$\mathrm{II}_1 = y_3 + y_4$	$\mathrm{II}_2 = y_2 + y_4$	$\mathrm{II}_3 = y_2 + y_3$	
k_j	$k_1 = 2$	$k_2 = 2$	$k_3 = 2$	
I_j / k_j	I_1 / k_1	I_2 / k_2	I_3 / k_3	
II_j / k_j	II_1 / k_1	II_2 / k_2	II_3 / k_3	
极差(D_j)	max{ }-min{ }	max{ }-min{ }	max{ }-min{ }	

注：I_j——第 j 列"1"水平所对应的试验指标的数值之和；

II_j——第 j 列"2"水平所对应的试验指标的数值之和；

k_j——第 j 列同一水平出现的次数。等于试验的次数（n）除以第 j 列的水平数；

I_j / k_j——第 j 列"1"水平所对应的试验指标的平均值；

II_j / k_j——第 j 列"2"水平所对应的试验指标的平均值；

D_j——第 j 列的极差，等于第 j 列各水平对应的实验指标平均值中的最大值减最小值，即 $D_j = \max\{\mathrm{I}_j / k_j, \mathrm{II}_j / k_j, \cdots\} - \min\{\mathrm{I}_j / k_j, \mathrm{II}_j / k_j, \cdots\}$。

3.4.5.2 方差分析方法

(1) 计算公式和项目

试验指标的加和值 $= \sum\limits_{i=1}^{n} y_i$，实验指标的平均值 $\bar{y} = \dfrac{1}{n} \sum\limits_{i=1}^{n} y_i$，以第 j 列为例：

① I_j ——"1"水平所对应的试验指标的数值之和;

② II_j ——"2"水平所对应的试验指标的数值之和;

③ ……;

④ k_j ——同一水平出现的次数。等于试验的次数除以第 j 列的水平数;

⑤ I_j/k_j ——"1"水平所对应的试验指标的平均值;

⑥ II_j/k_j ——"2"水平所对应的试验指标的平均值;

⑦ ……;

以上 7 项的计算方法同极差法（见表 3-9）。

⑧ 偏差平方和

$$S_j = k_j \left(\frac{\mathrm{I}_j}{k_j} - \bar{y} \right)^2 + k_j \left(\frac{\mathrm{II}_j}{k_j} - \bar{y} \right)^2 + k_j \left(\frac{\mathrm{III}_j}{k_j} - \bar{y} \right)^2 + \cdots$$

⑨ f_j ——自由度,$f_j = $ 第 j 列的水平数-1;

⑩ V_j ——方差,$V_j = S_j/f_j$;

⑪ V_e ——误差列的方差,$V_e = S_e/f_e$,e 为正交表的误差列;

⑫ F_j ——方差之比,$F_j = V_j/V_e$;

⑬ 查 F 分布数值表（F 分布数值表请查阅有关参考书）做显著性检验;

⑭ 总的偏差平方和 $S_\text{总} = \sum\limits_{i=1}^{n} (y_i - \bar{y})^2$;

⑮ 总的偏差平方和等于各列的偏差平方和之和,即 $S_\text{总} \sum\limits_{j=1}^{m} S_j$,式中 m 为正交表的列数。

若误差列由 5 个单列组成,则误差列的偏差平方和 S_e 等于 5 个单列的偏差平方和之和,即:$S_e = S_{e1} + S_{e2} + S_{e3} + S_{e4} + S_{e5}$;也可用 $S_e = S_\text{总} + S''$ 来计算,其中 S'' 为安排有因素或交互作用的各列的偏差平方和之和。

(2) 可引出的结论

与极差法相比,方差分析方法可以多引出一个结论:各列对试验指标的影响是否显著,在什么水平上显著。在数理统计上,这是一个很重要的问题。显著性检验强调试验在分析每列对指标影响中所起的作用。如果某列对指标影响不显著,那么,讨论试验指标随它的变化趋势是毫无意义的。因为在某列对指标的影响不显著时,即使从表中的数据可以看出该列水平变化时,即对应的试验指标的数值在以某种"规律"发生变化,但那很可能是由于试验误差所致,将它作为客观规律是不可靠的。有了各列的显著性检验之后,最后应将影响不显著的交互作用列与原来的"误差列"合并起来。组成新的"误差列",重新检验各列的显著性。

3.4.6 正交试验在化工原理实验中的应用举例

【例 3-5】 为提高真空过滤装置的生产能力,请用正交试验方法确定恒压过滤的最佳操作条件。其恒压过滤实验的方法、原始数据采集和过滤常数计算等见《过滤实验》部分。影响试验的主要因素和水平见表 3-10(a)。表中 Δp 为过滤压强差;T 为浆液温度;w 为浆液质量分数;M 为过滤介质（材质属多孔陶瓷）。

解: ① 试验指标的确定:恒压过滤常数 K（m^2/s）。

② 选正交表:根据表 3-10(a) 的因素和水平,可选用 $L_8(4 \times 2^4)$ 表。

③ 制定试验方案:按选定的正交表,应完成 8 次实验。试验方案见表 3-10(b)。

④ 试验结果:将所计算出的恒压过滤常数 K（m^2/s）列于表 3-10(b)。

表 3-10(a)　过滤试验因素和水平

水平 ＼ 因素符号	压强差 Δp /kPa	温度 T /℃	质量分数 w ‰	过滤介质 M
1	2.94		稀(约 5%)	
2	3.92	(室温)18	浓(约 10%)	G_2*
3	4.90	(室温+15)33		G_3*
4	5.88			

* G_2、G_3 为过滤漏斗的型号。过滤介质孔径：G_2 为 30～50μm、G_3 为 16～30μm。

表 3-10(b)　正交试验的实验方案和实验结果

列号	$j=1$	2	3	4	5	6
因素	Δp	T	w	M	e	$K/(\text{m}^2/\text{s})$
实验号			水　平			
1	1	1	1	1	1	4.01×10^{-4}
2	1	2	2	2	2	2.93×10^{-4}
3	2	1	1	2	2	5.21×10^{-4}
4	2	2	2	1	1	5.55×10^{-4}
5	3	1	2	2	1	4.83×10^{-4}
6	3	2	1	1	2	1.02×10^{-3}
7	4	1	2	1	1	5.11×10^{-4}
8	4	2	1	2	2	1.10×10^{-3}

⑤ K 的极差分析和方差分析：分析结果见表 3-10(c)。以第 2 列为例说明计算过程：

$\text{I}_2=4.01\times10^{-4}+5.21\times10^{-4}+4.83\times10^{-4}+5.11\times10^{-4}=1.92\times10^{-3}$

$\text{II}_2=2.93\times10^{-4}+5.55\times10^{-4}+1.02\times10^{-3}+1.10\times10^{-3}=2.97\times10^{-3}$

$k_2=4$

$\text{I}_2/k_2=1.92\times10^{-3}/4=4.8\times10^{-4}$

$\text{II}_2/k_2=2.97\times10^{-3}/4=7.425\times10^{-4}$

$D_2=7.42\times10^{-4}-4.79\times10^{-4}=2.63\times10^{-4}$

$\sum K=4.88\times10^{-3}$ 　 $\overline{K}=6.11\times10^{-4}$

$S_2=k_2(\text{I}_2/k_2-\overline{K})^2+k_2(\text{II}_2/k_2-\overline{K})^2$

$\qquad =4\times(4.8\times10^{-4}-6.11\times10^{-4})^2+4\times(7.425\times10^{-4}-6.11\times10^{-4})^2=1.38\times10^{-7}$

$f_2=$ 第二列的水平数-1=2-1=1

$V_2=S_2/f_2=1.38\times10^{-7}/1=1.38\times10^{-7}$

$S_e=S_5=k_5(\text{I}_5/k_5-\overline{K})^2+k_5(\text{II}_5/k_5-\overline{K})^2$

$\qquad =4\times(6.22\times10^{-4}-6.11\times10^{-4})^2+4\times(5.99\times10^{-4}-6.11\times10^{-4})^2=1.06\times10^{-9}$

$f_e=f_5=1$

$V_e=S_e/f_e=1.06\times10^{-9}/1=1.06\times10^{-9}$

$F_2=V_2/V_e=1.38\times10^{-7}/1.06\times10^{-9}=130.2$

查《F 分布数值表》可知：

$$F(a=0.01,f_1=1,f_2=1)=4052>F_2$$
$$F(a=0.05,f_1=1,f_2=1)=161.4>F_2$$
$$F(a=0.10,f_1=1,f_2=1)=39.9<F_2$$
$$F(a=0.25,f_1=1,f_2=1)=5.83<F_2$$

(其中：f_1 为分子的自由度，f_2 分母的自由度)

所以第二列对实验指标的影响在 $\alpha=0.10$ 水平上显著。其他列的计算结果见表 3-10(c)。

表 3-10(c)　K 的极差分析和方差分析

列号 因素	$j=1$ Δp	2 T	3 w	4 M	5 e	6 $K/(\mathrm{m^2/s})$
$Ⅰ_j$	6.94×10^{-4}	1.92×10^{-3}	3.04×10^{-3}	2.54×10^{-3}		
$Ⅱ_j$	1.08×10^{-3}	2.97×10^{-3}	1.84×10^{-3}	2.35×10^{-3}		
$Ⅲ_j$	1.50×10^{-3}				2.49×10^{-3}	$\sum K=$
$Ⅳ_j$	1.61×10^{-3}				2.40×10^{-3}	4.88×10^{-3}
k_j	2	4	4	4		
$Ⅰ_j/k_j$	3.47×10^{-4}	4.79×10^{-4}	7.61×10^{-4}	6.35×10^{-4}		
$Ⅱ_j/k_j$	5.38×10^{-4}	7.42×10^{-4}	4.61×10^{-4}	5.86×10^{-4}	4	
$Ⅲ_j/k_j$	7.52×10^{-4}					
$Ⅳ_j/k_j$	8.06×10^{-3}				6.22×10^{-4}	
D_j	4.59×10^{-4}	2.63×10^{-4}	3.00×10^{-4}	4.85×10^{-5}	5.99×10^{-4}	$K=$
S_j	2.65×10^{-7}	1.38×10^{-7}	1.80×10^{-7}	4.70×10^{-9}		6.11×10^{-4}
f_j	3	1	1	1		
V_j	8.84×10^{-8}	1.38×10^{-7}	1.80×10^{-7}	4.70×10^{-9}	2.30×10^{-5}	
F_j	83.6	130.2	170.1	4.44	1.06×10^{-9}	
$F_{0.01}$	5403	4052	4052	4052		
$F_{0.05}$	215.7	161.4	161.4	161.4	1.06×10^{-9}	
$F_{0.10}$	53.6	39.9	39.9	39.9	1.00	
$F_{0.25}$	8.20	5.83	5.83	5.83		
显著性	2*(0.10)	2*(0.10)	3*(0.05)	0*(0.25)		

⑥ 由极差分析结果引出的结论：请同学们自己分析。

⑦ 由方差分析结果引出的结论。

a. 第 1、2 列上的因素 Δp、T 在 $\alpha=0.10$ 水平上显著；第 3 列上的因素 w 在 $\alpha=0.05$ 水平上显著；第 4 列上的因素 M 在 $\alpha=0.25$ 水平上仍不显著。

b. 各因素、水平对 K 的影响变化趋势见图 3-11。图 3-11 是用表 3-10(a) 的水平、因素和表 3-10(c) 的 $Ⅰ_j/k_j$、$Ⅱ_j/k_j$、$Ⅲ_j/k_j$、$Ⅳ_j/k$ 值来标绘的。从图中可看出：

● 过滤压强差增大，K 值增大；

● 过滤温度增大，K 值增大；

● 过滤浓度增大，K 值减小；

● 过滤介质由 1 水平变为 2 水平，多孔陶瓷微孔直径减小，K 值减小。因为第 4 列对 K 值的影响在 $\alpha=0.25$ 水平上不显著，所以此变化趋势是不可信的。

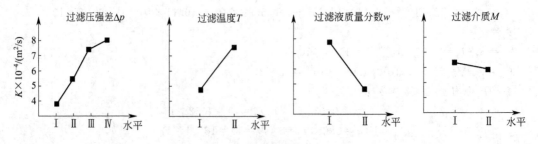

图 3-11　指标随因素的变化趋势

c.适宜操作条件的确定。由恒压过滤速率方程式可知，实验指标 K 值愈大愈好。为此，本例的适宜操作条件是各水平下 K 的平均值最大时的条件：

过滤压强差为 4 水平，5.88kPa。

过滤温度为 2 水平，33℃。

过滤浆液浓度为 1 水平，稀滤液。

过滤介质为 1 水平或 2 水平（这是因为第 4 列对 K 值的影响在 $\alpha=0.25$ 水平上不显著。为此可优先选择价格便宜或容易得到者）。

上述条件恰好是正交表中第 8 个试验号。

第 **4** 章

化工实验参数测量及常用仪器仪表

流体的压力、流量、温度等参数是化工生产和科学实验中操作、控制的重要参数。为了有效地进行生产操作和自动控制，保证测量值达到所要求的精度，必须合理地选用、正确地使用和操作各种测量仪表。测量仪表的种类很多，本章重点介绍一些常用的压力、流量、温度、液位、成分测量仪表的结构、工作原理以及选用、安装、使用的一些知识；结合实验室的一些自动控制系统，介绍一下计算机数据采集与控制和一些常用的智能显示仪表、控制仪表和执行器；另外，对功率的测量以及实验中用到的成分分析仪表也简略地作一些介绍。

4.1　测量技术基础知识

4.1.1　测量仪表的分类

仪表是一个总名称，它的品种很多，为了便于学习和了解掌握，常常按照以下的几种不同分类方法将它们分类。

(1) 按仪表所测的工艺参数分

① 压力测量仪表。常用符号"p"表示压力参数。操作人员在岗位操作记录表上、车间控制盘上的工艺模拟流程图中以及带控制点工艺流程图中，都可以看到用于表示压力（或真空）的这种符号。

② 流量测量仪表。流量常用文字符号"V_s"和"w_s"来表示。其中V_s表示体积流量、w_s表示质量流量。

③ 液位测量仪表。液位常用参数文字符号"H"，也有用"L"表示的。

④ 温度测量仪表。温度常用符号"T"表示。

⑤ 成分分析仪表。物质成分用符号"c"表示。

(2) 按仪表功能分

① 指示式仪表。仪表只能显示出参数的瞬时值，用功能文字符号"Z"表示。在控制盘上的工艺模拟流程中，以及带控制点工艺流程图或仪表盘接线图中，常用此符号表示指示式仪表。

② 记录式仪表。仪表具有自动记录机构，可把被测工艺参数的变化与时间的关系记录下来，用功能文字符号"J"表示。

③ 积算式仪表。用符号"S"表示。

④ 调节式仪表。用功能文字符号"T"表示。

⑤ 标准仪表。用来校验检阅仪表或工业上的通用仪表，多为精密度较高的仪器。

(3) 按仪表结构分

① 基地式仪表。将测量、给定、显示、调节等部分都装在一个壳体内，成为一个不可分离的整体，这种仪表在中小型化工厂中使用较多。

② 单元组合式仪表。将测量及其变送、显示、调节等各部分分别制成独立的单元，彼此之间采用统一的标准信号互相联系的仪表，称为单元组合式仪表。使用时，可按照生产上不同要求，很方便地将各个单元任意地组合成各种自动调节系统。它的通用性和灵活性都比较好。

(4) 按仪表所用的能源分

按仪表所用的能源分，一般有三种类型：一种是用压缩空气作为能源的，称为气动仪表；第二种是用电力作为能源的，叫作电动仪表；第三种是用高压液体（油、水）作为能源的，称为液动仪表。以上是单一能源式仪表，在实际中也有用两种能源的，如电液复合仪表、电气复合仪表等。

(5) 按照化工生产过程分

化工仪表按其生产过程，大致分成四个大类，即：检测仪表（包括各种参数的测量和变送），显示仪表（包括模拟量显示和数字量显示），控制仪表（包括气动、电动控制仪表及数字式控制器）和执行器（包括气动、电动、流动等执行器）。

4.1.2　测量仪表的特性参数

(1) 量程

任何测量仪表都存在相应的测量范围，即量程。选用的仪表量程过大时，会出现测量值反应不灵敏的现象，造成较大的误差。量程选用过小时，测量值将会超过仪表的承受能力，毁坏仪表。因此使用者必须对所用仪表的测量范围心中有数，避免出现量程过大或过小的现象。

(2) 精度

仪表的精度，即所得测量值接近真实值的准确程度。在任何测量过程中都必然地存在着测量误差，因而在用测量仪表对实验参数进行测量时，不仅需要知道仪表的量程，而且还应知道测量仪表的精度，以便估计测量值的误差大小。测量仪表的精度通常用规定正常条件下最大的或允许的相对百分误差 δ 表示，即

$$\delta = \frac{|x - x_0|}{x_2 - x_1} \times 100\% \tag{4-1}$$

式中　x——被测参数的测量值；

x_0——被测参数标准值（常取高级精度仪表测量值）；

x_1——量程下限值；

x_2——量程上限值。

由式(4-1) 可以看出，测量仪表的精度不仅与测量的绝对误差 $\Delta x = |x - x_0|$ 有关，还与仪表的量程有关。

仪表精度等级表示的是在规定的正常工作条件下的相对百分误差，称为仪表的基本误差，基本误差越小，精度等级越高。如果仪表不在规定正常工作条件下工作，由于外界条件变动而引起的额外误差，称为仪表的附加误差。

所谓规定的正常工作条件是：环境温度为 (25±10)℃；大气压力为 (100±4)kPa；周

围大气相对湿度为 $65\% \pm 15\%$；无振动，除万有引力场以外无其他物理场。

（3）灵敏度与灵敏限

① 灵敏度是指仪表的输出量增量与相应的输入量增量之比。对于线性测量仪表，输出量与输入量应呈直线关系，其灵敏度就是拟合直线的斜率。即灵敏度为常数。非线性仪表的灵敏度不是常数，为输出对输入的导数。在静态条件下指仪表的输出变化对输入变化的比值，即

$$S = \frac{\Delta a}{\Delta b} \tag{4-2}$$

式中　S——仪表的灵敏度；

Δa——仪表输出量变化值；

Δb——仪表输入量变化值。

② 灵敏限是指能引起仪表输出变化时被测参数的最小（极限）变化量。一般，仪表灵敏限的数值应不大于仪表的最大绝对误差的 $1/2$，即

$$灵敏限 \leqslant \frac{1}{2} |x - x_0|_{\max} \tag{4-3}$$

结合式（4-1）可知

$$|x - x_0|_{\max} = \delta |x_2 - x_1|$$

$$灵敏限 \leqslant \frac{精度等级}{2 \times 100} |x_2 - x_1| \tag{4-4}$$

（4）线性度

对于理论上具有线性刻度特性的测量仪表，往往会由于各种条件因素影响，使得仪表的实际特性偏离理论上的线性特性。非线性误差是指被校验仪表的实际测量曲线与理论直线之间的最大差值，如图 4-1 所示。

线性度又称为非线性误差，是表征测量仪表输出、输入校准曲线与所选用的拟合直线（作为工作直线）之间吻合（或偏离）程度的指标。通常用相对误差来表示线性度，即

$$\delta_L = \pm \frac{\Delta L_{\max}}{Y_{FS}} \tag{4-5}$$

式中：$\Delta L_{\max}$——输出值与拟合直线间的最大差值；

Y_{FS}——理论满量程输出值。

一般要求测量仪表线性度要好，这样有利于后续电路的设计及选择。

（5）回差

回差（又称变差）用于表征测量仪表在正（输入量增大）反（输入量减小）行程过程中输出-输入曲线的不重合程度的指标。通常用在相同的输入量下，正反行程输出的最大差值 $\Delta H_{\max}$ 与 Y_{FS} 计算（如图 4-2 所示），并以相对值表示。

$$\delta_H = \pm \frac{\Delta H_{\max}}{Y_{FS}} \tag{4-6}$$

（6）重复性与稳定性

重复性是衡量测量仪表在同一条件下，输入量按同一方向作全量程连续多次变化时，所得特性曲线之间一致程度的指标。各条特性曲线越靠近，重复性越好，说明仪表的可靠程度愈高。

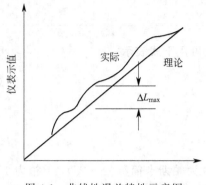

图 4-1　非线性误差特性示意图

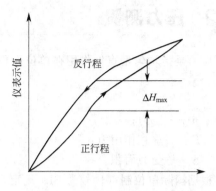

图 4-2　仪表的回差特性示意图

稳定性又称长期稳定性，即测量仪表在相当长时间内仍保持其性能的能力。稳定性一般以室温下经过某一规定的时间间隔后，传感器的输出与起始标定时的输出之间的差异来表示。

(7) 反应时间

当用仪表对被测量进行测量时，被测量突然变化后，仪表指示值总是要经过一段时间后才能准确地显示出被测量。反应时间就是用来衡量仪表能不能尽快反映出参数变化的品质指标。仪表应该具有合适的反应时间，反应时间长，说明仪表需要较长时间才能给出准确的指示值，那就不适宜测量变化较快的参数。因为在这种情况下，当仪表尚未准确地显示出被测值时，参数本身却早已改变了，使仪表始终不能指示出参数瞬时值的真实情况。所以仪表反应时间的长短，实际上反映了仪表动态特性的好坏。

仪表的反应时间有不同的表示方法。当输入信号突然发生阶跃变化时，输出信号逐渐变化到新的稳态值。仪表的输出信号由开始变化到新稳态值的 63.2% 所需的时间，可用来表示仪表的反应时间，也有用变化到新稳态值的 95% 所用时间来表示反应时间的。

4.1.3　测量仪表的选用原则

在实际应用过程中，如何选择合适的测量仪表，对组成测控系统十分重要，一般应按以下步骤进行。

(1) 确定类型

首先根据实际情况，来提出测量仪表应满足的要求，确定要选用测量仪表的类型。

(2) 确定型号

从下面几个方面在所选用的测量仪表类型中，找出合适的型号。

① 要求测量仪表的工作范围或量程足够大，且具有一定的抗过载能力。

② 与测量或控制系统的匹配性能要好，转换灵敏度要高，同时还要考虑测量仪表的线性度要好。

③ 测量仪表的静态和动态响应的准确度要满足要求且长期工作稳定性要强，即精度适当，稳定性高。

④ 要求测量仪表的适用性和适应性强。即动作能量小，对被测对象的状态影响小；内部噪声小而又不易受外界干扰的影响。

⑤ 价格低，且易于使用、维修和校准。

在实际选用过程中，很少能找到同时满足上述要求的测量仪表，这就要求具体问题具体分析，抓住主要矛盾，选择适宜的测量仪表。

4.2　压力测量

压力是指均匀垂直地作用在单位面积上的力，故可用下式表示：

$$p = \frac{F}{S} \tag{4-7}$$

式中　p——压力；

　　　F——垂直作用力；

　　　S——受力面积。

根据国际单位制（代号为 SI）规定，压力的单位为帕斯卡简称帕（Pa），1 帕为 1 牛顿每平方米，即

$$1Pa = 1N/m^2$$

帕所代表的压力较小，工程上常用兆帕（MPa）。帕与兆帕之间的关系为：

$$1MPa = 1 \times 10^6 Pa$$

几种压力单位之间的换算关系如表 4-1 所示。

表 4-1　各种压力单位换算表

压力 单位	帕 （Pa）	兆帕 （MPa）	工程大气压 （kgf/cm²）	物理大气压 （atm）	汞柱 （mmHg）	水柱 （mH₂O）	磅/英寸² （lb/in²）	巴 （bar）
帕(Pa)	1	1×10^{-6}	1.0197×10^{-5}	9.869×10^{-6}	7.501×10^{-3}	1.0197×10^{-4}	1.450×10^{-4}	1×10^{-5}
兆帕(MPa)	1×10^6	1	10.197	9.869	7.501×10^3	1.0197×10^2	1.450×10^2	10
工程 大气压 （kgf/cm²）	9.807×10^4	9.807×10^{-2}	1	0.9678	735.6	10.00	14.22	0.9807
物理 大气压 （atm）	1.0133×10^5	0.10133	1.0332	1	760	10.33	14.70	1.0133
汞柱 （mmHg）	1.3332×10^2	1.3332×10^{-4}	1.3595×10^{-3}	1.3158×10^{-3}	1	0.0136	1.934×10^{-2}	1.3332×10^{-3}
水柱 （mH₂O）	9.806×10^3	9.806×10^{-2}	0.1000	0.09678	73.55	1	1.422	0.09806
磅/英寸² （lb/in²）	6.895×10^3	6.895×10^{-3}	0.07031	0.06805	51.71	0.7031	1	0.06895
巴(bar)	1×10^5	0.1	1.0197	0.9869	250.1	10.197	14.50	1

在压强测量中常有表压，绝对压强或真空度之分，其关系见图 4-3。工程上所用的压强指示值，多为表压，表压是绝对压强和大气压强之差即：

　　　　　　　　　表压强＝绝对压强－大气压强

当被测压力低于大气压强时，一般用真空度来表示，它是大气压力与绝对压强之差，即：

　　　　　　　　　真空度＝大气压强－绝对压强

测量压力和真空度的仪表很多，在化工过程比较常用的有如下几种：

①液柱式压差计。它是根据流体静力学原理，将被测压力转换成液柱高度进行测量。

按其结构形式的不同，有 U 形管压差计、单管压差计和斜管压差计等。这种压差计结构简单，使用方便，但其精度受其工作液的毛细管作用、密度及视差等因素影响，测量范围窄，一般用来测量低压力或真空度。

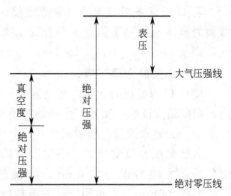

图 4-3　绝对压强、表压、真空度的关系

② 弹性式压力计。它是根据弹性元件受力变形的原理，将被测压力转换成弹性元件变形的位移进行测量的，例如，弹簧管压力计、波纹管压力计及薄膜式压力计。

③ 电气式压力计。它是通过机械和电气元件将被测压力转换成电量（电压、电流、频率等）来进行测量的仪表，例如，电容式、电感式、应变片和霍尔片等压力计。

④ 活塞式压力计。它是根据水压机液体传送压力的原理，将被测压力转换成活塞面积上所加平衡砝码的重量进行测量的，它测量的精度高，允许误差可小到 $0.05\% \sim 0.02\%$。但结构复杂，价格较贵，可作为标准压力测量仪器，校核其他类型的压力计。

4.2.1　液柱式压差计

液柱测压法是以流体静力学为基础的，液柱所用液体种类很多，单纯物质或液体混合物均可，但所用液体与被测介质接触处必须有一个清楚而稳定的分界面以便准确读数。它是最早用来测量压力的仪表。由于其结构简单、使用方便、价格便宜、在一定条件下精度较高，所以目前还有广泛的应用。但是由于它不能测量较高压力，也不能进行自动指示和记录，所以应用范围受到限制，一般作为实验室低压的精密测量和用于仪表的校验，其基本形式如下。

4.2.1.1　U 形管压差计

U 形管压差计的结构如图 4-4 所示，这是一种最基本、最常见的压差计，是用一根粗细均匀的玻璃管弯制而成，也可用两根粗细相同的玻璃管做成连通器形式，内装有液体作为指示液，U 形管压差计两端连接两个测压点，当 U 形管两边压强不同时，两边液面便会产生高度差 R，根据流体静压力学基本方程可知：

$$p_1 + Z_1 \rho g + R \rho g = p_2 + Z_2 \rho g + R \rho_0 g$$

当被测管段水平放置时（$Z_1 = Z_2$），上式简化为：

$$\Delta p = p_1 - p_2 = (\rho_0 - \rho)gR \tag{4-8}$$

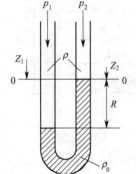

图 4-4　U 形管压差计

式中　ρ_0——U 形管内指示液的密度，kg/m^3；

ρ——管路中流体密度，kg/m^3；

R——U 形管指示液两边液面差，m。

U 形管压差计常用的指示液有水、水银、酒精和煤油等。当被测压差很小，且流体为水时，还可用氯苯（$\rho = 1106 kg/m^3$）和四氯化碳（$\rho = 1584 kg/m^3$）作指示液。

记录 U 形管读数时，正确方法应该是：同时指明指示液和待测流体名称。例如待测流体为水，指示液为汞，液柱高度为 50mm 时，R 的读数应为：$R = 50mm$（Hg-H_2O）。

若 U 形管一端与设备或管道连接，另一端与大气相通，这时读数所反映的是管道中某截面处流体的绝对压强与大气压之差，即为表压强。若指示液为水，因为其密度远大于空气，则 $p_{\text{表}}=(\rho_{\text{H}_2\text{O}}-\rho_{\text{空气}})gR=\rho_{\text{H}_2\text{O}}gR$。

(1) 读数的合理下限

使用 U 形管压差计时，要注意每一具体条件下液柱高度读数的合理下限。若被测压差稳定，根据刻度读数一次所产生的绝对误差为 0.75mm，读取一个液柱高度值的最大绝对误差为 1.5mm。如要求测量的相对误差≤3%，则液柱高度读数的合理下限为 1.5/0.03＝50mm。

若被测压差波动很大，一次读数的绝对误差将增大，假定为 1.5mm，读取一次液柱高度值的最大绝对误差为 3mm，测量的相对误差≤3%，则液柱高度读数的合理下限为 3/0.03＝100mm，当实测压差的液柱减小至 30mm 时，则相对误差增大至 3/30＝10%。

(2) 跑汞问题

汞的密度很大，作为 U 形管指示液是很理想的，但容易跑汞，污染环境。防止跑汞的主要措施有以下几个。

① 设置平衡阀（图 4-5），在每次开动泵或风机之前让它处于全开状态。读取读数时，才将它关闭。

② 在 U 形管两边上端设有球状缓冲室（图 4-6），当压差过大或出现操作故障时，管内的水银可全部聚集于缓冲室中，使水从水银液中穿过，避免跑汞现象的发生。

③ 把 U 形管和导压管的所有接头捆牢。当 U 形管测量流动系统两点间压力差或系统内的绝对压力很大时，U 形管或导压管上若有接头突然脱开，则在系统内部与大气之间的强大压差下，会发生跑汞。当连接管接头为橡胶管时，因橡胶管易老化破裂，所以要及时换，否则也会造成跑汞现象。

4.2.1.2 单管式压差计

单管式压差计是 U 形压差计的一种变形，即用一只杯形代替 U 形压差计中的一根管子。如图 4-7 所示。由于杯的截面远大于玻璃管的截面（一般二者的比值，等于或大于 200 倍），所以在测其两端压强差时，细管一边的液柱从平衡位置升高 h_1，杯形一边下降 h_2。根据等体积原理，$h_1 \gg h_2$ 故 h_2 可忽略不计。因此，在读数时只要读一边液柱高度，其读数误差可比 U 形压差计减少一半。

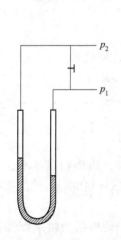

图 4-5 设有平衡阀的压差计

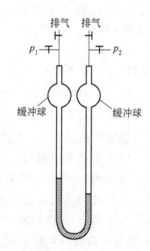

图 4-6 设有缓冲球的压差计

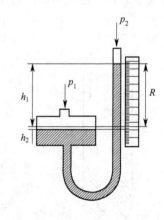

图 4-7 单管式压差计

4.2.1.3 倾斜式压差计

倾斜式压差计是将单管压差计或 U 形压强计的玻璃管与水平方向作 α 角度的倾斜。倾斜角的大小可以调节，它使读数放大了 $\dfrac{1}{\sin\alpha}$ 倍，即使 $R'=\dfrac{R}{\sin\alpha}$，如图 4-8 所示。

市场上供应的 Y-61 型倾斜微压计就是根据这个原理设计、制造的。它的结构如图 4-9 所示。微压计使用密度为 $0.81\times10^3\,\mathrm{kg/m^3}$ 酒精作指示液。不同倾斜角的正弦值以相应的 0.2、0.3、0.4 和 0.5 数值，标刻在微压计的弧形支架上，以供使用时选择。

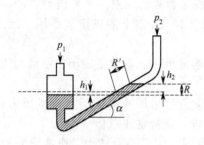

图 4-8　倾斜式压差计

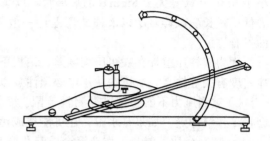

图 4-9　Y-61 型倾斜微压计

4.2.1.4 倒 U 形管压差计

倒 U 形管压差计的结构如图 4-10 所示，这种压差计的特点是：以空气为指示液，适用于较小压差的测量。

使用时也要排气，操作原理同 U 形压差计相同，在排气时 3、4 两个旋塞全开。排气完毕后，调整倒 U 形管内的水位，如果水位过高，关 3、4 旋塞。可打开上旋塞 5，以及下部旋塞；如果水位过低，关闭 1、2 旋塞，打开顶部旋塞 5 及 3 或 4 旋塞，使部分空气排出，直至水位合适为止。

4.2.1.5 双指示液微压差计

这种压差计用于测量微小压差，如图 4-11 所示。它一般用于测量气体压差的场合，其特点是 U 形管中装有 A、C 两种密度相近的指示液，且 U 形管两臂上设有一个截面积远大于管截面积的"扩大室"。

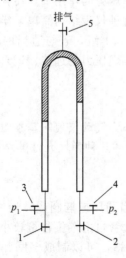

图 4-10　倒 U 形管压差计

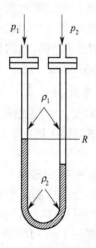

图 4-11　双指示液微压差计

由静力学基本方程得：

$$\Delta p = p_1 - p_2 = R(\rho_A - \rho_C)g \qquad (4-9)$$

当 Δp 很小时，为了扩大读数 R 减小相对读数误差，可减小 $\rho_1 - \rho_2$ 来实现。所以对两指示液的要求是尽可能使两者密度相近，且有清晰的分界面，工业上常用石蜡油和工业酒精，实验中常用的有氯苯、四氯化碳、苯甲基醇和氯化钙浓液等，其中氯化钙浓液的密度可以用不同的浓度来调节。

当玻璃管径较小时，指示液易与玻璃管发生毛细现象，所以液柱式压差计应选用内径不小于 5mm（最好大于 8mm）的玻璃管，以减小毛细现象带来的误差。因为玻璃管的耐压能力低，过长易破碎，所以液柱式压差计一般仅用于 1×10^5 Pa 以下的正压或负压（或压差）的场合。

因为液柱压差计存在耐压程度差、结构不牢固、容易破碎、测量范围小、示值与工作液体密度有关等缺点，所以在使用中必须注意以下几点。

① 被测压力不能超过仪表测量范围。若被测对象突然增压或操作不当造成压力骤升，会将工作液冲走。如果是水银，还可能造成污染和中毒，要特别注意！

② 被测介质不能与工作液混合或起化学反应，否则，应更换为其他工作液或采取加隔离液的方法。

③ 液柱压差计安装位置应避开过热、过冷和有震动的地方。因为工作液过热易蒸发，过冷易冻结，震动太大会把玻璃管震破，造成测量误差，甚至根本无法指示。

④ 由于液体的毛细现象及表面张力作用，会引起玻璃管内液面呈弯月状，读取压力值时，观察水（或其他对管壁浸润的工作液）时应看凹面最低处；观察水银（或其他对管壁不浸润的工作液）时应看凸面最高点。

⑤ 需要水平放置的仪表，测量前应将仪表放平，再校正零点。

⑥ 工作液为水（或其他透明液体）时，可在水中加入一点红墨水或其他颜色以便于观察读数。

⑦ 使用过程中要保持测量管和刻度标尺的清晰，定期更换工作液。

4.2.2 弹性式压力计

弹性式压力计是利用各种形式的弹性元件，在被测介质压力的作用下，使弹性元件受压后产生弹性变形，通过测量该变形即可测得压力的大小。这种仪表结构简单，牢固可靠，价格低廉，测量范围宽（$1 \times 10^{-2} \sim 1 \times 10^3$ MPa），精度可达 0.1 级，若与适当的传感元件相配合，可将弹性变形所引起的位移量转换成电信号，便可实现压力的远传、记录、控制、报警等功能。因此在工业上是应用最为广泛的一种测压仪表。

4.2.2.1 弹性元件

弹性元件不仅是弹性式压力计感测元件，也经常用来作为气动仪表的基本组成元件，应用较广。当侧压范围不同时，所用的弹性元件也不同。常用的几种弹性元件的结构如图 4-12 所示。

(1) 弹簧管式弹性元件

单圈弹簧管是弯成圆弧形的金属管，它的截面积做成扁圆形或椭圆形，当通入压力后，它的自由端会产生位移，如图 4-12(a) 所示。这种单圈弹簧管自由端位移量较小，测量压力较高，可测量高达 1000MPa 的压力。为了增加自由端的位移，可以制成多圈弹簧管，如图 4-12(b) 所示。

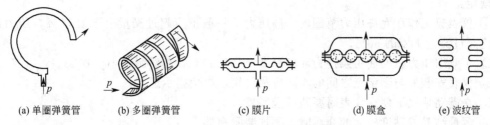

| (a) 单圈弹簧管 | (b) 多圈弹簧管 | (c) 膜片 | (d) 膜盒 | (e) 波纹管 |

图 4-12　常用的几种弹性元件的结构

（2）薄膜式弹性元件

薄膜式弹性元件根据其结构不同还可以分为膜片与膜盒等。它的测压范围较弹簧管式的要低。它是由金属或非金属材料做成的具有弹性的一张膜片（平膜片或波纹膜片），在压力作用下能产生变形，如图 4-12(c) 所示。有时也可以由两张金属膜片沿周口对焊起来，成一薄壁盒，内充液体（如硅油），称为膜盒，如图 4-12(d) 所示。

（3）波纹管式弹性元件

波纹管式弹性元件是一个周围为波纹状薄壁的金属简体，如图 4-1(e) 所示。这种弹性元件易于变形，而且位移很大，常用于微压与低压的测量或气动仪表的基本元件。

4.2.2.2　弹簧管压力表

（1）弹簧管的测压原理

弹簧管式压力表是工业生产上应用广泛的一种测压仪表，单圈弹簧管的应用最多。单圈弹簧管是弯成圆弧形的空心管，如图 4-13 所示。它的截面积呈扁圆或椭圆形，椭圆形的长轴 a 与图面垂直、与弹簧管中心轴 O 平行。A 为弹簧管的固定端，即被测压力的输入端；B 为弹簧管的自由端，即位移输出端；γ 为弹簧管中心角初始角；$\Delta\gamma$ 为中心角的变化量；R 和 r 分别为弹簧管弯曲圆弧的外半径和内半径；a 和 b 分别为弹簧管椭圆截面的长半轴和短半轴。

作为压力-位移转换元件的弹簧管，当它的固定端通入被测压力后，由于椭圆形截面在压力 p 的作用下将趋向圆形，弯成圆弧形的弹簧管随之向外挺直扩张变形，由于变形其弹簧管的自由端由 B 移到 B'，如图 4-13 虚线所示，输入压力 p 越大产生的变形也越大。由于输入压力与弹簧管自由端的位移成正比，所以只要测得 B 点的位移量，就能反映压力 p 的大小，这就是弹簧管压力表的基本测量原理。

（2）弹簧管压力表的结构

弹簧管压力表的结构原理如图 4-14 所示。被测压力由接头 9 通入后，弹簧管由椭圆形截面胀大趋于圆形，由于变形，使弹簧管的自由端 B 产生位移，自由端的位移量一般很小，直接显示有困难，所以必须通过放大机构才能指示出来。放大过程为：自由端 B 的弹性变形位移通过拉杆 2 使扇形齿轮 3 作逆时针转动，于是指针通过同轴的中心齿轮 4 带动而顺时针偏转，从而在面板的刻度标尺上显示出被测压力 p 的数值。由于自由端的位移与被测压力间有正比关系，因此弹簧管压力表的刻度标尺是线性的。游丝 7 用来克服因扇形齿轮和中心齿轮的间隙所产生的仪表偏差。改变调整螺钉 8 的位置（即改变机械转动的放大系数），可以实现压力表一定范围量程的调整。

弹簧管的材料，一般在 $p<20$MPa 时采用磷铜，$p>20$MPa 时则采用不锈钢或合金。但是使用压力表时，必须注意被测介质的化学性质。例如，测量氧气时，应严禁沾有油脂或有机物，以确保安全。

为了保证弹簧管压力计正确指示和长期使用，仪表的安装与维护很重要。使用时要注意下列规定：

①仪表应工作在允许压力范围内，静压力下一般不应超过测量上限的70%，压力波动时不应超过测量上限的60%。

②工业用压力表的使用条件为环境温度−40～60℃，相对湿度小于80%。

③仪表安装处与测定点之间的距离应尽量短，以免指示迟缓。

④在震动情况下使用仪表时要装减震装置。

⑤测量结晶或黏度较大的介质时，要加装隔离器。

⑥仪表必须垂直安装，无泄漏现象。

⑦仪表测定点与仪表安装处应处于同一水平位置，否则会产生附加高度误差。必要时需加修正值。

⑧测量易爆炸、腐蚀、有毒气体的压力时，应使用特殊的仪表。氧气压力表严禁接触油类，以免爆炸。

⑨仪表必须定期校正，合格的表才能使用。

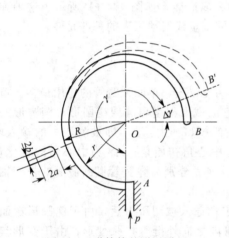

图 4-13　弹簧管的测压原理

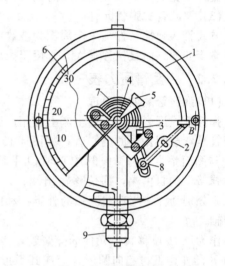

图 4-14　弹簧管压力表

1—弹簧管；2—拉杆；3—扇形齿轮；4—中心齿轮；
5—指针；6—面板；7—游丝；8—调整螺钉；9—接头

4.2.3　电气式压力计

随着工业自动化程度的不断提高，仅仅采用就地指示仪表测定待测压力远远不能满足要求，往往需要转换成容易远传的电信号，以便于集中检测和控制。能够测量压力并将电信号远传的装置称为压力传感器。电测法就是通过压力传感器直接将被测压力变换成电阻、电流、电压、频率等形式的信号来进行压力测量的。这种方法在自动化系统中具有重要作用，用途广泛，除用于一般压力测量外，尤其适用于快速变化和脉动压力的测量。其主要类别有压电式、压阻式、电容式、电感式、霍尔式等。

（1）压电式压力传感器

这种传感器是根据"压电效应"原理把被测压力变换为电信号的。当某些晶体沿着某一个方向受压或受拉发生机械变形时，在其相对的两个表面上会产生异性电荷。当外力去掉后，它又会重新回到不带电状态，此现象称为"压电效应"。常用的压电材料有压电晶体和压电陶瓷两大类。它们都具有较好的特性，均是理想的压电材料。

常用的压电晶体为石英晶体，而压电陶瓷是人造多晶体，其压电常数比石英晶体高，但机械性能不如石英晶体好。压电式压力传感器可测量100MPa以内的压力，频率响应可达30kHz。

（2）压阻式压力传感器

固体受到作用力后，其电阻率会发生变化，这种现象称为压阻效应。压阻式压力传感器就是利用半导体材料（单晶硅）的压阻效应原理制成的传感器。半导体的灵敏系数比金属导体大得多，但其受温度的影响也比金属材料大得多，且线性较差，因此使用时应考虑补偿和修正。

压阻式压力传感器主要由压阻芯片和外壳组成，这种传感器的特点是易于小型化，国内可生产直径为1.8～2mm的产品；灵敏度高，其灵敏系数比金属的高50～100倍；响应时间短，频率响应可达数万赫兹；测量范围很宽，可以低至10Pa的微压，高至60MPa的高压；精度高、工作可靠，精度可达0.1%，高精度的产品甚至可达0.02%。

（3）电容式压力传感器

它是利用平板电容测量压力的传感器。当压力p作用于膜片时，膜片产生位移，改变两平行板间距，从而引起电容量的变化，经测量线路可求出作用压力p的大小。

4.2.3.1　差压变送器

（1）差压变送器的发展

过去二十多年一直沿用力平衡式差压变送器，它是利用深度负反馈原理来减小弹性元件模量随温度变化、弹性滞后以及非线性变形等因素的影响，从而保证测量精度的。力平衡式变送器结构复杂、笨重，且存在难以消除的静压误差。由于新材料的发展，出现了弹性模数和温度系数很小的弹性材料，特别是电子检测技术的发展使微小位移的检测成为可能，因而允许弹性材料变形小，这使非线性和弹性滞后所引起的变差进一步减小，这些都为开环式新型变送器的出现创造了条件。

目前，被广泛地应用于现场的电容式差压变送器就是开环式变送器的一种。这种变送器不仅在原理上发生了由闭环到开环的根本变化，而且具有结构简单、运行可靠、无静压误差、维护方便的特点。随着新技术的不断发展，其他各种新型的变送器和振弦式、扩散硅式变送器等也已研制成功，并应用于生产。

近几年，又相继推出了智能变送器。这些智能变送器中有的是新开发的测量机构，再配上微处理机；有的则是在原有变送器的基础上，配上微处理机，因此它们是微机和通信技术进入变送仪表的产物。智能变送器的信号转换精度高，受环境温度的变化、静压和振动的变化影响小，且量程比特别大。因此，一种规格仪表可满足各种测量范围的需要，使备表、备件数量大大减少。智能变送器的另一突出特点是具有通信功能，通过对智能现场通信器的简单键盘操作，可实现远程设定、变更和调校。除此之外，它还具有自诊断功能，这些都给使用和维护带来了极大的方便。

用智能差压传感变送器将压力转为电压信号，再将电压信号传输给通用智能仪表，通用智能仪表被设定好所必需的参数，通过数字信号转换直接显示出差压值，形成了一整套完整的压力自动检测、显示系统。

（2）SP1151电容式差压变送器

在化工原理实验中多次采用了差压变送器传感器和智能显示仪表测量差压。SP1151电容式差压/压力变送器采用电容传感器制造技术，再通过电子电路，将被测介质的压力信号转换成4～20mA DC二线制工业标准电信号输出。

传感器的核心部分是对压力敏感的电容器。力敏电容器的电容量是由电极面积和两个电极间的距离决定的：当硅膜片两边存在压力差时，硅膜片产生形变，电容器极板间的间距发生变化，从而引起电容量的变化。这样，电容变化量与压差有关，因此，就可作为力敏传感器。

电容式差压变送器是基于负反馈原理工作的，它的原理图见图4-15。

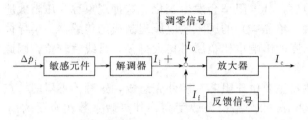

图4-15 电容式差压变送器工作原理图

被测差压 Δp_i 作用于差压电容式敏感元件使其电容量发生变化，该电容量的变化经解调器转换成直流电流 I_i，其与调零信号的代数和同反馈信号 I_f 相比较，差值送入放大电路进行放大，最后输出 4～20mA 电流信号 I_c。经简化电路可得如下关系式

$$I_c = \Delta p_i \times K/\beta + I_0/\beta \tag{4-10}$$

式中，K 为常数；Δp_i 为差压；I_0 为调零信号；β 为放大倍数；I_c 为输出电流。

式(4-10)表明：

① 电容式差压变送器的输出信号 I_c 与被测差压 Δp_i 呈正比例关系。

② 调整 I_0 可改变仪表输出信号 I_c 的起始值，从而可以进行仪表的零点调整和零点迁移。

③ 调整量程信号实际是改变 β 值，从而改变变送器输出信号 I_c 与 Δp_i 之间比例系数。当 β 值一定时，调 I_0 实际上是调截距；当 I_0 一定时，调 β 值实际上是改变直线的斜率，同时也改变了截距。

4.2.3.2 压力变送器

化工原理实验室普遍采用了智能压力变送器进行压力测量和传输，然后由智能巡检仪或计算机显示。

(1) 智能压力变送器的新功能

① 自补偿功能。如非线性、温度误差、响应时间、噪声和交叉感应等的补偿。

② 自诊断功能。如在接通电源时进行自检，在工作中实现运行检查，诊断测试以确定哪一组件有故障。

③ 微处理器和基本传感器之间具有双向通信的功能，构成一闭环工作系统。

④ 信息存储和记忆功能。

⑤ 数字量输出。由于智能传感器具有自补偿能力和自诊断能力，所以基本传感器的精度、稳定性、重复性和可靠性都将得到提高和改善；由于智能传感器具有双向通信能力，所以在控制室内就可对基本传感器实施软件控制，实现远程设定基本传感器的量程及组合状态。

(2) 智能型压力变送器的分类及性能简介

智能型压力变送器主要分为两种形式：一种为带 HART 协议的智能型压力变送器；另一种为带 RS 485 或 RS 232 接口的数字和模拟同时输出的智能型压力变送器。

① 带 HART 协议的智能压力变送器。它的通信规程仍继续沿用 4～20mA 标准模拟信号。它是一种智能通信协议，与现有的 4～20mA 系统兼容，即在模拟信号上叠加一个专用

频率信号，因此模拟与数字可以同时进行通信。

② 带 RS 232 或 RS 485 接口的智能型压力变送器。如图 4-16 所示，它的原理是：基本传感器的模拟信号经过 A/D 转换及微处理器和 D/A 转换分出两路信号：一路为 4~20mA 模拟信号的输出；另一路为数字信号。由于此类型智能压力变送器具有 RS 232 接口，为异步通信协议接口，可以与许多通信协议兼容（如 PLC）。它的特点是具有计算机通信接口；异步通信协议可与许多协议兼容；变送器可与总线采取串联方式（最多可串接 256 台变送器），组网方便；频率输出精度高，可远传。

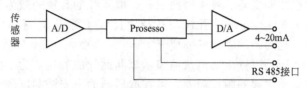

图 4-16　智能型压力变送器原理图

4.2.4　流体压力测量中的技术要点

(1) 压力计的正确选用

① 仪表类型的选用。仪表类型的选用必须满足工艺生产或实验研究的要求，如是否需要远传变送、报警或自动记录等，被测介质的物理化学性质和状态（如黏度大小、温度高低，腐蚀性、清洁程度等）是否对测量仪表提出特殊要求，周围环境条件（诸如温度、湿度、振动等）对仪表类型是否有特殊要求等，总之，正确选用仪表类型是保证安全生产及仪表正常工作的重要前提。

② 仪表的量程范围应符合工艺生产和实验操作的要求。仪表的量程范围是指仪表刻度的下限值到上限值，它应根据操作中所需测量的参数大小来确定。测量压力时，为了避免压力计超负荷而破坏，压力计的上限值应该高于实际操作中可能的最大压力值。对于弹性式压力计，在被测压力比较稳定的情况下，其上限值应为被测最大压力的 4/3 倍，在测量波动较大的压力时，其上限值应为被测最大压力的 3/2 倍。

此外，为了保证测量值的准确度，所测压力值不能接近仪表的下限值，一般被测压力的最小值应不低于仪表全量程的 1/3 为宜。

根据所测参数大小计算出仪表的上下限后，还不能以此值作为选用仪表的极限值，因为仪表标尺的极限值不是任意取的，它是由国家主管部门用标准规定的。因此，选用仪表标尺的极限值时，要按照相应的标准中的数值选用（一般在相应的产品目录或工艺手册中可查到）。

③ 仪表精度级的选取。仪表精度级是由工艺生产或实验研究所允许的最大误差来确定的。一般来说，仪表越精密，测量结果越精确、可靠。但不能认为选用的仪表精度高越好，因为越精密的仪表，一般价格越高，维护和操作要求越高。因此，应在满足操作要求的前提下，本着节约的原则，正确选择仪表的精度等级。

(2) 测压点的选择

测压点的选择对于正确测得静压值十分重要。在受流体流动干扰最小的地方。如在管线上测压，根据流体流动的基本原理可知，其应被选测压点应选在离流体上游的管线弯头、阀门或其他障碍物 40~50 倍管内径的距离，使紊乱的流线经过该稳定段后在近壁面处的流线与管壁面平行，形成稳定的流动状态，从而避免动能对测量的影响。根据流动边界层理论，倘若条件所限，不能保证 (40~50)d 内的稳定段，可设置整流板或整流管，以清除动能的影响。

（3）测压孔口的影响

测压点处要开设取压孔，由于在管道上开设了取压孔，在流体流过取压孔时其流线就会向孔内弯曲，并在孔内形成旋涡，使测得的静压强产生偏差。从取压孔引出的静压强和流体真实的静压强之间的误差与取压孔处流体的流动状态、孔的尺寸、孔的几何形状、孔轴的方向、孔的深度及开孔处壁面的粗糙度等有关。孔的尺寸越大，流线弯曲越靠中央，测量误差也越大。理论上，孔的尺寸越小越好，但孔口太小，不仅加工困难，而且也容易被堵塞。孔太小，也使测压的动态性能变差。对于壁面取压，取压孔的孔径一般为 0.5～1mm，精度要求较低时，孔径可为 1.5～2.5mm，孔深与孔径之比大于等于 3，孔的轴线要垂直于壁面，孔的边缘不能有毛刺，孔周围的管道壁面要光滑。

由于通过取压孔测压是以壁上的测量值表示该断面处的静压，为了消除管道断面上各点的静压差及由不均匀流动引起的附加误差，可在取压断面上安装测压环，使各个测压孔相互贯通。测压环的形式如图 4-17 所示。若管道尺寸不太大且精度要求不高时，可用单个测压孔代替测压环。

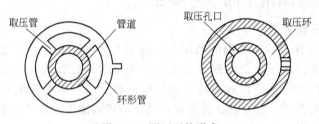

图 4-17　测压环的形式

（4）正确安装和使用压力计

① 测压孔取向及导压管的安装、使用

a. 被测流体为液体时：为防止气体和固体颗粒进入导压管，水平或倾斜管道中取压口安装在管道下半平面，且与垂线的夹角成 45°。若测量系统两点的压力差时，应尽量将压力计装在取压口下方，使取压口至压力计之间的导压管方向都向下，这样气体就较难进入导压管。如测量压差，仪表不得不装在取压口上方，则从取压口引出的导压管应先向下铺设1000mm，然后向上弯通往压差测量仪表，其目的是形成 1000mm 的液封，阻止气体进入导压管。实验时，首先将导压管内的原有空气排除干净，为了便于排气，应在每根导气管与测量仪表的连接处安装一个放气阀，利用取压点处的正压，用液体将导管内气体排出，导压管的铺设宜垂直地面或与地面成不小于 1：10 的倾斜度，若导压管在两端点间有最高点，则应在最高点处安装集气罐。

b. 被测流体为气体时，为防止液体和固体粉尘进入导压管，宜将测量仪表装在取压口上方。如必须装在下方，应在导压管路最低点处安装沉降器和排污阀，以便排出液体和粉尘，在水平或倾斜管中，气体取压口应安装在管道上半平面，与垂线夹角≤45°。

c. 当介质为蒸汽时，以靠近取压点处冷凝器内凝液液面为界，将导压管系统分为两部分：取压点至凝液液面为第一部分，内含蒸汽，要求保温良好；凝液液面至测量仪表为第二部分，内含冷凝液，避免高温蒸汽与测压元件直接接触。引压管一般做成如图 4-18 所示的形式，该形式广泛应用于弹簧管压力计，以保障压力计的精度和使用寿命。除此之外，为了减少蒸汽中冷凝液滴的影响，常在引压管前设置一个截面积较大的冷凝液收集器。测量高黏度、有腐蚀性、易冻结、易析出固体的被测流体时，常采用玻璃器和隔离液，如图 4-19 所示。正负两隔离器内的两液体界面的高度应相等，且保持不变。因此隔离液器应具有足够大的容积和水平截面积，隔离液除与被测介质不互溶之外，还应与之不起化学反应，且冰点足够低，能满足具体问题的实际需要。

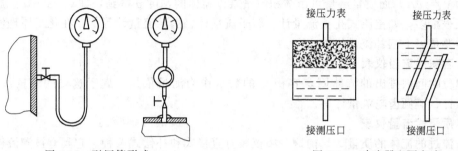

图 4-18　引压管形式　　　　　　　图 4-19　玻璃器和隔离液

d. 全部导压管应密封良好，无渗漏现象，有时会因小小的渗漏造成很大的测量误差，因此安装导压管后应做一次耐压实验，实验压力为操作压力的 1.5 倍，气密性实验为 400mmHg。

e. 在测压点处要装切断阀门，以便于压力计和引压导管的检修。对于精度级较高的或量程较小的测量仪表，切断阀门可防止压力的突然冲击或过载。

f. 引压导管不宜过长，以减少压力指示的迟缓。如超过 50m，应选用其他远距离传示的测量仪表。

② 在安装液柱式压力计时，要注意安装的垂直度，读数时视线与分界面之弯月面相切。

③ 安装地点应力求避免振动和高温的影响，弹性压力计在高温情况下，其指示值将偏高，因此一般应在低于 50℃的环境下工作，或利用必要的防高温防热措施。

④ 在测量液体流动管道上下游两点间压差时，若气体混入，形成气液两相流，其测量结果不可取。因为单相流动阻力与气液两相流动阻力的数值及规律性差别很大。例如在离心泵吸入口处是负压，文丘里管等节流式流量计的节流孔处可能是负压，管内液体从高处向低处常压储槽流动时，高段压强是负压，这些部位有空气漏入时，对测量结果影响很大。

⑤ 对于多取压点的测量系统，操作时应避免旁路流动，使测量结果准确可靠。

4.3　流量测量

流量是指单位时间内流过管截面的流体量。若流过的量以体积表示，称为体积流量 V_s；以质量表示，称为质量流量 w_s。它们之间的关系为

$$w_s = \rho V_s \tag{4-11}$$

式中，ρ 是被测流体的密度，它随流体的状态而变。因此，以体积流量描述时，必须同时指明被测液体的压强和温度。为了便于比较，以标准技术状态下，即 1.013×10^5 Pa、温度 20℃的体积流量表示。

由于流量是一种瞬时特性，在某段时间内流过的流体量可以用在该段时间间隔内流量对时间的积分而得到，该值称为积分流量或累计流量。它与相应的间隔时间之比称为该段时间内的平均流量，或简称为流量。

流量的测量方法和仪器很多，最简单的流量测量方法是量体积法和称重法。它们是从测量流体的总量（体积或质量）和时间间隔，而得到的平均流量。这种方法不需要使用流量测量仪表，但无法测定封闭体系中的流量。

目前流量测量仪表大致可分为三类：

(1) 速度式流量仪表

以测量流体在管道内的流速 u 作为测量依据。在已知管道截面 A 的条件下，流体的体积流量为 $V_s = uA$，而质量流量可由体积流量乘以流体的密度 ρ 得到，即 $w_s = uA\rho$。属于这一类的仪表很多，如差压式孔板流量计、转子流量计、涡轮流量计等等，在化工原理实验中用到的主要是以上三种流量仪表。

(2) 容积式流量仪表

以单位时间内排出的流体固定容积 V 的数目作为测量依据。属于这类的流量仪表有：盘式流量计、椭圆齿轮流量计等。

(3) 质量式流量仪表

测量流过的流体的质量。目前这一类仪表有直接式和补偿式两种。它具有被测流体不受流体的温度、压力、密度、黏度等变化的影响。

4.3.1　测速管

(1) 测速管的结构和测量原理

测速管又称皮托（Pitot）管，它是一种测量点速度的装置。它由两根弯成直角的同心套管所组成。内管前端开口，管壁无孔，外管的管口是封闭的，在外管前端壁面四周开有若干测压小孔，为了减小误差，测速管的前端经常做成半球形以减少涡流。测量时，测速管可以放在管截面的任一位置上，并使其管口正对着管道中流体的流动方向，外管与内管的末端分别与液柱压差计的两臂相连接。

当流体流近测速管前端时（如图 4-20 中的②点），由于内管已经充满了流体，速度突然降为 0，流体的动能全部转化为驻点静压能，故测速管内管测得的为管口位置的冲压能（动能与静压能之和），即

$$\frac{p_2}{\rho} = \frac{p_1}{\rho} + \frac{u_1^2}{2}$$

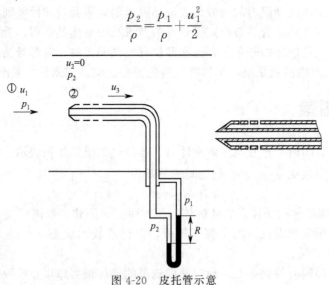

图 4-20　皮托管示意

测速管外管前端封闭，距前端一定距离处，壁面圆周的测压孔口测得的是该位置上的静压能 p_1/ρ，故压力计读数反映出冲压能和静压能之差。即：

$$\frac{\Delta p}{\rho} = \frac{p_2}{\rho} - \frac{p_1}{\rho} = \left(\frac{p_1}{\rho} + \frac{u_1^2}{2}\right) - \frac{p_1}{\rho} = \frac{u_1^2}{2}$$

所以：
$$u_r = u_1 = \sqrt{\frac{2\Delta p}{\rho}} = \sqrt{\frac{2gR(\rho_A - \rho)}{\rho}} \tag{4-12}$$

式中 R——U 形管压差计的读数；

               ρ_A——指示液的密度；

               ρ——流体的密度；

$\Delta p = gR(\rho_A - \rho)$——压差计计算式。

当测量气体时，由于被测流体密度 ρ 值很小，因此，式(4-12)可以简化为

$$u_1 = \sqrt{\frac{2gR\rho_A}{\rho}} \tag{4-13}$$

若将测速管口放在管中心线上，测得 u_{max}，由 u_{max} 计算 Re_{max} 值，借助图 4-21 确定管内的平均流速 u。

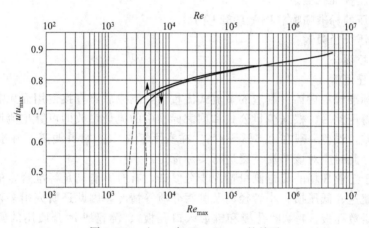

图 4-21 u/u_{max} 与 Re、Re_{max} 的关系

（2）测速管的安装

① 必须保证测量点位于均匀流段，一般要求测量点上、下游的直管段长度最好大于 50 倍管内径，至少也应大于 8～12 倍。

② 测速管管口截面必须垂直于流体流动方向，任何偏离都将导致负偏差。

③ 测速管的外径 d_0 不应超过管内径的 1/50，即 $d_0 < d/50$。

④ 测速管对流体的阻力较小，适用于测量大直径管道中清洁气体的流速。若流体中含有固体杂质时，易将测压孔堵塞，故不宜采用。此外，测速管的压差读数较小，常常需要放大或用微压计。

4.3.2 差压式流量计

（1）基本原理

差压式（节流式）流量计是基于流体流动的节流原理，利用流体流经节流装置时产生的压强差实现流量测量的。通常是由能将被测流体的流量转换成压差信号的孔板、喷嘴等节流装置以及用来测量压差而显示出流量的压差计所组成。从伯努利方程式可以推导出节流式量计不可压缩流体流量的基本方程式

$$V_s = C_0 A_0 \sqrt{\frac{2(p_1 - p_2)}{\rho}} \tag{4-14}$$

式中　p_1，p_2——节流件前后取位点压强，Pa；

A_0——节流孔开孔面积，m^2；

ρ——介质密度，kg/m^3；

C_0——孔流系数，是用实验的方法测定的系数，对于标准节流件可以从表中查出孔流系数，不必自行测定。

在自动化高速发展的今天，差压式流量计已经由标准节流装置、差压变送器和智能显示仪表组成，并且可以和计算机控制系统直接通信。

（2）常用的标准节流元件

标准节流装置由标准节流元件、标准取压装置和节流件前后测量管三部分组成，目前国际标准已规定的标准节流装置有：

① 角接取压标准孔板。

② 法兰取压标准孔板。

③ 径距取压标准孔板。

④ 角接取压的标准喷嘴（ISA 1932 喷嘴）。

⑤ 径距取压长径喷嘴。

⑥ 文丘里喷嘴。

⑦ 古典文丘里管。

按照上述标准规定设计、制造的节流式流量计，制成后可直接使用而无需标定。通过压差测量仪表测得压差后，根据流量公式和国家标准中的流量系数即可算出流量值，还能计算流量测量的误差，误差一般在 0.5%～3%。在实际工作中，如果偏离了标准中的规定条件就会引起误差，此时应对该节流装置进行实际标定。

另外，由于工业现场的流量测量情况十分复杂，有时不能满足标准规定的适用范围，例如高黏度、低流速、低压损、小管径以及脏污介质等情况，因此还研究出多种非标准节流装置，包括低雷诺数孔板（1/4 圆孔板和锥形入口孔板）、测量脏污介质用的圆缺孔板、偏心孔板和楔形节流件、低压损节流装置（道尔管、低损管和双颈文丘里管）等，细节请查阅有关专著。

下面简单介绍几种常用的节流元件。

① 孔板。标准孔板结构如图 4-22 所示。它是一个带圆孔的板，圆孔与管道同心。A_1、A_2 分别为上、下游端面，δ_1 为孔板厚度，δ_2 为孔板开孔厚度，d 为孔径，α 为斜面角，G、H 和 I 为上、下游开孔边缘。对各部分的要求可查阅国家标准 GB 2624—81。在任何情况下，节流孔径 d 均应等于或大于 12.5mm，直径比 β 应满足：$0.20 \leqslant \beta \leqslant 0.75$。标准孔板的特点是结构简单、易加工、造价低，但能量损失大于喷嘴和文丘里管。加工孔板时应注意进口边沿必须锐利、光滑，否则将影响测量精度。孔板材料一般为不锈钢、铜或硬铝。

孔板的安装应注意方向，不能装反。加工要求严格，特别是 G、H 和 I 处要尖锐，无毛刺，否则，影响测量精度。对于在测量过程中易使节流装置变脏、磨损和变形的脏污或腐蚀性介质不宜使用孔板。

② 喷嘴。属于标准节流装置的喷嘴有 ISA 1932 喷嘴和长径喷嘴两种，ISA 1932 喷嘴的结构见图 4-23，它是由入口平面 A、收缩部 BC、圆筒形喉部 E 及防止边缘损伤的保护槽 F 组成的。喷嘴测量精度高，加工困难，腐蚀性、脏污性被测介质对测量精度影响不大，能量损失仅次于文丘里管。

③ 文丘里管。文丘里管的结构如图 4-24 所示。它是由入口圆筒段 A、圆锥形收缩段

B、圆筒形喉部 C 和圆锥形扩散段 E 所组成，在 A，C 段上分别开有取压孔。它的特点是：制造工艺复杂，价格贵，但能量损失最小。流体流过文丘里管后压力基本能恢复。

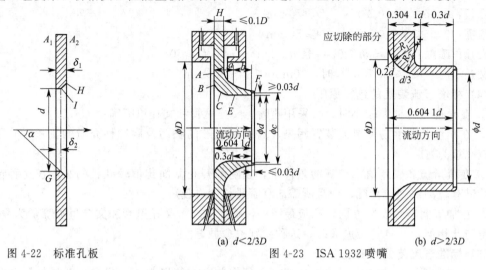

图 4-22　标准孔板　　　　　图 4-23　ISA 1932 喷嘴

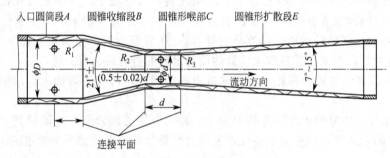

图 4-24　文丘里管示意图

文丘里管列入标准的有两种类型：古典文丘里管（或简称为文丘里管）和文丘里喷嘴。

文丘里喷嘴结构如图 4-25 所示，由入口圆筒段、收缩段、圆筒形喉部及扩散段组成，基本上是 ISAI932 喷嘴加上扩散段。根据扩散段长度不同分为不截尾的扩散段（长管型）和截尾的扩散段（短管型）两种。

(3) 标准节流装置的使用条件

① 被测介质应充满全部管道截面连续地流动。

② 管道内的流束（流动状态）应该是稳定的。

③ 被测介质在通过节流装置时应不发生相变。例如，液体不发生蒸发，溶解在液体中的气体不释放出来等。

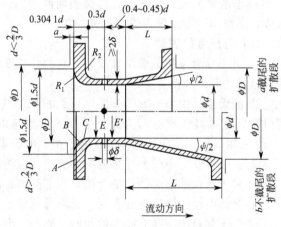

图 4-25　文丘里喷嘴示意图

④ 在离节流装置前后各有 $2D$ 长的一段管道的内表面上不能有凸出物和明显的粗糙与不平现象。

⑤ 在节流装置前后应有足够长度的直管段。

⑥ 以 m 表示孔径与管径之比，各种标准节流装置的使用管径 D 的最小值规定如下：

孔板：$0.05 \leqslant m \leqslant 0.70$ 时，$D \geqslant 50\text{mm}$

喷嘴：$0.05 \leqslant m \leqslant 0.65$ 时，$D \geqslant 50\text{mm}$

文丘里喷嘴：$0.05 \leqslant m \leqslant 0.06$ 且 $d > 20\text{mm}$ 时，$D \geqslant 50\text{mm}$

文丘里管：$0.2 \leqslant m \leqslant 0.50$ 时，$100\text{mm} \leqslant D \leqslant 800\text{mm}$

(4) 标准节流装置的选择原则

① 在允许压力损失较小时，可采用喷嘴、文丘里管和文丘里喷嘴。

② 在测量某些容易使节流装置污染、磨损和变形的脏污及腐蚀性介质的流量时，采用喷嘴较孔板为好。

③ 在流量值和压差值都相等的条件下，喷嘴的开孔截面比值较孔板的小，在这种情况下，喷嘴有较高的测量精度，而且所需的直管段长度也较短。

④ 在加工制造和安装方面，孔板最简单，喷嘴次之，文丘里管和文丘里喷嘴最为复杂，造价也与此相似，并且管径愈大时，这种差别也愈显著。

(5) 标准节流装置的安装

① 节流装置不论在空间的什么位置，必须安装在直管段上，应尽量避免任何局部阻力对流速的影响。例如在节流装置前后长度为 $2D$ 的一段管道内壁上，不应有任何突出部分（例如凸出的垫片，粗糙的焊缝、温度计套管等）；在节流装置的直管段前面如有各种阀门、弯头等局部阻力时，必须保证在节流装置前面有足够的直管段长度。

② 必须保证节流装置的开孔中心和管道中心线同心，节流装置的入口端面应与管道中心线垂直。

③ 在靠近节流装置和距离节流装置为 $2D$ 的两个管道截面上，应测量其实际内径。每个截面上至少测量两对互相垂直的直径，取测量结果的算术平均值作为管道的实际平均内径 D'。D' 与管道内径计算值 D 的最大偏差为 $\Delta D = \dfrac{D - D'}{D'} \times 100\%$。当 $m < 0.3$ 时，ΔD 不应超过 $\pm 2\%$；当 $m \geqslant 0.3$ 时，ΔD 不应超过 $\pm 0.5\%$。

④ 节流装置在安装之前，应将表面的油污用软布擦去，但应特别注意保护孔板的尖锐边缘，不得用砂布或锉刀进行辅助加工。

(6) 导压管的安装

① 引压导管应按最短距离安装，它的总长度应不大于 50m，但不小于 3m。管线的弯曲处应该是均匀的圆角。

② 应设法排出引压导管管路中可能积贮的气体水分、液体或固体微粒等影响压差精确而可靠地传送其他成分。为此，引压导管管路的安装应保持垂直或与水平面之间成大于 $1:10$ 的倾斜度，并加装气体、凝液、微粒的收集器和沉淀器等，定期进行排除。

③ 引压导管应不受外界热源的影响，并应防止冻结的可能。

④ 对于黏性的有腐蚀性的介质，为了防堵、防腐，应加装充有中性隔离液的隔离罐。

⑤ 全部引压管路应保证密封、无渗漏现象。

⑥ 引压管路中应装有必要的切断、冲洗、灌封液、排污等所需要的阀门。

(7) 差压计的安装

差压计的安装首先是安装地点周围条件（例如：温度、湿度、腐蚀性、震动等）的选择。其次，当测量液体流量时或引压导管中为液体介质时，应使两根导压管路内的液体温度相同，以免由于两边重度差别而引起附加的测量误差。

(8) 差压式流量计使用中的测量误差

① 被测介质工作状态的变动。如果实际使用时被测介质的工作状态（温度、压力、湿度）以及相应的介质密度、黏度等参数数值与设计计算时有所变动，则按照原有的仪表常数 K 值乘上差压计流量标尺上的指示值 N 所得到的流量指示值，显然将与流过节流装置的被测介质的实际流量值之间产生误差。

② 节流装置安装不正确。例如，孔板的尖锐一侧应迎着流向，为入口端，而其呈喇叭形一侧为出口端，即孔板具有方向性，不能装反。除此之外，由于安装不正确而引起的测量误差，往往是由于孔板开孔中心和管道轴心线不同心所造成的，管道实际内径和计算时所用的管道内径之间的差别，以及垫片等凸出物的出现、引压管路上的毛病等也是引起测量误差的原因。

③ 孔板入口边缘的磨损。孔板长期使用，其入口边缘的尖锐度会由于受到冲击、磨损和腐蚀而变钝，这样在相等数量的流体经过时所产生的压差将变小，从而引起仪表指示值偏低。

④ 节流装置内表面的结污和流通截面积的变化。在使用中，孔板等表面可能会黏结上一层污垢，或者由于孔板前后角落处日久而有沉淀物沉积，或者有强腐蚀作用，这些都会使管道的流通截面积发生渐变及引压导管管路的泄漏和脏污，造成流量测量的误差。

4.3.3 变截面式流量计——转子流量计

(1) 构造和测量原理

转子流量计的构造（图 4-26）是在一根截面积自下而上逐渐扩大的垂直锥形玻璃管 1 内，装有一个能够旋转自如的由金属或其他材质制成的转子 2（或称浮子）。被测流体从玻璃管底部进入，从顶部流出。当流体自下而上流过垂直的锥形管时，转子受到两个力的作用：一是垂直向上的推动力，它等于流体流经转子与锥管间的环形截面所产生的压力差；另一是垂直向下的净重力，它等于转子所受的重力减去流体对转子的浮力。当流量加大使压力差大于转子的净重力时，转子就上升。当压力差与转子的净重力相等时，转子处于平衡状态，即停留在一定位置上。在玻璃管外表面上刻有读数，根据转子的停留位置，即可读出被测流体的流量。

(2) 流量方程

转子流量计是变截面定压差流量计。作用在浮子上、下游的压力差为定值，而浮子与锥管间环形截面积随流量而变。浮子在锥形管中的位置高低即反映流量的大小。

设 V_f 为转子的体积，A_f 为转子最大直径处的截面积，ρ_f 为转子材料的密度，ρ 为被测流体的密度。如图 4-26 所示，设上游环形截面为 1-1′，下游环形截面为 2-2′，则流体流经环形截面所产生的压强差为 p_1-p_2。当转子在流体中处于平衡状态时，作用于转子下端与上端的压力差=转子所受的重力-流体对转子的浮力

即：$\Delta p A_f = V_f \rho_f g - V_f \rho g = V_f g(\rho_f - \rho)$

$$p_1 - p_2 = \frac{V_f g(\rho_f - \rho)}{A_f} \tag{4-15}$$

在 1-1′、2-2′两截面间列伯努利方程得：

$$Z_1 + \frac{p_1}{\rho g} + \frac{u_1^2}{2g} = Z_2 + \frac{p_2}{\rho g} + \frac{u_2^2}{2g}$$

由于转子的尺寸很小，$Z_1 \approx Z_2$，即 $\dfrac{p_1}{\rho g} + \dfrac{u_1^2}{2g} = \dfrac{p_2}{\rho g} + \dfrac{u_2^2}{2g}$

所以：
$$p_1 - p_2 = \rho \frac{u_2^2 - u_1^2}{2} \tag{4-16}$$

将式(4-16)代入式(4-15)得：

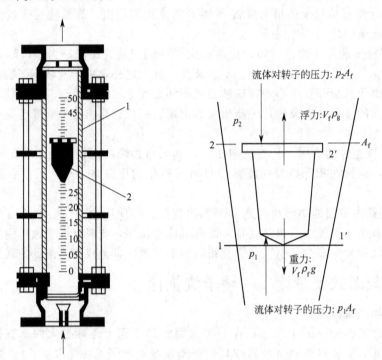

图 4-26 转子流量计

$$u_2^2 - u_1^2 = 2g \frac{V_f}{A_f} \frac{\rho_f - \rho}{\rho} \tag{4-17}$$

设流体的体积流量为 V_s，则：$u_1 = \dfrac{V_s}{A_1}$，$u_2 = \dfrac{V_s}{A_R}$

A_1 是截面 1-1′处的面积，A_R 是截面 2-2′处的环隙面积。将上式代入式(4-17)得：

$$\left(\frac{V_s}{A_R}\right)^2 - \left(\frac{V_s}{A_1}\right)^2 = 2g \frac{V_f}{A_f} \frac{\rho_f - \rho}{\rho}$$

$$V_s^2 = \frac{A_R^2}{1 - \left(\dfrac{A_R}{A_1}\right)^2} 2g \frac{V_f}{A_f} \frac{\rho_f - \rho}{\rho}$$

$$V_s = \frac{A_R}{\sqrt{1 - \left(\dfrac{A_R}{A_1}\right)^2}} \sqrt{2g \frac{V_f}{A_f} \frac{\rho_f - \rho}{\rho}}$$

由于 A_R 比 A_1 小得多，故 $\sqrt{1 - \left(\dfrac{A_R}{A_1}\right)^2} \approx 1$，故

$$V_s = A_R \sqrt{2g \frac{V_f}{A_f} \frac{\rho_f - \rho}{\rho}}$$

从上式可以看出，当用固定的转子流量计测量某流体的流量时，式中的 V_f、A_f、ρ_f、ρ 均为定值。上式没有考虑流体的黏性和形成旋涡而造成的压降，没有考虑转子形状的影响，

因而需要加入一个校正系数 C_R，于是上式可以变为：

$$V_s = C_R A_R \sqrt{2g \frac{V_f}{A_f} \frac{\rho_f - \rho}{\rho}} \tag{4-18}$$

式中 A_R——转子与玻璃管的环形截面积，m^2；

         C_R——转子流量计的流量系数，量纲为 1，与 Re 值及转子形状有关，由实验测定或从有关仪表手册中查得。当环隙间的 $Re > 10^4$ 时，C_R 可取 0.98。

由上式可知，对某一转子流量计，如果在所测量的流量范围内，流量系数 C_R 为常数时，则流量只随环形截面积 A_R 而变。由于玻璃管是上大下小的锥体（锥度 4°左右），所以环形截面积的大小随转子所处的位置而变，因而可用转子所处位置的高低来反映流量的大小。

(3) 转子流量计刻度的校正

转子流量计的刻度与被测流体的密度有关。通常流量计在出厂之前，先用水和空气分别作为标定流量计刻度的介质。当应用于测量其他流体时，需要对原有的刻度加以校正。

假定出厂标定时所用液体与实际工作时的液体的流量系数 C_R 相等，并忽略黏度变化的影响，根据式(4-18)，在同一刻度下，两种液体的流量关系为

$$\frac{V_{S2}}{V_{S1}} = \sqrt{\frac{\rho_1(\rho_f - \rho_2)}{\rho_2(\rho_f - \rho_1)}} \tag{4-19}$$

式中，下标 1 表示出厂标定时所用的液体；下标 2 表示实际工作时的液体。

同理，对用于气体的流量计，在同一刻度下，两种气体的流量关系为：

$$\frac{V_{S2}}{V_{S1}} = \sqrt{\frac{\rho_{g1}}{\rho_{g2}}} \tag{4-20}$$

式中，下标 "g_1" 表示标定时所用气体；下标 "g_2" 表示实际工作气体。

当压力不太高，温度不太低时，气体的密度可以近似的按理想气体状态方程计算，上式可以被进一步变换为：

$$\frac{V_{S2}}{V_{S1}} = \sqrt{\frac{\rho_{g1}}{\rho_{g2}}} \approx \sqrt{\frac{pM_1}{RT} \frac{RT}{pM_2}} = \sqrt{\frac{M_1}{M_2}}$$

式中，M_1，M_2 分别为标定用气体和被测量气体的摩尔质量，g/mol。

(4) 流量计的安装和使用

① 安装位置应宽敞、明亮、无震动，建议加装旁路，以便处理故障和清洗。

② 安装必须垂直，否则，测量过程中会产生误差。

③ 转子对玷污比较敏感，如果黏附有污垢则其质量 m_t、环形通道截面积 A_R 会发生变化，有时还可能出现转子不能上下垂直浮动的情况，从而引起测量误差。因此必要时可在流量计上游安装过滤器。

④ 搬动时应将转子固定，特别是对于大口径转子流量计更应如此。因为在搬动中玻璃锥管很容易被金属转子撞破。

⑤ 调节或控制流量不宜采用电磁阀等速开阀门，手动阀门也必须缓慢开启，否则迅速开启阀门，转子会冲到顶部，因突然受阻失去平衡而撞破玻璃管或将玻璃转子撞碎。

⑥ 使用时应避免被测流体温度、压力急剧变化。

⑦ 转子的形状有球形、梯形、倒梯形等多种，但无论形状如何，它们都有一个最大截面积，转子最大截面积所对应的玻璃管上的刻度值就是我们应该读取的测量值。

⑧ 转子流量计的刻度是生产厂家标定的，气体转子流量计用 20℃、1atm（101.3kPa）下的空气标定，液体流量计用 20℃、1atm 下的水标定，如条件不符，应进行刻度换算。

⑨ 国产 LZB 系列的流量测量范围　对于液体转子流量计，通径 3mm，从（2.5～25）ml/min 到 10～100ml/min，通径 4～100mm，从 1～10L/h 到 8～40m³/h。对于气体转子流量计，通径 3mm，从 40～400ml/min 到 160～1600ml/min，通径 4～100mm，从 0.016～0.16m³/h 到 200～1000m³/h。

4.3.4　涡轮流量计

涡轮流量传感器与显示仪表配套组成涡轮流量计。涡轮流量计为速度式流量计，是在动量矩守恒原理的基础上设计的。当被测流体流经传感器时，传感器内的叶轮借助于流体的动能而产生旋转，叶轮即周期性地改变磁电感应系统中的磁阻值，使通过线圈的磁通量周期性地发生变化而产生电脉冲信号，经放大器放大后送到相应的流量积算仪表、PLC、DCS 或上位计算机，进行流量或总量的测量。

在测量范围内，流量脉冲信号的频率 f 与流量 Q 呈正比，仪表系数 $K = f/Q$，每台传感器的仪表系数由制造厂填写在检定证书中，K 值设入配套的显示仪表，便可显示瞬时流量。

（1）涡轮流量传感器的结构和工作原理

如图 4-27 所示，涡轮流量传感器的主要组成部分有前、后导流器，涡轮和支承，磁电转换器（包括永久磁和感应线圈），前置放大器。

导流器由导向环（片）及导向座组成。流体在进入涡轮前先经导流器导流，以避免流体的自旋改变流体与涡轮叶片的作用角度，保证仪表的精度。导流器装有摩擦很小的轴承，用以支承涡轮。轴承的合理选用对延长仪表的使用寿命至关重要。涡轮由导磁的不锈钢制成，装有数片螺旋形叶片。当导磁性叶片旋转时，便周期性地改变磁电系统的磁阻值，使通过涡轮上方线圈的磁通量发生周期性变化，因而在线圈内感应出脉冲电信号。在一定流量范围内，导磁性叶片旋转的速度与被测流体的流量呈正比，因此通过脉冲电信号频率的大小得到被测流体的流量。

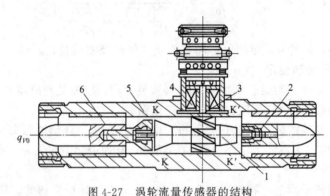

图 4-27　涡轮流量传感器的结构
1—涡轮；2—支承；3—永久磁铁；4—感应线圈；5—壳体；6—导流器

（2）涡轮流量计的特性

流量很小的流体通过流量计时，涡轮并不转动，只有当流量大于某一最小值，能克服起动摩擦力矩时，涡轮才开始转动。

当流量较小时，仪表特性不良。这主要是由于黏性摩擦力矩的影响所致。当流量大于某一数值后，脉冲信号的频率 f 与流量 Q 才近似为线性关系，应该认为这是变送器测量范围的下限。由于轴承寿命和压力损失等条件的限制，涡轮的转速也不能太大，所以测量范围上限也有限制。

涡轮流量计的优点有以下两点。

① 量程范围宽，刻度呈线性，测量精度高。精度可以达到 0.5 级以上，在狭小范围内甚至可达 0.1%，故可作为校验 1.5~2.5 级普通流量计的标准计量仪表。

② 对被测信号的变化反应快。被测介质为水时，涡轮流量计的时间常数一般只有几毫秒到几十毫秒，故特别适用于对脉动流量的测量。

（3）型号及规格说明

以 LWGY-40 型为例，LW 表示涡轮流量传感器，GY 表示远传显示型，Y 表示现场显示型，GB 表示变送器，输出 4~20mA 电流信号，40 表示涡轮流量传感器口径为 Dg40（mm）。该流量计流量测量范围为 2~20m³/h。

（4）涡轮流量计的使用技术问题

① 必须了解被测流体的物理性质、腐蚀性和清洁程度，以便选用合适的涡轮流量计的轴承材料和类型。

② 涡轮流量计的一般工作点最好在仪表测量范围上限数值的 50% 以上，这样，流量稍有波动，不致使工作点移到特性曲线下限以外的区域。

③ 应了解介质密度和黏度及其变化情况，考虑是否有必要对流量计的特性进行修正。

④ 由于涡轮流量计出厂时是在水平安装情况下标定的，所以应用时，必须水平安装，否则会引起仪表常数发生变化。

⑤ 为了确保叶轮正常工作，流体必须洁净，切勿使污物、铁屑、棉纱等进入流量计。因此需在流量计前加装滤网，网孔大小一般为 100 孔/cm²，特殊情况下可选用 400 孔/cm²。这一问题不容易忽视，否则将导致测量精度下降、数据重现性差、使用寿命缩短、叶轮不能自如转动，甚至出现被卡住和被损坏等不良后果。

⑥ 因为流场变化时会使流体旋转，改变流体和涡轮叶片的作用角度，此时，即使流量稳定，涡轮的转数也会改变，所以为了保证变送器性能稳定，除了在其内部设置导流器之外，还必须在变送器前后分别留出长度为管径 15 倍和 5 倍以上的直管段。实验前，若再在变送器前装设流束导直器或整流器，变送器的精度和重现性将会更加提高。

⑦ 被测流体的流动方向须与变送器所标箭头方向一致。

⑧ 感应线圈绝不要轻易转动或移动，否则会引起很大的测量误差，一定要动时，事后必须重新校验。

⑨ 轴承损坏是涡轮运转不好的常见原因之一。轴承和轴的间隙应等于 (2~3)×10⁻²mm，太大时应更换轴承。更换后对流量计必须重新校验。

4.3.5 湿式流量计

该仪器属于容积式流量计。它是实验室常用的一种仪器，主要由圆鼓形壳体、转鼓及传动记数机构所组成，如图 4-28 所示。转鼓是由圆筒及 4 个弯曲形状的叶片所构成。4 个叶片构成 4 个体积相等的小室。鼓的下半部浸没在水中，充水量由水位器指示。气体从背部中间的进气管依次进入小室，并相继由顶部排出，迫使转鼓转动。转动的次数通过齿轮机构由指针或机械计数器计数，也可以将转鼓的转动次数转换为电信号作远传显示。配合秒表计时，可直接测定气体流量。湿式流量计可直接用于测量气体流量，也可用来作为标准仪器检定其他流量计。

湿式气体流量计一般用标准容量瓶进行校准。标准容量瓶的体积为 V_1，湿式流量计体积示值为 V_2，两者之差 ΔV 为

$$\Delta V = V_1 - V_2 \tag{4-21}$$

当流量计指针回转一周时，刻度盘上总体积为 5L，一般配置 1L 容量瓶进行 5 次校准，流量计总体积示值为 $\sum V_2$，则平均校正系数为

$$C = \frac{\sum \Delta V}{\sum \Delta V_2} \tag{4-22}$$

因此，经校准后，湿式流量计的实际体积 V 与流量计示值 V' 的关系为

$$V = V' + CV'$$

湿式气体流量计每个气室的有效体积是由预先注入流量计的水面控制的，所以在使用时必须检查水面是否达到预定的位置。安装时，仪表必须保持水平。

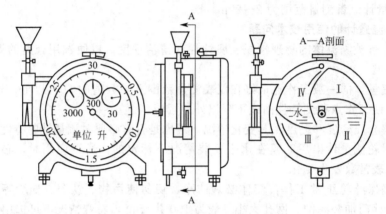

图 4-28　湿式流量计

4.3.6　质量流量的测量

体积流量的测量容易受到工作压强、温度、黏度、组成及相变化等因素的影响，而质量流量的测量可不受诸因素的影响。在实际生产中，由于要对产品进行质量控制、对生产过程中各种物料的混合比例进行测定、成本核算以及对生产过程进行自动调节等，也必须知道质量流量。因此，质量流量测量方法的应用已经越来越普遍。

质量流量的测量原理为

$$w_s = \rho u A \tag{4-23}$$

式中　　ρ——被测流体的密度，kg/m^3；

A——流体的流通截面积（一般为管道的流通截面），m^2；

u——流通截面处的平均流速，m/s。

质量流量的测量主要有两种方式。根据式(4-23)，当管道的流通截面积 A 为常数时，若能够检测出与 ρu 乘积成比例的信号，即可求出流量，这种方式称为间接式或推导式质量流量测量方法；若先由仪表分别检测出密度和速度 u，再将两量相乘作为仪表输出信号，然后由运算仪器运算后输出质量流量的信号，这种方式称为直接式质量流量测量方法。目前，由于结构和元件特性的限制，密度计尚不能在高温、高压下运用，只能采用固定的密度数值乘容积流量。检测出被测流体的温度和压力后，再按一定的数学模型自动换算出相应的密度值，便可以实现质量流量的测量。然而，介质的密度随压力和温度的变化而异，在变动工况下采用固定的密度值将带来较大的质量流量测量误差，故必须进行参数补偿，因而发展了温度和压力补偿式流量测量方法。目前已开发出的直接式质量流量测量方法有多种，如压差式、动量矩式、惯性力式、科里奥利力式和振动式等，每一种形式还有多种结构。下面简要介绍压差式质量流量测量方法。

压差式质量流量测量方法是利用孔板和计量泵组合来实现的，如图 4-29 所示。主管道上安装两个结构和尺寸完全相同的孔板 A 和 B，副管道上安装两个流向相反的计量泵，其中经孔板 A 的流量为 $V_s-V_s^*$，流经孔板 B 的流量为 $V_s+V_s^*$，根据压力式流量测量原理得

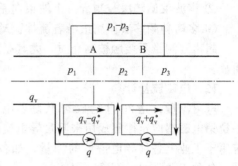

图 4-29　双孔板压差式质量流量计

$$\Delta p_A=k\rho(V_s-V_s^*)^2 \tag{4-24}$$

$$\Delta p_B=k\rho(V_s+V_s^*)^2 \tag{4-25}$$

式中　k——常数；

$\quad\quad\rho$——流体的密度，kg/m^3；

$\quad V_s$——主管道的体积流量，m^3/s；

$\quad V_s^*$——流经计量泵的体积流量，m^3/s。

则
$$\Delta p_A-\Delta p_B=4k\rho V_s V_s^* \tag{4-26}$$

在设计时，使经过计量泵的流量 V_s^* 大于主管道的流量 V_s，当 $p_1<p_2$ 时，$\Delta p_A=p_2-p_1$，当 $p_2>p_3$ 时，$\Delta p_B=p_2-p_3$，代入式(4-26)得

$$p_1-p_3=4k\rho V_s V_s^* \tag{4-27}$$

可见，当计量泵的循环量一定时，孔板 A 和 B 的压差值与流经主管道的流体流量成正比，所以测出孔板前后的压差后，即可求出质量流量。

4.3.7　其他类型的流量计

(1) 超声波流量计

当超声波在流体中传播时会载带流体流速的信息。因此，根据接收到的超声波信号进行分析计算，即可检测到流体的流速，进而可以得到流量值。超声波流量计由超声波换能器、电子线路和流量显示与累积系统 3 部分组成。超声波换能器是采用锆钛酸铅材料制成的压电元件，它利用压电材料的压电效应，采用适当的发射电路，把电能加到发射换能器的压电元件上，使其产生超声波振动，换能器一般是斜置在管壁外侧，通过声导，管道壁将声波射入被测流体。也可将管道开孔，换能器紧贴着管道斜置，换能元件通过透声膜将声波直接射入被测流体。前者是无折射的，后者是有折射的（也称外壁透射式），如图 4-30 所示。

超声波流量计的基本原理可以概括为下面 3 种类型。

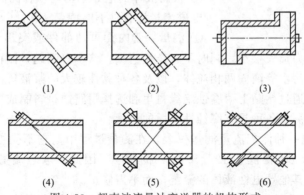

(1)　　　　　　(2)　　　　　　(3)

(4)　　　　　　(5)　　　　　　(6)

图 4-30　超声波流量计变送器的机构形式

(1)(2)(3)为无折射式；(4)(5)(6)为有折射式

① 时差法。测量两个相同声波相对于流体的流速按相反方向传送所产生的时间差。

② 声波束偏转法。测量一个波束向垂直于流体流速方向传送所产生的偏转量。

③ 多诺勒频移法。测量沿着流体流动方向传送的声波和反射的声波之间的频率差。

超声波测量不接触被测介质，尤其是在大管径测量和污水流量测量方面，其优越性尤为明显。

（2）电磁流量计

电磁流量计是 20 世纪 60 年代随着电子技术的发展而产生的新型流量测量仪表。它根据法拉第电磁感应定律制成用来测量导电流体的体积流量。由于其独特的优点，目前已广泛地应用于工业上各种导电液体的测量，如各种酸、碱、盐等腐蚀性液体，各种易燃、易爆介质，各种工业污水、纸浆、泥浆等。

电磁流量计由变送器和转换器两部分组成，被测流体的流量经变送器变换成感应电势，然后再由转换部分将感应电势转换成 $0\sim10\text{mA}$ 统一直流标准信号作为输出，以便进行指示记录。

电磁流量计的基本原理是根据法拉第电磁感应定律，在磁感应强度为 B 的均匀磁场中，垂直于磁场方向放一个内径为 D 的不导磁管道，当导电液体在管道中以流速 u 流动时，导电流体就切割磁力线。如果在管道截面上垂直于磁场的直径两端安装一对电极（如图 4-31 所示），则可证明，只要管道内流速分布为轴对称分布，两电极之间也将产生感应电动势

$$e = BD\bar{u} \tag{4-28}$$

式中，u 为管道截面上的平均流速。

由此可得管道的体积流量为

$$V_s = \frac{\pi D^2}{4}\bar{u} = \frac{\pi D}{4}\frac{e}{B} \tag{4-29}$$

由上式可见，体积流量 V_s 与感应电势 e 和测量管内径 D 成线性关系，与磁场的磁感应强度 B 成反比，与其他物理参数无关，这就是电磁流量计的测量原理，需要说明的是，要使式（4-28）严格成立，必须使测量条件满足下列假定。

① 磁场是均匀分布的恒定磁场。

② 被测流体的流速呈轴对称分布。

③ 被测液体是非磁性的。

④ 被测液体的电导率均匀，各向同性。

电磁流量计有以下的特点。

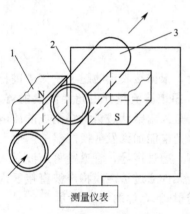

图 4-31 电磁流量计原理
1—磁极；2—电极；3—管道

① 测量导管内无可动部件或突出于管道内部的部件，所以当流体通过时压力损失很小，同时不会产生磨损、堵塞等问题，因而特别适用于测量带有固体颗粒的矿浆，污水等液固两相流体，以及各种黏性较大的浆液等。同样，由于它结构上无运动部件，故可通过粘贴上耐腐蚀绝缘衬里和选择耐腐蚀材料制成电极，起到很好的耐腐蚀性能，使之可以测量各种具有腐蚀性介质的流量。

② 电磁流量计是一种体积流量测量仪表，在测量过程中，它不受被测介质的温度、黏度、密度以及电导率（不得低于 10^{-5}S/cm）的影响。因此，电磁流量计只需用水标定以后，就可以用来测量其他导电性液体的流量，而不需修正。

③ 电磁流量计的量程范围很宽，同一台电磁流量计的量程比可达 1:100。此外，电磁流量计只与被测介质的平均流速成正比，而与保证轴对称分布下的流动状态（层流，湍流）无关。它的测量口径可以从 1mm 到 2m 以上。

④ 电磁流量计无机械惯性，反应灵敏，可以测量瞬间脉动流量，而且线性好，因此，可以将测量信号直接用转换器线性地转换成标准信号输出，可就地指示，也可远距离传递。

电磁流量计也存在如下不足之处，在使用上应引起注意。

① 不能用于测量气体、蒸汽及含有大量气体的液体及石油制品或者有机溶剂等。

② 由于测量管内有绝缘材料衬里，受温度的限制，所以不能测量高温高压流体。

③ 电磁流量计受流速分布影响，在轴对称分布的条件下，流量信号与平均流速成正比。所以，电磁流量计前后必须有一定长度的前后直管段。

④ 电磁流量计易受外界电磁干扰的影响。

合理选用和正确安装电磁流量计，对保证测量的准确度，延长仪表的使用寿命都是很重要的，选用和安装时应注意以下问题。

① 口径与量程的选择。变送器口径通常选用与管道系统相同的口径，对于电磁流量计来讲，流速以 $2 \sim 4 m/s$ 为宜。在特殊情况下，如流体中含有固体颗粒，考虑到磨损情况，可选用流速小于或等于 $3 m/s$；对于易黏附管壁的流体，可选用流速大于或等于 $2 m/s$。变送器的量程可以根据两条原则来选择：一是仪表满量程大于预计的最大流量值；二是正常流量大于仪表满量程的 50%，以保证一定的测量精度。

② 温度和压力的选择。电磁流量计能测量的流体压力与温度是有一定限制的，选用时，使用压力必须低于该流量计规定的工作压力。目前，国内生产的电磁流量计的工作压力规格为：小于 $\Phi 50 mm$ 口径，工作压力为 $1.6 MPa$；$\Phi 80 \sim 900 mm$ 口径，工作压力为 $1.0 MPa$；大于 $\Phi 1000 mm$ 口径，工作压力为 $0.6 MPa$。电磁流量计的工作温度取决于所用的衬里材料，一般为 $5 \sim 70℃$，如做特殊处理可以超过上述范围。

③ 内衬材料与电极材料的选择。变送器的内衬材料和电极材料必须根据介质的物理化学性质来正确选择，否则仪表会由于衬里和电极的腐蚀而很快损坏。

④ 变送器的安装应是室内通风干燥的地方，避免环境温度过高。不应有强大的振动，应尽量避开具有强烈磁场的设备，避免安装在有腐蚀性气体的场合。

⑤ 测量导管内必须充满液体，变送器最好垂直安装，尤其是液固两相的流体，若现场只允许水平安装，则必须保证两电极在同一水平面。

⑥ 电磁流量计的输出信号比较微弱，在满量程时只有 $2.5 \sim 8.0 mV$，流量很小时，输出仅几微伏，外界略有干扰就会影响测量精度。因此，变送器的外壳、屏蔽线、测量导管以及变送器两端的管道都必须独立接地。转换部分已通过电缆线接地，切勿再行接地，以免因地电位的不同而引入干扰。

⑦ 为了避免干扰信号，变送器和转换器之间的信号必须用屏蔽导线传输，不允许把信号电缆和电源线平行放在同一电缆钢管内。

⑧ 变送器与二次仪表必须使用电源中的同一相线，否则由于检测信号和反馈信号相位差 $120°$，会使仪表工作异常。另外，如果变送器因长时间使用导管内沉积垢层，也会影响测量精度。

4.3.8　流量计的校验和标定

能够正确地使用流量计，才能得到准确的流量测量值。应该充分了解该流量计构造和特性，采用与其相适应的方法进行测量，同时还要注意使用中的维护、管理。每隔适当的时间要标定一次。当遇到下述几种情况，均应考虑需对流量计进行标定。

① 使用长时间放置的流量计。

② 要进行高精度测量时。

③ 对测量值产生怀疑时。

④ 当被测流体特性不符合流量计标定用的流体特性时。

标定液体流量计的方法可按校验装置中的标准器的形式分为：容器式、称重式、标准体积管式和标准流量计式等。

标定气体流量计和标定液体流量计一样有各种注意事项。但标定气体流量计时需特别注意测量流过被标定流量计和标准器的实验气体的温度、压力、湿度，另外对实验气体的特性必须在实验之前了解清楚。例如，气体是否溶于水，在温度、压力的作用下其性质是否会发生变化。按使用的标准容器形式来划分，校验方式有容器式、音速喷嘴式、肥皂膜实验器式、标准流量计式、湿式流量计等几种方式。

4.4　温度的测量

4.4.1　概述

化工生产和科学实验中，温度是需要测量和控制的重要参数之一。通常通过不同的仪表实现对指定点温度的测量或控制，以确定流体的物性，推算物流的组成，确定相平衡数据及过程速率等。总之，温度测量和控制在化工生产和实验中占有重要地位。根据测温原理的不同，可对各种测温仪表进行分类，见表 4-2。

表 4-2　各种测温仪表的分类及使用温度

	热膨胀式温度计	液体膨胀式($-80\sim500$℃)
接触式:利用感温元件与待测物体或介质接触后,在足够长时间内达到热平衡、温度相等的特性,从而实现对物体或介质温度的测定		固体膨胀式($-80\sim600$℃)
	压力表式温度计	充液体型($-50\sim500$℃)
		充气体型($-100\sim500$℃)
		充蒸气型($-20\sim300$℃)
	热电偶	铂铑-铂(LB)热电偶($-20\sim1400$℃)
		镍铬-考铜(EA)热电偶($0\sim600$℃)
		镍铬-镍硅(EU)热电偶($0\sim1200$℃)
		铜-康铜(CK)热电偶($-100\sim370$℃)
	热电阻	特殊热电偶
		铂热电阻($-260\sim630$℃)
		铜热电阻(150℃以下)
		镍热电阻
		半导体热敏电阻(350℃以下)
非接触式:利用热辐射原理,测量仪表的感温元件不与被测物体或介质接触,常用于测量运动物体、热容量小或特高温度的场合		光学高温计($700\sim2000$℃)
		光电高温计
		比色高温计
		全辐射测温仪($100\sim2000$℃)

4.4.2　各种温度计的选择和使用原则

在选择和使用温度计时，必须考虑以下几点。

① 测量范围和精度要求。

② 被测物体的温度是否需要指示、记录和自动控制。

③ 感温元件尺寸是否会破坏被测物体的温度场。

④ 被测温度不断变化时，感温元件的滞后性能是否符合测温要求。

⑤ 被测物体和环境条件对感温元件有无损害。

⑥ 使用接触式温度计时，感温元件必须与被测物体接触良好，且与周围环境无热交换，否则温度计显示的只是"感受"到的而非真实温度。

⑦ 感温元件需要插入被测物体一定深度，在气体介质中，金属保护管插入深度为保护管直径的 $10\sim20$ 倍，非金属保护管插入深度为保护管直径的 $10\sim15$ 倍。

4.4.3 温度计的标定

温度计标定问题容易被忽视，从而造成较大的测量误差，所以要注意以下几点。

① 应注意温度计所感受的温度与温度计读数之间的关系。由于仪表材料性能不同及仪表等级问题，每支温度计的精确度都不相同。另外，若随意选用一个热电偶，借用资料上同类热电偶的热电势—温度关系来确定温度的测量值，也会带来较大误差。

② 确定温度计感受温度—仪表读数关系的唯一办法是进行实验标定。

③ 注意温度计标定所确定的是温度计感受温度和仪表读数之间的关系，这种关系与温度计实际要测量的待测温度—仪表读数之间的关系常常不同。原因是待测温度与温度计感受温度往往不相等。因此，为了提高温度测量的精确度，不仅要对温度计进行标定，而且要正确安装和使用温度计，两者缺一不可。

4.4.4 热膨胀式温度计

(1) 玻璃管温度计

玻璃管温度计是最常用的一种测定温度的仪器，目前实验室用得最多的是水银温度计和有机液体（如乙醇）温度计。水银温度计测量范围广、刻度均匀、读数准确，但破损后会造成汞污染。有机液体（乙醇、苯等）温度计着色后读数明显，但由于膨胀系数随温度变化，故刻度不均匀，读数误差较大。玻璃管温度计又分为棒式、内标式、电接点式三种形式，见表 4-3。

在玻璃管温度计安装和使用方面，要注意以下几点。

① 安装在没有大的震动、不易受到碰撞的设备上。特别是对有机液体玻璃温度计，如果震动很大，容易使液柱中断。

② 玻璃温度计感温泡中心应处于温度变化最敏感处（如管道中流速最大处）。

③ 玻璃温度计应安装在便于读数的场合，不能倒装，也尽量不要倾斜安装。

④ 为了减小读数误差，应在玻璃温度计保护管中加入甘油、变压器油等，以排除空气等不良热导体。

⑤ 水银温度计按凸面最高点读数，有机液体温度计则按凹面最低点读数。

⑥ 为了准确测定温度，需要将玻璃管温度计的指示液柱全部没入待测物体中。

玻璃管温度计在进行温度精确测量时需要校正，方法有两种：与标准温度计在同一状况下比较；利用纯物质相变点如冰-水-水蒸气系统校正。在实验室中将被校温度计与标准温度计一同插入恒温槽中，待恒温槽温度稳定后，比较被校温度计和标准温度计的示值。如果没有标准温度计，也可使用冰-水-水蒸气的相变温度来校正温度计。

表 4-3 常用的玻璃管温度计

	棒　式	内标式	电接点式
用途规格	实验室最常用，直径 $d=6\sim8$mm，长度 $l=250$mm，280mm，300mm，420mm，480mm	工业上常用，$d_1=18$mm，$d_2=9$mm，$l_1=220$mm，$l_2=130$mm，$l_3=60\sim2000$mm	用于控制、报警等，实验室恒温槽上常用，分固定接点和可调接点两种

棒 式	内标式	电接点式

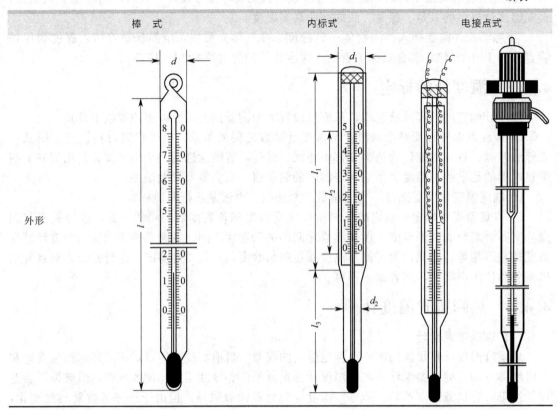

外形

（2）双金属温度计

双金属温度计是一种固体膨胀式温度计，结构简单、牢固，可部分取代水银温度计，用于气体、液体及蒸气的温度测量。它是由两种膨胀系数不同的金属薄片叠焊在一起制成的，将双金属片一端固定，如果温度变化，则因两种金属片的膨胀系数不同而产生弯曲变形，弯曲的程度与温度变化大小成正比。

常用双金属温度计的结构如图 4-32 所示，分为两种类型：一种是轴向型，其刻度盘平面与保护管成垂直方向连接；另一种是径向型，刻度盘平面与保护管成水平方向连接。可根据操作中安装条件及观察方便性来选择轴向或径向结构。双金属温度计还可以做成带上、下限接点的电接点双金属温度计，当温度达到给定值时，电接点闭合，可以发出电信号，实现温度的控制或报警功能。

目前国产的双金属温度计测量范围是 $-80 \sim 600℃$，准确度等级为 1 级、1.5 级、2.5 级，使用工作环境温度为 $-40 \sim 60℃$。

（3）热电偶温度计

热电偶是由两根不同的导体或半导体材料连接成闭合回路，如图 4-33 所示。

T 为工作端（测量端或热端），T_0 为自由端（参比端或冷端）。若热电偶的两端处在不同的温度，则在热电偶的回路中便会产生热电势。若保持热电偶的冷端温度 T_0 不变，则热电势 E 便只与 T（热端温度）有关，也就是在热电偶材料已定的情况下，它的热电势 E 只是被测温度 T 的函数，即

$$E_{AB}(T, T_0) = f(T) - f(T_0) \qquad (4\text{-}30)$$

当 T_0 保持不变，为某一常数时，则

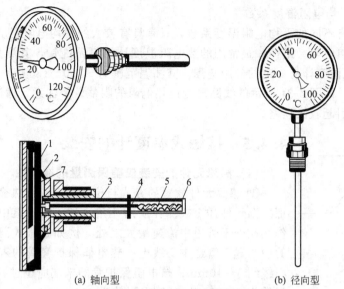

(a) 轴向型　　　　　(b) 径向型

图 4-32　双金属温度计结构图

1—指针；2—表壳；3—金属保护管；4—指针轴；5—双金属感温元件；6—固定端；7—刻度盘

$$E_{AB}(T,T_0)=f(T)-C=\varphi(T) \qquad (4\text{-}31)$$

与热电偶配套的显示仪表：动圈表和电位差计，属于第一代仪表（指针式）；数字毫伏表，属于第二代仪表（数字式）；温度变送器（智能温度显示仪表），是近年来随着计算机发展而出现的智能仪表。显示仪表要求输入量为毫伏信号，因此当热电偶测温时，它与仪表的测量线路可直接相连，而不需附加变换装置。热电偶的焊接采用气焊或电弧焊。

热电偶的校验方法是：将被校的几对热电偶与标准水银温度计拴在一起，尽量使它们接近，放在液浴（100℃以下用水浴，100℃以上用油浴）中升温。恒定后，用测高仪精确读出温度计数值。各对热电偶通过切换开关接至电位差计（高精度），热电偶使用一个公共冷端，并置于冰水共存的保温瓶中，读取毫伏数值。每个校验点温度的读数多于 4 次，然后取热电偶的

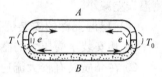

图 4-33　热电偶回路

电势读数的平均值，画出热电偶分度表。根据毫伏数值便可在表中查出相应的温度值。

（4）热电阻温度计

在测温领域，除了热电偶温度计以外，常用的还有热电阻温度计。热电阻温度计是利用随着温度的变化，测温元件的电阻值发生变化，通过检测电阻值的大小来测定温的。在工业生产中，在 $-120\sim500$℃ 范围内的温度测量常常使用热电阻温度计。在特殊情况下，热电阻温度计测量温度的下限可达 -270℃，上限可达 1000℃。

热电阻温度计的突出优点是：

① 测量精度高。630℃ 以下的温度利用铂电阻温度计作为基准温度计。

② 灵敏度高。在 500℃ 以下用电阻温度计测量较之用热电偶测量时信号大，因而容易测量准确。

纯金属及多数合金的电阻率随温度升高而增加，即具有正的温度系数。在一定温度范围内，电阻-温度关系是线性的。若已知金属导体在温度 0℃ 时的电阻为 R_0，则温度 t 时的电阻为

$$R=R_0+\alpha R_0 t \qquad (4\text{-}32)$$

式中，α 为平均电阻温度系数。

各种金属具有不同的平均电阻温度系数，只有具有较大的平均电阻温度系数的金属才有可能作为测温用热电阻。最佳和最常用的热电阻温度计材料是纯铂，其测量范围为$-200\sim500℃$。铜丝电阻温度计有一定的应用范围，其测温范围为$-150\sim180℃$。

常用三线制，即图4-34所示的线路来测量热电阻的阻值。要注意，通过 R_t 的电流要加以限制，否则会引起较大误差。

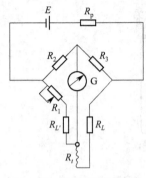

图4-34 三线制连接线路

4.4.5 接触式温度计的安装

(1) 感温元件的安装应确保测量的准确性

① 感温元件放置的方式与位置应有利于热交换的进行，不应把感温元件插至被测介质的死角区域。在管道中，感温元件的工作端应处于管道中流速最大之处。例如膨胀式温度计应使测温点的中心置于管道中心线上；热电偶保护套管的末端应越过流束中心线约$5\sim10mm$；热电阻保护管的末端应越过流束中心线，铂电阻约为$50\sim70mm$，铜电阻约为$25\sim30mm$。

② 感温元件应与被测介质形成逆流，即安装时感温元件应迎着介质流向插入，至少需与被测介质向成$90°$角。不能与被测介质形成顺流，否则易产生测量误差。

③ 避免热辐射所产生的测温误差。在温度较高的场合，应尽量减少被测介质与管（设备）壁表面之间的温度差。在安装感温元件的地方，应在器壁表面包一层绝热层，以减少热量损失，提高器壁温度。

④ 避免感温元件外露部分的热损失所产生的测温误差。随着感温元件插入深度的增加，测温误差减小。

(2) 感温元件的安装位置

① 凡安装承受压力的感温元件，都必须保证其密封性。

② 在介质具有较大流速的管道中，安装感温元件时必须倾斜安装，以免受到过大的冲蚀，最好能把感温元件安装于管道的弯曲处。

4.5 液位测量

4.5.1 液体检测技术的基本概念

物位测量包括液位测量和料位测量。液位测量是其中最重要的部分，是一门测量气-液、液-液或液-固分界面位置的测量技术。它包括对测量对象（被测介质及容器、环境条件）、测量方法和测量仪表的研究。

对被测介质的研究，主要是要了解它的电导率、密度、介电常数、声速、声阻抗、黏度、透光性能、表面张力系数、流动情况以及液体表面的一些特性。还要研究被测对象的工况，如压力、温度、湿度及其变化情况、辐照情况、腐蚀情况、液体容器的几何形状和液体的相对位置及变化规律等。

液位检测包括液位、液位差、相界面的连续测量，定点信号报警、控制，多点测量以及液位巡回检测等方面的技术。液位检测技术是基于液位敏感元件在液位发生变化时，把相应的能够表示液位变化且易于检测的物理量变化值检测出来。这个物理量可能是电量参数或机械位移，也可能是诸如声速、能量衰减变化、静压力的变化等。再把这些电量的或非电量的物理量变化值采用相应的、最简便可靠的信号处理手段转换成能够用来显示的信号。

当被测液体的液位发生变化时，与之相关的物理参数将要发生一定程度的变化。但是，由于液体的性质及其容器的特性不同，各物理参数的变化程度将有所不同。例如：有的参数变化明显；有的变化不太明显，甚至看不出有什么变化。因此，需要选用最合适的、能够获得最大信号量的物理参数作为液位测量仪表的检测信号，并根据被测液体和测量对象不同采用不同的测量方法。

4.5.2　液位测量方法

根据所选液位敏感元件的不同，可以有很多种液位测量方法，主要分为直接液位测量法和间接液位测量法。直接液位测量法是以直观的方法检测液位的变化情况，虽所用器具结构简单，但方法原始，不能满足工业自动化的要求。因此，间接液位测量法得到了广泛的应用。按照液位敏感元件与被测液体的接触形式又可以分为接触测量和非接触测量两大类。用目测的方法观察液位的变化，例如常见的玻璃管或玻璃板式液位计，以及利用热变色物质制作的变色玻璃管（板）液位计，都属于直接测量法。间接液位测量法是通过测量与液位变化有关的物理参数的变化值来实现液位高度的测量。它能够远传，便于显示和记录，可以实现巡回检测和计算机技术，因而成为工业自动化不可缺少的检测技术。

间接测量法分接触测量和非接触测量两大类。接触测量的特征是仪表的液位敏感元件直接与被测液体接触，其结构有杆式、绳索式、跟踪式、浮沉式、电容式、电阻式、电感式等液位测量仪表。这类仪表的特点是传感器与被测液体接触的测量部件较大较长，或者带有可动部件、容易被液体玷污或粘住，尤其对于杆式结构来说还需要有较大的安装空间，给液位计的安装和检修带来了一定的困难。

非接触测量是借助于超声波、γ 射线、微波、激光等新技术发展起来的液位测量技术，尽管尚存在线路复杂、售价较贵等缺点，但是出于传感器结构简单、安装方便、无可动部件和适用于特殊条件下的液位测量，特别适用于冶金、化工、原子能等工业中带有强酸、强碱、强腐蚀、强辐照条件下的液位测量，因而近年来得到了迅速发展。

随着我国工业自动化规模的不断扩大，新的检测对象不断增多，工艺过程控制回路日益复杂。尤其国防、科研事业的迅速发展，要求研制特殊条件下的液位仪表，如脉冲振幅液位、沥青液位、钢水液位、液位差、相界面、高精密度液位以及在低温、高温、高压条件下的液位测量。特殊条件下的液位仪表不仅要求稳定可靠、精确度高，还要求能够进行多点测量。

液位是设备或容器内液体储量多少的度量，实验室中常用的有直读式液位计、压差式液位计、浮力式液位计、电容式液位计等。

4.5.3　直读式液位计

直读式液位计包括玻璃管式液位计和玻璃板式液位计，其结构见图 4-35 和图 4-36。

直读式液位计测量原理是利用仪表和被测容器气相、液相直接连接后，液相压力平衡来直接读取容器中的液位，见图 4-37。

液位平衡时

$$h_1\rho_1 g = h_2\rho_2 g \tag{4-33}$$

当 $\rho_1 = \rho_2$ 时，有 $h_1 = h_2$。

4.5.4 压差式液位计

压差式液位计测量液位装置见图 4-38，原理是静力学基本方程，压差计两边的压差为

$$\Delta p = p_2 - p_1 = h\rho g$$

则

$$h = \frac{\Delta p}{\rho g} \tag{4-34}$$

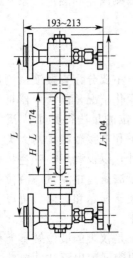

图 4-35　UGS 型玻璃
管式液位计外形尺寸图

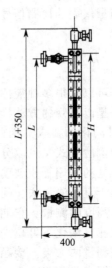

图 4-36　WB 型玻璃板
式液位计外形尺寸图

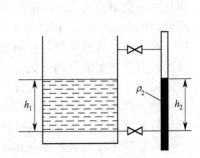

图 4-37　直读式液位计
原理图

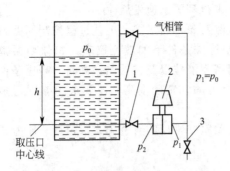

图 4-38　压差式液位计测量原理图
1—切断阀；2—压差仪表；3—气相管排液阀

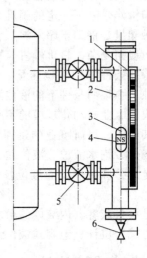

图 4-39　磁性翻板浮子液位计结构与安装图
1—翻板标尺；2—浮子室；3—浮子；
4—磁钢；5—绝缘套；6—流通小孔

4.5.5 浮力式液位计

浮力式液位计可分为浮子式液位计和浮筒式液位计，此类液位计是根据物体在液体中受到浮力的原理实现液位测量的。

应用浮子式液位计测量液位时，浮子随液面的上下而升降，始终漂浮在液体表面，浮子的位置直接指示液面。浮筒式液位计的浮筒浸在液体中的部分随液面的升降而变化，一般情况下，在最高液位时，浮筒全部浸没在液体中，随液位下降，浮筒浸没部分也相应减小，由此指示容器中的液位。

图 4-39 为带有磁性翻板的浮子液位计安装示意图，浮子室中放置磁性的浮子，翻板标尺紧贴着浮子室安装。当液位上升或下降时，浮子也随之升降，翻板指示标尺中的翻板受浮子磁性吸引而翻转并显示红色，未翻转部分显示绿色，红绿分界之处即为液面。

4.5.6 电容式液位计

电容式液位计由测量电极、前置放大单元及指示仪表组成。

图 4-40 表示电极与被测容器之间所形成的等效电容，C_0 为电极安装后空罐时的电容值[式(4-35)]，$\Delta C_L + C_0$ 为某液位时的电容值[式(4-36)]。只要测得由液位升高而增加的电容值 ΔC_L[式(4-37)]，就可测得罐中的液位。

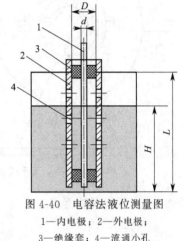

图 4-40 电容法液位测量图
1—内电极；2—外电极；
3—绝缘套；4—流通小孔

$$C_0 = \frac{2\pi\varepsilon_0 L}{\ln(D/d)} \tag{4-35}$$

$$C_0 + \Delta C_L = \frac{2\pi\varepsilon_0 (L-H)}{\ln(D/d)} + \frac{2\pi\varepsilon H}{\ln(D/d)} \tag{4-36}$$

$$\Delta C_L = \frac{2\pi(\varepsilon - \varepsilon_0)H}{\ln(D/d)} \tag{4-37}$$

另外报警回路可设定高低液位的报警值，调整电路调节仪表零位。

4.6 功率的测量

化工实验中，许多设备的功率在操作过程中是变化的，时常需要测定功率与某个参数的变化关系（如离心泵性能测定）。测定功率仪器的方法有：马达-天平式测功器，应变电阻式转矩仪，功率表测功法。

4.6.1 马达-天平式测功器

马达-天平式测功器是常用的测功方法之一，具有使用可靠且准确的优点。

装置的结构见图 4-41，在电动机外壳两端加装轴承，使外壳能自动转动，外壳连接测功臂和平衡锤，后者用以调整零位。其测量原理是，电机带动水泵旋转时，反作用力会使外壳反向旋转，反向转矩大小与方向转矩相同，若在测功臂上加上适当的砝码，可保持外壳不旋转，此时，所加的砝码重量乘以测功臂长度就是电机的输出转矩。电机输出功率为：

$$N = \frac{2\tau_1}{60}Mn = 0.1047Mn \tag{4-38}$$

$$M = WLg$$
$$N = 0.1047WLgn \tag{4-39}$$

式中 W——砝码质量，kg；
$\quad\quad L$——测功臂长度，m；
$\quad\quad M$——转矩，N·m；

g——重力加速度，$9.8 \mathrm{m/s^2}$；

n——转速，转/分。

4.6.2　应变电阻式转矩仪

应变电阻式转矩仪的测量原理是，电机带动水泵转动时，在空心轴的外表面与轴的母线成 45°的方向产生应力，应力的大小与电机功率相对应，因此在这个位置（共 4 处）上贴上电阻应变片，其中一对应变片 R_1、R_3[见图 4-42(a)]承受最大拉力，而另一对应变片承受最大压缩力，使电阻应变片阻值发生相应的变化，四片电阻应变片组成电桥见图 4-42(b)。电阻变化的值是 W_2、W_4 耦合输出，经放大和检波后得到输出值。

与马达—天平测功器相比，应变电阻式转矩仪的优点是无需增减砝码的操作，且能自动记录，但测试路复杂，所用仪表较多，易出故障，准确度受仪表精度限制，

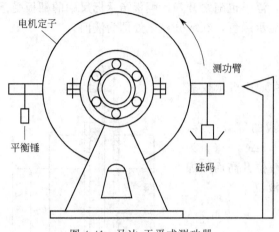

图 4-41　马达-天平式测功器

不如马达-天平测功器高。

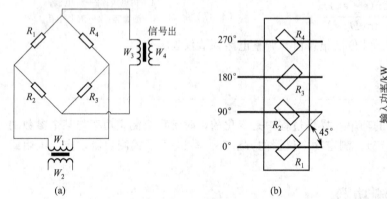

(a)

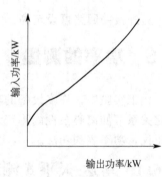

(b)

图 4-42　转矩传感器与电阻应变片　　　　　图 4-43　功率特性曲线

4.6.3　功率表测功法

该方法是用功率表直接测量电机的输入电功率，然后利用电机输入—输出功率特性曲线图 4-43 求出电机的输出功率。对于用轴与电机直接连接的泵，电机输出功率与泵轴功率基本相等。图 4-43 的电机功率特性曲线应事先用实验做出。

4.7　阿贝折光仪

阿贝折光仪可测定透明、半透明的液体或固体的折射率，使用时配以恒温水浴，其测量温度范围为 0～70℃。折射率是物质的重要光学性质之一，通常能借其了解物质的光学性能、纯度或浓度等参数，故阿贝折光仪现已广泛应用于化工、制药、轻工和食品等相关企

业、院校和科研机构。

4.7.1 工作原理与结构

阿贝折光仪的基本原理为折射定律（见图4-44）。

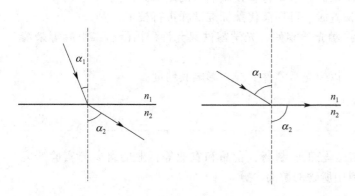

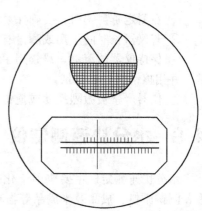

图4-44 折射定律示意

图4-45 折射仪视场示意

$$n_1\sin\alpha_1 = n_2\sin\alpha_2 \tag{4-40}$$

式中，n_1，n_2 分别为相界面两侧介质的折射率；α_1，α_2 分别为入射角和折射角。

若光线从光密介质进入光疏介质，则入射角小于折射角，改变入射角度，可使折射角达90°，此时的入射角被称为临界角，本仪器测定折射率就是基于测定临界角的原理。如果用视镜观察光线，可以看到视场被分为明暗两部分（见图4-45），两者之间有明显的分界线，明暗分界处即为临界角位置。

阿贝折光仪根据其读数方式大致可以分为单目镜式、双目镜式及数字式三类。虽然读数方式存在差异，但其原理及光学结构基本相同，以下仅以单目镜式为例加以说明，其结构如图4-46所示。

4.7.2 使用方法

① 恒温。将阿贝折光仪置于光线充足的位置，并用软橡胶管将其与恒温水浴连接，然后开启恒温水浴，调节到所需的测量温度，待恒温水浴的温度稳定5min后，即可开始使用。

② 加样。将辅助棱镜打开，用擦镜纸将镜面擦干后，闭合棱镜，用注射器将侍测液体从加样孔中注入，锁紧锁钮，使液层均匀，充满视场。

③ 对光和调整。转动手柄，使刻度盘的示值为最小，调节反射镜，使测量视镜中的视场最亮，再调节目镜，至准丝清晰。转动手柄，直至观察到视场中

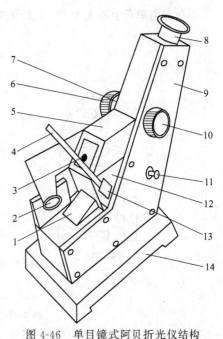

图4-46 单目镜式阿贝折光仪结构
1—反射镜；2—转轴；3—遮光板；4—温度
计；5—进光棱镜座；6—色散调节手轮；
7—色散值刻度盘；8—目镜；9—盖板；
10—锁紧轮；11—聚光灯；12—折射棱镜座；
13—温度计座；14—底座

的明暗界线，此时若交界处出现彩色光带，则应调节消色散手柄，使视场内呈现清晰的明暗界线。将交界线对准准丝交点，此时，从视镜中读得的数据即为折射率。

④ 整理。测量结束时，先将恒温水浴电源切断，然后将棱镜表面擦干净。如果长时间不用，应卸掉橡胶管，放净保温套中的循环水，将阿贝折光仪放到仪器箱中存放。

4.7.3 注意事项

① 在测定折射率时，要确保系统恒温，否则将直接影响所测结果。
② 若仪器长时间不用或测量有偏差时，可用溴代萘标准试样进行校正。
③ 保持仪器的清洁，严禁用手接触光学零件，光学零件只允许用丙酮、二甲醚等来清洗，并用擦镜纸轻轻擦拭。
④ 仪器严禁被激烈振动或撞击，以免光学零件受损，影响其精度。

4.8 水分快速测定仪

水分快速测定仪主要应用于化工、轻工、制药、食品和农业等行业的科研与实验研究中，测试原料、成品及半成品等物料中所含的游离水分。

4.8.1 工作原理与结构

水分快速测定仪是根据称重法和烘箱法原理设计而成，将物料在干燥前、后的质量进行比较，得到物料中所含游离水分的质量与百分数。

本仪器由单盘上皿式天平、红外干燥箱及电器控温三部分组成，其结构示意如图 4-47 所示。

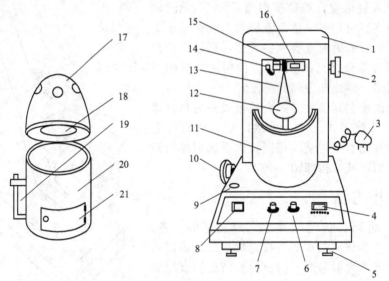

图 4-47　水分快速测定仪结构示意

1—上盖板；2—零位微调旋钮；3—电源插头；4—投影屏；5—垫脚；6—控温旋钮；
7—定时旋钮；8—电源开关；9—水准器；10—天平开关旋钮；11—下盖板；12—天平盘；
13—指针；14—光源灯；15—微分标尺；16—物镜筒；17 —红外线灯盖；
18—红外线灯；19 —温度计；20—干燥箱；21—干燥箱盖板

4.8.2 使用方法与校验

(1) 仪器校验

在使用该仪器之前，首先要检查光学投影屏是否正常工作，并校正仪器测量的零位与分度值，其具体方法如下。

① 光学投影的调整。在托盘上放入适当质量（9～10g）的物料后，开启天平，此时，投影屏中就会有刻度显示，若显示亮度偏低，可调节电源灯的位置，使其对准聚光镜和物镜的光轴线；若显示刻度模糊，则可缓慢调节物镜筒的位置，使刻度线清晰地显示在投影屏上；若刻度线偏离投影屏中央位置，则需调节三棱镜的紧固螺丝，使三棱镜的角度处于正确位置，即可纠正刻度线的偏离。

② 零位的校正。投影屏上刻度线清晰后，在加码盘上加 10g 标准砝码，然后开启天平，若微分标尺上的"00"位线与投影屏基准线不重合时，可调节零位微调旋钮，如其调节幅度不能满足时，可旋动天平横梁前端的小平衡母或后端的大平衡母（在一般情况下，不要调节大平衡母）来调节零位刻度。

③ 分度值的校正。零位校正完毕后，在加码盘上加 9g 标准砝码，然后开启天平，投影屏的基准线应与刻度线上的"100"对齐，其误差不应大于±5mg（1 小格）。若超出允许误差，可旋动横梁下端的重心砣。

注意：旋动平衡母与重心砣时，需切断天平电源，并将横梁扶稳，以免因横梁移动而损坏刀刃。

（2）试样的称量

在天平微分标尺垂直方向的右侧有一组 0～100 的量值，共有 200 个分度（小格），分度值为 0.05g，合计为 1g，用于取样在 10g 以下的试样质量的测定。当所取试样在 9～10g 的范围内，读取其分度值后，用 10g 减去所读值，即为试样质量；若所取试样少于 9g，则需先补充适当质量的砝码，再进行测量，计算物料质量时，再相应地减去砝码的质量。注意，物料质量的测量应在常温下进行。

（3）干燥处理

记录完毕物料的初始质量 m_1 以后，即可进行干燥。此时，最好先开启红外灯将干燥室内预热调零，然后再将物料放入，以免因天平横梁受热膨胀而改变天平零位，产生误差。

天平经预热调零后，取下砝码，放入待测试样，开启红外灯，对试样进行加热，此时投影屏上的示值将会随干燥过程的进行而变化（加热时亦可关闭天平，干燥完毕再开启读数），若样品的含水量大于 1g 时，应关闭天平，添加 1g 标准砝码后，继续测试。待干燥过程结束后，读取试样的质量 m_2，并求出样品的干基含水率 X。

$$X = \frac{m_1 - m_2}{m_2} \times 100\%$$
(4-41)

如果试样在加热很长时间后仍达不到恒重点，一般有以下两种可能。

① 试样表面温度过低，水分蒸发缓慢。

② 试样表面温度过高，本身发生分解。

因此，试样的干燥温度是正确测定的关键，其温度可由温度调节旋钮调整，在温度计上显示其值。

4.8.3 注意事项

① 在干燥过程中，干燥室内温度较高，故试样中不能含有易挥发、易燃的有机物料及溶剂，以免发生危险。

② 在装卸试样及砝码时，必须关闭天平，以免损坏横梁上的刀刃。

③ 仪器应保持清洁，避免灰尘及棉毛纤维黏附在天平上，以免影响其准确性。

④ 若光学零件上有灰尘时，应先用软毛刷刷去灰尘，再用擦镜纸擦拭，严禁用手触摸光学零件。

4.9 计算机数据采集与控制

4.9.1 概述

现代科学技术领域中，计算机技术和自动化技术被认为是发展最迅速的两个分支，计算机控制技术是这两个分支相结合的产物，这是工业自动化的重要支柱。新的化工原理实验改变传统的手工操作，采用计算机数据在线采集和自动控制系统，使之更接近现代化工生产过程。

在化工原理实验中，采用计算机数据在线采集和自动控制系统，一般包括自动检测、自动保护和自动控制等方面的内容。例如自动控制系统能自动地排除各种干扰因素对工艺参数的影响，使它们始终保持在预先规定的数值上，保证实验维持在最佳或正常的工艺操作状态。

一个完整的计算机数据在线采集和自动控制系统由硬件和软件组成。硬件一般包括计算机、标准外部设备、输入输出通道、接口、运行操作台、被控对象等，它的核心是 CPU。CPU 与存储器和输入/输出电路部件的连接需要一个接口来实现。前者称为存储器接口，后者称为 I/O 接口。存储器通常是在 CPU 的同步控制下工作的，其接口电路及相应的控制比较简单；而计算机与外界的各种联系与控制均是通过 I/O 接口来实现的，I/O 设备品种繁多，其相应的 I/O 电路也各不相同，以实现各类信息和命令的顺利传送。软件通常分为系统软件和应用软件两大部分。系统软件一般由计算机生产厂家提供，有一定的通用性。应用软件是为执行具体任务而编制的，一般由用户自行建立，至于使用哪一种语言来编制程序，取决于整个系统的要求和软件配制情况。

4.9.2 计算机数据采集与控制的原理及构成

在被测对象上安装一传感器或变送器，通过传感器或变送器可以获取参数信号，这些信号经过转换之后就成为标准的电信号，通过这些信号可以识别、分析并控制该系统。但计算机处理的是数字量，因此需要对模拟信号进行采样、保持、模/数（A/D）转换为数字量，然后用计算机对这些已经离散并量化的数字信号进行采集和处理。当需要控制时，还要将由计算机发出的数字（D）信号转化为模拟量（A）输出，即 D/A 转换，转换后的模拟量经过执行器，就可对被测对象进行控制。图 4-48 为该过程的框图。

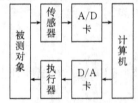

图 4-48 计算机采集控制框图

（1）采集和控制系统各部件的主要功能

① 传感器。用来将压力、流量、温度等参数转换为一定的便于传送的信号（例如电信号或气压信号）的仪表通常称为传感器。当传感器的输出为单元组合仪表中规定的标准信号时，通常称为变送器。

② A/D 转换卡。A/D 转换卡又称 A/D 接口板，通常是以 A/D 芯片为中心，配上各种辅助电路。一般由 A/D 转换器、多路转换开关、平衡桥式放大器、采样保持电路、逻辑控制及供电等组成。主要部件功能概述如下。

A/D 转换器是将模拟电压或电流转换成数字量的元件，是模拟系统和数字设备或计算机之间的接口。实现 A/D 转换的方法有多种，基本方法为：二进制斜坡法、积分法、逐项比较法、并行比较法和电压到频率转换法等。

多路转换开关的作用是：为了共用一个采样保持器和 A/D 转换电路或 D/A 转换电路，需分时地将多个模拟信号接通，或将不同的模拟量分时地送给多个受控对象，能完成这种功能的器件叫多路转换开关。

采样保持电路的功能是对被转换的信号进行采样并能保持住这一信号的电平。当对连续的模拟信号进行采样使其离散化然后转换变成数字量时，由于 A/D 完成一次转换需要一定的时间，在转换期间，高速变化的信号的值可能已发生变化。为了使瞬时采样的离散值保持到下一次采样为止，就需用采样保持电路。

③ D/A 转换卡。通常是以 D/A 芯片为中心，配上各种辅助电路。一般由 D/A 转换器、匹配电路、逻辑控制及供电等组成。

D/A 转换器是 D/A 转换卡的核心，它在计算机的指挥下将数字信号转化为模拟量以电流或电压方式输出。匹配电路主要是完成阻抗匹配，极性转换等功能，也即按照执行器输入的要求把 D/A 卡的输出调整成满足执行器输入要求的电信号，以驱动执行器。

④ 执行器。执行器在匹配电路的作用下产生动作，控制被控对象完成控制任务。

(2) 采集和控制示例

以传热实验为例，介绍温度、电压、电流数据的采集和蒸汽发生器电功率的控制。

① 温度数据的采集。传热实验需测定空气的进出口温度、蒸汽的温度、壁温，需了解蒸汽发生器的水温等。在需要测温的部位安装有 Pt100 铂电阻温度计（如图 4-49 所示），将铂电阻采集到的电阻信号通过温度变送器把电阻信号转换成 4～20mA 电流信号，再经过 24V 电源和 250Ω 的电阻把电流信号转化成 1～5V 的电压信号，然后通过 A/D 转换成数字信号后传输到计算机中，在计算机程序中应用数字滤波采集到的数字信号按照其变化关系转化成温度在计算机屏幕上显示出来。

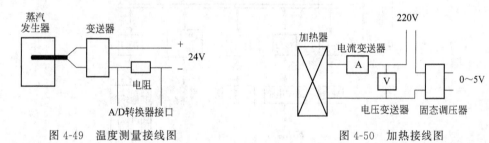

图 4-49 温度测量接线图   图 4-50 加热接线图

② 电压、电流数据的采集。在电路中串联一个电流变送器，并联一个电压变送器，如图 4-50 所示。它们分别将电流、电压信号转化成 0～5 V 标准电压信号后经 A/D 转换卡输送到计算机程序中，经计算机处理后在计算机屏幕上显示出电压、电流的数值。

③ 电功率的计算机控制。在被控参数加热功率与给定值相等时，固态继电器不改变调压方式。如果实际功率与给定值不同，电流、电压变送器将检测到的信号经 A/D 转换卡传输到计算机程序中，此时，计算机向 D/A 转换器发出信号来改变固态继电器中的电压直至加热功率与给定值相等。加热器计算机控制如图 4-51 所示。

4.9.3 智能仪表

仪表中含有一个单片计算机或微型机或 GP-IB 接口，亦称为内含微处理器的仪表。这类仪表因为功能丰富又很灵巧，国外书刊中常称为智能仪表（Intelligent Instruments）。

传统的仪表是通过硬件电路来实现某一特定功能的，如需增加新的功能或拓展测量范

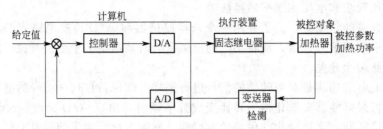

图 4-51   加热器计算机控制基本框图

围，则需增设新的电路。而智能仪表把仪表的主要功能集中存放在 ROM 中，不需全面改变硬件设计，只要改变存放在 ROM 中的软件内容，就可改变仪表的功能，增加了仪表的灵活性。

4.9.3.1   智能仪表的结构和工作方式

智能仪表的基本组成如图 4-52 所示。显然这是典型的计算机结构，与一般计算机的差别不仅在于它多了一个"专用的外围设备"即测试电路，还在于它与外界的通讯通常是通过 GP-IB 接口进行的。

智能仪表有本地和遥控两种工作方式。在本地工作方式时，用户按面板上的键盘向仪表发布各种命令，指示仪表完成各种功能。仪表的控制作用由内含的微处理器统一指挥和操纵。在遥控工作方式时，用户通过外部的微型机来指挥控制仪表，外部微型机通过接口总线 GP-IB 向仪表发送命令和数据，仪表根据这些送来的命令完成各种功能。

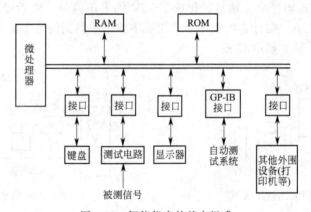

图 4-52   智能仪表的基本组成

4.9.3.2   智能仪表的主要优点

① 提高了测量精度。智能仪表通常具有自选量程，自动校准，自动修正静态、动态误差及系统误差的功能，从而显著提高了测量精度。

② 能够进行间接测量。智能仪表利用内含的微处理器，通过测量其他参数而间接地求出难以测量的参数。

③ 具有自检自诊断的能力。智能仪表如果发生故障，可以自检出来。在自诊断过程中，程序的核心是把被检测各种功能部件上的输出信号与正确的额定信号进行比较，发现不正确的信号就以警报的形式提示给使用者。

④ 能灵活地改变仪器的功能，智能仪表具有方便的硬件模块和软件模块结构。当插入不同模板时，仪表的功能就随之改变。而当改变软件模块时，各按键所具有的功能也跟着改变。只要 ROM 容量足够大，配上解释程序还可以实现仪器自己的语言。

⑤ 实现多仪器的复杂控制系统。自从国际上制定了串行总线和并行总线的规约之后，智能仪表与其他数字式仪表可以方便地实现互联。既可以将若干台仪器组合起来。共同完成一项特定的测量任务；也可以把许多仪器挂在总线上，形成一个复杂的控制系统。

4.9.3.3　AI 人工智能工业调节器

在化工原理的精馏实验装置、沸腾干燥实验装置和流体阻力与离心泵联合实验装置中，使用最多的是 AI 人工智能工业调节器。

(1) AI 人工智能工业调节器的功能

AI 人工智能工业调节器适合温度、压力、流量、液位、湿度等的精确控制，通用性强，采用先进的模块化结构，可提供丰富的输入、输出规格，也就是说，同样一个仪表，设置参数不同，其功能也就不同。使用人工智能调节算法，无超调，具备自整定（AT）功能。是一种技术先进的免维护仪表。

(2) AI708 型仪表操作说明

① 设置给定值。AI708 型仪表面板控制如图 4-53 所示。按键 5 点一下即放开，仪表就进入设置给定值状态。此时显示的给定值最后一位的小数点开始闪动。按键 7 可减小数据，按键 8 可增加数据，按键 6 可移动修改数据的位置。将数据改为适合的数值后，再点按键 5 一下，就完成给定并退出。

② 设置参数。按住按键 5 保持约两分钟，等显示出参数后再放开。再与按键 5，仪表将依次显示各参数，对于配置好并锁上参数锁的仪表，只出现操作中需要的参数。通过按键 6、7、8 可修改参数值。在设置参数状态下并且参数锁未被锁上时，先点按键 6 并保持不放后，点按键 5 可退出设置参数状态，可点按键 7 返回检查上一参数。

(3) 计算机与仪表间的通讯

AI 工业调节器可在 COMM 位置安装 S 或 S4 型 RS485 通讯接口模块，通过计算机可实现对仪表的各项操作及功能。计算机需要加一个 RS232C/RS485 转换器，无中继时最多可直接连接 64 台仪表，加 RS485 中继器后最多可连接 100 台仪表，如图 4-54 所示。注意每台仪表应设置不同的地址。

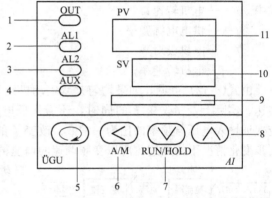

图 4-53　AI708 型仪表面板
1—调节输出指示灯；2—报警 1 指示灯；3—报警 2 指示灯；4—AUX 辅助接口工作指示灯；5—显示转换（兼参数设置进入）；6—数据移位（兼手动/自动切换及程序设置进入）；7—数据减少键（兼运行/暂停操作）；8—数据增加键（兼程序停止操作）；9—光柱（选购件），可指示测量值；10—给定值显示窗；11—测量值显示窗

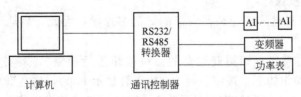

图 4-54　计算机与仪表通讯示意

仪表采用 AIBUS 通讯协议，8 个数据位，1 或 2 个停止位，无校验位。数据采用 16 位

求和校验，它的纠错能力比奇偶校验高数万倍，可确保通讯数据的正确可靠。AI 仪表在通讯器方式下可与上位计算机构成 AIFCS 系统。仪表在上位计算机、通讯接口或线路发生故障时，仍能保持仪表本身的正常工作。

AI 工业调节器共有 20 个接线柱，它的第 17、18 号接线柱与通讯控制器的端口 1 连接，变频仪及功率表的通讯端口分别与通讯控制器的端口 2 与端口 3 连接，通讯控制器端口 4 与计算机的串行通讯口（即 COM1）连接，实现数据通讯。

4.9.4　变频器

变频调速传动是现代电气传动技术的主要发展方向，其调速性能优越、节能效果明显，已广泛应用于异步电动机。实验中大量使用了西门子和三菱变频器控制各种型号的三相交流电动机，变频器由微处理器控制，具有很高的运行可靠性和功能多样性。在设置相关参数后，它可用于许多高级的电机控制系统中。在化工实验中，一般无需对电机进行复杂的控制，故不需更改变频器的内部参数，只在控制面板上即可实现对电机及交频器的普通操作。

(1) 变频器基本原理

变频器调速基本原理可由下式分析

$$n = 60f / [p \cdot (1-s)] \tag{4-42}$$

式中　n——电机转速；

　　　f——供电电源频率；

　　　p——电机极对数；

　　　s——电机转差率。

由式(4-42) 可见，如果均匀改变电动机定子供电频率厂，可以平滑改变电动机的同步转速。实际上，在改变 f 的同时，还需保证电机输出力矩不变，因此在电机调速过程中，应保证输入电压与频率的比为一常数。改变 f 的调速属于 s 不变，同步转速和电机理想转速同步变化情况下的调速。所以变频调速的调速精度、功率因数和效率都较高，易于实现闭环自动控制。

图 4-55　变频器工作原理框图

变频器的工作原理如图 4-55 所示，380V、50Hz 三相电在变频器内经整流变成直流电源，再通过受控逆变器，转化为频率与电压比值为定值的变频电源。在变频器中，采用（PWM）调制技术使变频器输出电流波形近似正弦波。其外控信号为 4～20mA 或 0～10V 的直流信号，改变其大小，就可改变变频器输出电压及频率，从而改变电动机的转速。

(2) 变频器面板说明

西门子 Micromaster 420 变频器的控制面板如图 4-56 所示。

(3) 变频器操作步骤

① 电机的参数已经输入到变频器内部的记忆芯片中，因此，启动变频器时无需对电机的参数再进行设置。

② 对于手动控制模式（即用变频器的面板按钮进行控制），需将变频器参数 P700 和 P1000 设为 1。具体操作如下：按编程键 P，数码管显示 P000，按△键直至显示 P700，按 P 键显示旧的设定值，按△或▽键直至显示为 1，按 P 键将新的设定值输入，再按△键直至显示 P1000，按 P 键显示旧的设定值，按△或▽键直至显示为 1。按 P 键将新的设定值输入，按▽键返回到 P000，按 P 键退出，即完成设定，可投入运行。此时，显示器将交替显示

0.00 和 5.00。然后再按启动键，即可启动变频器，按△键可增加频率，按▽键可降低频率，按停止键则停止变频器运行。

③ 对于远程控制模式（即通过计算机控制变频器），需将变频器参数 P700 和 P1000 设为 5，具体操作参考手动控制部分。完成设定后，可投入运行。此时，显示器只显示 0.00，等待计算机发过来的指令。

（4）注意事项

① 正常运行时应设置 P0010 为 0。

② 为了防止操作失误，应将 P0003 设为 1。但调整参数时可将 P0003 改为 2 或 3。

③ 其他操作要点及参数说明详见变频器使用说明书。

（5）操作示范

欲将变频器调到 35Hz，则：

① 按运行键（BOP 板上绿色按键）启动变频器，几秒后，液晶面板上将显示 50.00 或 5.00，表示当前频率为 50Hz 或 5Hz。

② 按△键可增加频率，液晶板上数值开始增加，直至显示度为 35.00 为止。

③ 按停止键（BOP 板上红色按键）停止变频器运行。

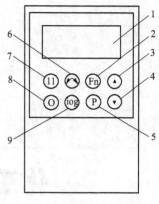

图 4-56　变频器控制面板
1—状态显示框；2—功能键；
3—增加数值键；4—减少数值键；
5—访问参数键；6—改变转向键；
7—变频器启动键；8—变频器
停止键；9—电动机点动

第5章

化工原理单元操作实验

5.1 伯努利方程实验

5.1.1 实验目的

① 通过实验加深对流体在管内流动中各种能量、压头的概念及各种能量之间相互转换关系的理解，在此基础上掌握伯努利方程。

② 观察流体通过扩大、收缩管段时，各截面上的静压头的变化。

③ 了解流体通过某截面的动压头。

④ 掌握流体的点速度和平均速度的测定方法和区别。

5.1.2 实验任务

① 测量不同流量下不同测量点的各种压头，并作分析比较；

② 测定管中水的平均流速 B 点、C 点处的点速度，并作比较。

5.1.3 实验原理

瑞士物理学家、数学家丹尼尔·伯努利（Daniel Bernoulli，1700～1782）在 1738 年出版了《流体动力学》一书，共 13 章，这是他最重要的著作。书中用能量守恒定律解决流体的流动问题，写出了流体动力学的基本方程，后人称之为"伯努利方程"。书中还提出了"流速增加、压强降低"的伯努利原理。1726 年，伯努利通过无数次实验，发现了"边界层表面效应"：流体速度加快时，流体与物体接触界面上的压力会减小，反之压力会增加。为纪念这位科学家的贡献，这一发现被称为"伯努利效应"。伯努利效应适用于包括气体在内的一切流体，是流体稳定流动时的基本现象之一，反映出流体的压强与流速的关系，流体的流速越大，压强越小；流体的流速越小，压强越大。在一个流体系统，比如气流、水流中，流速越快，流体产生的压力就越小，这就是被称为"流体力学之父"的丹尼尔·伯努利1738 年发现的"伯努利定律"。

（1）流体流动过程中的能量形式及伯努利方程

① 流体在流动时具有三种机械能，即位能、动能和压力能。这三种能量在一定的条件下可以相互转换。如果是黏度为零的理想流体，不存在因摩擦和碰撞而产生的机械能损失，因此在同一管路的任何两个截面上，尽管三种机械能彼此不一定相等，但这三种机械能的总和是相等的。

② 对实际流体来说，则因为存在内摩擦，流动过程中总有一部分机械能因摩擦和碰撞而消失，即转化为热能了。转化为热能的机械能，在管路中是不能恢复的，以热能的形式损失。所以对实际流体来说，两个截面上机械能的总和是不相等的，两者的差值就是流体在这两个截面之间因摩擦和碰撞而损失的机械能。在进行机械能衡算时，就必须将这部分机械能加到下游截面上，在上游截面加上外部做功，此时流体在两截面上的机械能总和才相等。因此，描述实际不可压缩流体的伯努利方程变为：

$$Z_1 + \frac{u_1^2}{2g} + \frac{p_1}{\rho g} + H_e = Z_2 + \frac{u_2^2}{2g} + \frac{p_2}{\rho g} + \sum H_f \tag{5-1}$$

③ 上述几种机械能都可以用测压管中的一段液体柱的高度来表示。在流体力学中，把表示各种机械能的液柱高度称之为"压头"。表示位能的，称为位压头 $H_{位}$；表示动能的，称为动压头（或速度压头）$H_{动}$；表示压力能的，称为静压头 $H_{静}$；表示损失的机械能，称为损失压头 $H_{损}$；表示外部做功的，称为有效压头 $H_{有效}$。

④ 当流体在稳定流动过程中，有效压头 $H_{有效}$ 为零。位压头在基准水平面确定后，可以通过简单的标尺测量出来。

⑤ 当测压管的小孔与水流方向平行时，测压管内液柱高度即为静压头，它反映测压点处液体的压强大小。

⑥ 当测压孔由与水流方向垂直转为正对水流方向时，测压管内液柱将因此上升，所增加的液柱高度，即为测压孔处液体的动压头，它反映出该点水流动能的大小。这时测压管内液柱总高度则为静压头与动压头之和。

⑦ 任意两个截面上，位压头、动压头、静压头三者总和之差即为损失压头，即表示流体流经这两个截面之间时机械能的消耗。

（2）动压头及点速度的测定

当测压管上的小孔与水流方向垂直时，测压管内液柱高度（从测压孔算起）即为静压头，它反映测压点处液体的压强大小。当测压孔由与水流方向垂直转为正对水流方向时，测压管内液柱将因此上升，所增加的液柱高度，即为测压孔处液体的动压头，它反映出该点水流动能的大小。这时测压管内液柱总高度则为静压头与动压头之和。测压孔处液体的位压头则由测压孔的几何高度决定。则动压头的计算式为：

$$\frac{u_c^2}{2g} = H'' - H''' \tag{5-2}$$

式中　u_c——管中心流体的点流速，m/s；

H''——大流量下，测压孔正对水流时测压管的液位高度，mH_2O；

H'''——大流量下，测压孔垂直水流方向时测压管的液位高度，mH_2O。

（3）流速和流量的测量及校核（B 点，C 点）

① 流速及流量的测量。单位时间内流过某截面上的流体体积称为流量。流速与流量计算式为：

$$u = \frac{Q}{A} \tag{5-3}$$

式中　u——平均流速，m/s；

A——液体流通截面面积，m^2，$A = \frac{\pi}{4} d^2$（管径 d 在标牌上已标出）；

Q——流体体积流量，m^3/s，$Q = \dfrac{V}{t}$；

V——流体体积，m^3（用量筒量取）；

t——获得 V 流体所需时间，s。

② 流速的校核。由式（5-2）计算得 u_c，由 $R_{ec} = \dfrac{du_c\rho}{\mu}$ 计算 R_{ec}，此处 u_c、R_{ec} 即为图 4-21 中 u_{max}、Re_{max}，利用图中 u/u_{max} 与 Re、Re_{max} 的关系查得 u/u_c 的值，从而确定 u 值，此为经验值。可与前面测得流速真实值做比较，并确定 2 点、3 点流速的测量误差。

（4）能量损失与流速的关系

能量损失包括直管阻力损失和局部阻力损失，计算式为：

$$\sum h_f = \left(\lambda \cdot \frac{l}{d} + \xi\right) \cdot \frac{u^2}{2} \tag{5-4}$$

式（5-4）反映的是流体在整个管段中造成的结果，因此 u 为平均流速。当管段固定后，$\left(\lambda \cdot \dfrac{l}{d} + \xi\right)$ 为一定值。实验中，可用各点流体的总机械能 H 分别和较小及较大流量下测孔正对水流流动的读数差 $H_{f小} = H - H'$ 及 $H_{f大} = H - H''$ 作为在较小及较大流速下的能量损失值。

计算 $\dfrac{H_{f大}}{H_{f小}}$ 及 $\left(\dfrac{u_大}{u_小}\right)^2$ 的值并比较二者关系。

5.1.4 实验装置及流程

（1）实验装置流程图（图 5-1）

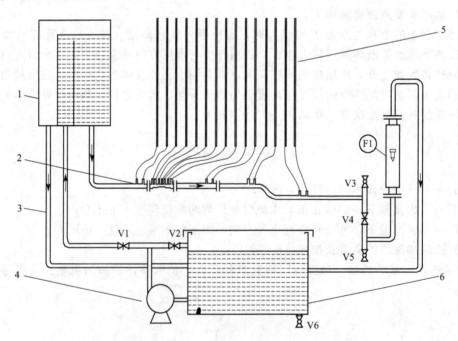

图 5-1 实验装置流程图

1—高位槽；2—实验管路；3—溢流管；4—离心泵；5—玻璃管压差计；6—水箱；
F1—转子流量计；V1～V6—阀门

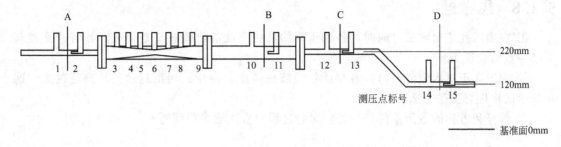

图 5-2　实验测试导管管路图

（2）实验设备主要技术参数

离心泵型号：WB50/025 材料为不锈钢、低位槽 880mm×370mm×550mm 材料为不锈钢、高位槽 445mm×445mm×730mm 材料为有机玻璃。

A 截面的直径 14mm；B 截面直径 28mm；C 截面、D 截面直径 14mm；以标尺的零刻度为零基准面；D 截面中心距基准面为 $Z_D = 120$mm；A 截面和 D 截面间距离为 100mm；A、B、C 截面 $Z_A = Z_B = Z_C = 220$（即标尺为 220mm）。实验测试导管管路如图 5-2 所示。

5.1.5　实验操作

① 将水箱加满蒸馏水，关闭离心泵出口上水阀 V1、旁路调节阀 V2、实验测试导管出口流量调节阀 V4、排气阀 V3、排水阀 V5，启动离心泵。

② 逐步开大离心泵出口上水阀 V1，当高位槽溢流管有液体溢流后，观察测压管内是否有气泡，如果没有气泡玻璃管压差计 5 在流量为零下是相平的，如有气泡用洗耳球赶走气泡。

③ 调节阀门 V4 使转子流量计 F1 到指定流量，待流体稳定后读取转子流量计 F 的读数，并记录玻璃管压差计 5 各点数据。

④ 改变调节阀 V4 开度，改变转子流量计 F1 的流量，重复以上步骤继续测定多组数据。

⑤ 分析讨论流体流过不同位置处的能量转换关系并得出结论。

⑥ 关闭阀门后，再关离心泵，结束实验。

5.1.6　注意事项

① 不要将离心泵出口上水阀开得过大，以免使水流冲击到高位槽外面，导致高位槽液面不稳定。

② 水流量增大时，应检查一下高位槽内水面是否稳定，当水面下降时要适当开大上水阀补充水量。

③ 水流量调节阀调小时要缓慢，以免造成流量突然下降使测压管中的水溢出管外。

④ 注意排除实验导管内的空气泡。

⑤ 离心泵不要空转和在出口阀门全开的条件下工作。

5.1.7　实验报告

① 分别计算出 B 点、C 点的点速度和平均流速，并做比较分析。

② 确定 B 点、C 点的能量损失与流速的关系。

5.1.8　思考题

① 在测压孔正对水流方向时，各测压管的液柱高度的物理意义是什么？如何计算玻璃上某一点的动压头？

② 测压孔正对水流方向时，各测压管的液柱高度，为什么相距越远？其差值越大？这一差值的物理意义是什么？

③ 伯努利方程的适用条件是什么？实验过程中应注意哪些问题？

5.2　流体流动阻力实验

5.2.1　实验目的

① 学习管路阻力损失（h_f）、直管路摩擦系数（λ）、管件局部阻力系数（ζ）的测定方法，通过实验了解它们的变化规律，加强对流体阻力基本理论的理解；

② 了解与本实验有关的各种流量测量仪表、压差测量仪表的结构特点和安装方式，掌握其测量原理，并学会正确使用；

③ 学习双对数坐标纸的用法；

④ 观察组成管路的各种管件、阀门，并了解其作用。

5.2.2　实验任务

① 测量并绘出层流管、粗糙管及光滑管的 λ-Re 曲线与莫迪图比较，探讨其合理性；

② 测量突扩管及阀门的局部阻力系数 ζ。

5.2.3　实验原理

17 世纪，力学奠基人牛顿研究了在流体中运动的物体所受到的阻力，得到阻力与流体密度、物体迎流截面积以及运动速度的平方成正比的关系。他针对黏性流体运动时的内摩擦力也提出了牛顿黏性定律。但是，牛顿还没有建立起流体动力学的理论基础，他提出的许多力学模型和结论同实际情形还有较大的差别。法国数学家、水利工程师皮托（Pitot，Henri 1695～1771）发明了测量流速的皮托管；法国数学家达朗贝尔（1717～1783）对运河中船只的阻力进行了许多实验工作，证实了阻力同物体运动速度之间的平方关系，瑞士数学家和物理学家莱昂哈德·欧拉（Leonhard Euler，1707～1783）采用了连续介质的概念，把静力学中压力的概念推广到运动流体中，建立了欧拉方程，正确地用微分方程组描述了无黏流体的运动。

(1) 流动阻力产生的原因及类型

由于流体黏性的存在，流体在流动的过程中会发生流体间的摩擦，从而导致黏性阻力，在管路中流动流体会产生形体阻力，黏性阻力是阻力产生的内因，形体阻力是阻力产生的外因。流体经过直管会产生直管阻力，经过管件及阀门会产生局部阻力，所以管路阻力计算应包括直管阻力和局部阻力。实践生产过程中，常利用阻力损失的大小选择所需要的动力补偿。

(2) 直管阻力损失的计算

层流时阻力损失的计算式是由理论推导得到的。湍流时由于情况复杂得多，未能得出理论式，但可以通过实验研究，获得经验的计算式。其研究的基本步骤如下。

① 寻找影响过程的主要因素。对所研究的过程做初步的实验和经验的归纳，尽可能地列出影响过程的主要因素。湍流时直管阻力损失 h_f 与诸多影响因素的关系式应为：

$$h_f = f(d, u, \rho, \mu, l, \varepsilon) \tag{5-5}$$

② 因次分析法规划实验。当一个过程受多个变量影响时，通常用因次分析法通过实验以寻找自变量与因变量的关系。以式(5-5)为例，若每个自变量的数值变化 10 次，测取 h_f 的值而其他自变量保持不变，共有 6 个自变量，实验次数将达 1×10^6。为了减少实验工作量，需要在实验前进行规划，以尽可能地减少实验次数。因次分析法是通过将变量组合成无因次数群，从而减少实验自变量的个数，大幅度地减少实验次数，这可以由 π 定理加以证明。

因次分析法可以将对式(5-5)的研究变成对式(5-6)的 4 个无因次数之间的关系的研究。即：

$$\frac{h_f}{u^2} = f\left(\frac{du\rho}{\mu}, \frac{l}{d}, \frac{\varepsilon}{d}\right) \tag{5-6}$$

其中，若实验设备已定，那么式(5-5)、式(5-6)可写为：

$$h_f = f\left(\frac{du\rho}{\mu}, \frac{l}{d}, \frac{\varepsilon}{d}\right) \cdot \frac{u^2}{2} \tag{5-7}$$

实验设备是水平直管，式(5-7)又可写为：

$$\frac{\Delta p}{\rho} = f\left(\frac{du\rho}{\mu}, \frac{l}{d}, \frac{\varepsilon}{d}\right) \cdot \frac{u^2}{2} \tag{5-8}$$

若令

$$\lambda = f\left(\frac{du\rho}{\mu}, \frac{\varepsilon}{d}\right) = f\left(Re, \frac{\varepsilon}{d}\right) \tag{5-9}$$

则有

$$\frac{\Delta p}{\rho} = \lambda \cdot \frac{l}{d} \cdot \frac{u^2}{2} \tag{5-10}$$

由式(5-10)可知，为了要测定式(5-9)的曲线关系，若装置已经确定，物系也已确定，那么 λ 只随 Re 而变。因此，通过改变流体的流速可测定出不同 Re 下的摩擦阻力系数，即可得出一定相对粗糙度的管子的 λ-Re 关系。

实验中，操作变量仅是流量，改变流量的手段是调节阀门的开度，由阀门开度的变化达到改变流速 u 的目的，因此在管路中需要安装一个流量计；在直径为 d、长度为 l 的水平直管上，引出两个测压点，并接上一个压差计，实验体系确定后，ρ，μ 是物性参数，它们只取决于实验温度，所以，在实验装置中需要安装测流体的温度计，再配上水槽、泵、管件等组建成循环管路，见图 5-4。

③ 直管摩擦系数 λ 与 Re 的测定。根据伯努利方程，压降损失可以这样求出：

$$\Delta P_f = \rho(Z_1 - Z_2)g + (p_1 - p_2) + \rho(u_1^2 - u_2^2)/2 \tag{5-11}$$

对于水平圆形直管，选取两个测压点所在的截面为 1，2 截面。此时，因为 $Z_1 = Z_2$，$u_1 = u_2$，两截面间直管段的阻力损失可简化为：

$$\Delta P_f = p_1 - p_2 = \lambda \frac{l}{d} \frac{\rho u^2}{2} \tag{5-12}$$

即水平圆形直管两截面间压降损失与两截面间的静压强差数值相等。

用液压计（倒 U 形管压差计）测此两截面的静压差，其公式为：

$$p_1 - p_2 = \rho g \Delta h \tag{5-13}$$

$$u = \frac{Q}{d^2 \pi / 4} \tag{5-14}$$

式中　l——两测压点之间的直管长度，m；

　　Q——水的流量，m^3/s；

　　Δh——两测压截面上的液压计读数之差，m。

雷诺准数可根据 u 和相应流体的物性参数计算：

$$Re = \frac{\rho d u}{\mu} = \frac{4 d Q \rho}{\pi d^2 \mu} = BQ \left(其中~B = \frac{4\rho}{\pi d \mu} \right) \tag{5-15}$$

（3）局部阻力系数 ζ 的测定（以球阀为例）

根据前面对水平圆形直管的阻力损失分析可知，水平圆形直管两截面间压降损失与两截面间的静压强差数值相等。因此，在阀门两侧测压点所测的静压强差为两点间的压降损失。

$$\Delta p_f = \zeta \frac{\rho u^2}{2} \tag{5-16}$$

$$\zeta = \left(\frac{2}{\rho} \right) \cdot \frac{\Delta P_f'}{u^2} \tag{5-17}$$

式中　ζ——局部阻力系数，无因次；

　　Δp_f——局部阻力引起的压强降，Pa。

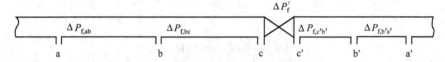

图 5-3　局部阻力测量取压口布置图

局部阻力引起的压强降 Δp_f 可用下面方法测量：在一条各处直径相等的直管段上，安装待测局部阻力的阀门，在上、下游各开两对测压口 a-a' 和 b-b' 如图 5-3，使 ab＝bc；a'b'＝bc'，则　$\Delta P_{f,ab} = \Delta P_{f,bc}$；$\Delta P_{f,a'b'} = \Delta P_{f,b'c'}$

在 a-a' 之间列伯努利方程式　$P_a - P_{a'} = 2\Delta P_{f,ab} + 2\Delta P_{f,a'b'} + \Delta P_f' \tag{5-18}$

在 b-b' 之间列伯努利方程式：$P_b - P_{b'} = \Delta P_{f,bc} + \Delta P_{f,b'c'} + \Delta P_f'$

$$= \Delta P_{f,ab} + \Delta P_{f,a'b'} + \Delta P_f' \tag{5-19}$$

联立可得：　　　$\Delta p_f = 2(P_b - P_{b'}) - (P_a - P_{a'}) \tag{5-20}$

为了实验方便，称 $(P_b - P_{b'})$ 为近点压差，称 $(P_a - P_{a'})$ 为远点压差。其数值用差压传感器或 U 型管压差计来测量。

对于水平光滑直管的湍流区内，$\lambda = f(Re, \varepsilon/d)$，当 Re 在 $3 \times 10^3 \sim 10^5$ 的范围内，λ 与 Re 的关系遵循 Blasius 关系式，即：

$$\lambda = \frac{0.3164}{Re^{0.25}} \tag{5-21}$$

对于层流时的摩擦阻力系数，由哈根-泊谡叶公式和范宁公式对比可得：

$$\lambda = \frac{64}{Re} \tag{5-22}$$

5.2.4 实验装置及流程

(1) 实验装置流程图（图 5-4）

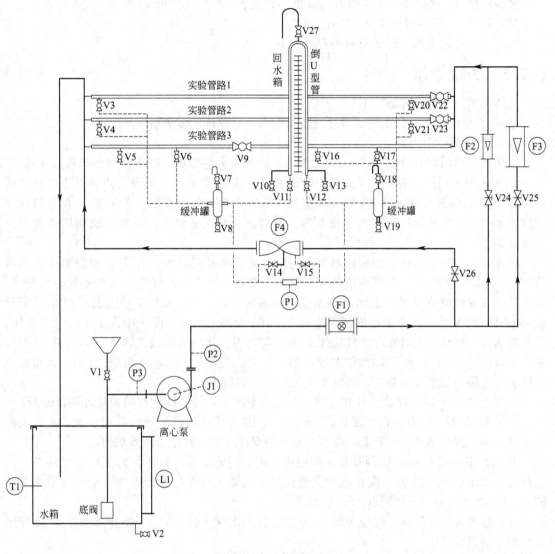

图 5-4 实验装置流程图

P_1—压力传感器；P_2—出口压力表；P_3—入口真空表；F_1—涡流流量计；F_2—小转子流量计；F_3—大转子流量计；
F_4—文丘里流量计；V_1—漏斗加水阀；V_2—水箱放水阀；V_3，V_{20}—光滑管测压阀；V_4，V_{21}—粗糙管测压阀；
V_5，V_7—测量局部阻力远端阀；V_6，V_{16}—测局部阻力近端阀；V_9—局部阻力阀；V_{10}，V_{13}—倒 U 型管排水阀；
V_{11}，V_{12}—倒 U 型管平衡阀；V_{22}—光滑管阀；V_{23}—粗糙管阀；V_{27}—倒 U 型管放空阀

(2) 实验设备主要技术参数

玻璃转子流量计：LZB—25100-1000(L/h)VA10-15F 10-100(L/h)；

压差传感器：型号 LXWY 测量范围 0～200kPa 实验管路：管径 0.042m；

离心泵：型号 WB70/055 孔板流量计：喉径 0.020m；

真空表：测量范围 −0.1～0MPa 精度 1.5 级，真空表测压位置管内径 $d_1=0.042$m；

压力表：测量范围 0～0.25 MPa 精度 1.5 级，压强表测压位置管内径 $d_2=0.042$m；

涡轮流量计：型号 LWY-40　测量范围 0～20m³/h；

变频器：型号 E310-401-H3　规格：0～50Hz；

实验管路 1：光滑管，管内径 8mm 的不锈钢管，管长 1.70m；

实验管路 2：粗糙管，管内径 10mm 的不锈钢管，管长 1.70m；

实验管路 3：管内径 22mm 的不锈钢管；

真空表与压强表测压口之间的垂直距离 $H_0 = 0.27m$。

5.2.5　实验操作

流体流动阻力测定方法如下：

① 向水箱注水至三分之二（最好使用蒸馏水，以保持流体清洁）。

② 光滑管流动阻力测定

关闭所有阀门，打开阀门 V1，开始灌泵，待灌泵漏斗液面不在下降时关闭阀门 V1。

a. 关闭所有阀门，将光滑管路阀门 V3、V20、V22 全开，在流量为零条件下，打开通向倒置 U 型管的进水阀 V11、V12，检查导压管内是否有气泡存在。若倒置 U 型管内液柱高度差不为零，则表明导压管内存在气泡。需要进行赶气泡操作。导压系统如图-4 所示操作方法如下：

启动泵后，开启大转子流量计调节阀 V25，调节流量到最大，打开 U 型管的进出水阀门 V11、V12，使倒置 U 型管内液体充分流动，以赶出管路内的气泡；若观察气泡已赶净，将大转子流量计调节阀 V25 关闭，U 型管进出水阀 V11、V12 关闭，慢慢旋开倒置 U 型管上部的放空阀 V27 后，分别缓慢打开排水阀 V10、V13，使液柱降至中点上下时马上关闭，管内形成气—水柱，此时管内液柱高度差不一定为零。然后关闭放空阀 V27，打开 U 型管进出水阀 V11、V12，此时 U 型管两液柱的高度差应为零（1～2mm 可以忽略），如相差较大则表明管路中仍有气泡存在，需要重复进行赶气泡操作。

b. 该装置两个转子流量计并联连接，根据流量大小选择不同量程的流量计测量流量。

c. 小流量时利用阀门 V24 改变 F2 流量，以 10 为单位变换流量，并记录水柱差，大流量下利用阀门 V25 改变 F3 流量，以 100 为单位变换流量，并记录压差数值。

d. 差压变送器与倒置 U 型管是并联连接，用于测量压差，小流量读取 U 型管压差，大流量时读取压差传感器 P1。应在最大流量和最小流量之间进行实验操作，记录转子流量计 F2、F3 读数和压差，一般测取 15～20 组数据。

注：在测大流量的压差时应关闭 U 型管的进出水阀 V11、V12，防止水利用 U 型管形成回路影响实验数据。

关闭所有阀门，将粗糙管阀 V4、V21、V23 全开，从小流量到最大流量，记录转子流量计 F2、F3 读数和压差 PD1 和 PD2，测取 15～20 组数据。

③ 局部阻力测量方法同上。

④ 待数据测量完毕，先关闭流量调节阀，使泵的流量为零，再停泵，最后关闭总电源。

5.2.6　注意事项

① 仔细阅读数字仪表操作方法说明书，待熟悉其性能和使用方法后再进行使用操作。

② 启动离心泵之前以及从光滑管阻力测量过渡到其他测量之前，都必须检查所有流量调节阀是否关闭。

③ 利用压差传感器测量大流量下 ΔP 时，应切断空气—水倒置 U 型玻璃管的阀门否则将影响测量数值的准确。

④ 在实验过程中每调节一个流量之后应待流量和直管压降的数据稳定以后方可记录数据。

⑤ 若较长时间未使用该装置，启动离心泵时应先盘轴转动以免烧坏电机。

⑥ 该装置电路采用五线三相制配电，实验设备应良好接地。

⑦ 启动离心泵前，必须关闭流量调节阀，关闭压力表和真空表的开关，以免损坏测量仪表。

⑧ 实验用水要用清洁的蒸馏水，以免影响涡轮流量计运行和寿命。

⑨ 在双对数坐标纸上标绘出光滑管 λ-Re 曲线时，不标注 ε/d，而标注"光滑管"。

⑩ 实验结束前，将各阀门系统恢复原位。

5.2.7 报告要求

① 在双对数坐标纸上标绘出 λ-Re 曲线。

② 将光滑管的 λ-Re 关系与 Blasius 公式进行比较。

③ 计算出局部阻力系数 ζ。

5.2.8 思考题

① 在测量前为什么要将设备中的气体排尽？怎样才能快速排尽气体？

② 水为工作流体所测得的 λ-Re 关系能否适用于其他液体？为什么？

③ 不同管径、不同水温下测定的 λ-Re 数据能否关联到一条曲线上，为什么？

④ 两段管线的管长、管径、相对粗糙度及管内流速均相同，一根水平放置，另一根倾斜放置。问流体流过这两段管线的阻力及管子两端的压差是否相同？为什么？

5.3 流量计校正及离心泵综合实验

5.3.1 实验目的

① 掌握离心泵的操作使用，并了解离心泵的结构和特性。

② 掌握离心泵特性曲线的测定方法，熟悉特性曲线的应用。

③ 了解孔板、文氏管流量计的构造、安装和使用方法。

④ 掌握孔板、文氏管流量计有关参数的测定方法。

5.3.2 实验任务

① 测定某型号离心泵在一定转速下的特性曲线。

② 测定流量调节阀某一开度下管路特性曲线。

5.3.3 实验原理

离心泵的基本构造有叶轮、泵体、泵轴、轴承、密封环、填料函，离心泵有立式、卧式、单级、多级、单吸、双吸等多种形式。离心泵是利用叶轮旋转而使液体发生离心运动来工作的；离心泵在启动前必须使泵壳内充满液体，然后启动电机，使泵轴带动叶轮和液体做高速旋转运动；液体发生离心运动，被甩向叶轮外缘，经蜗形泵壳的流道流入离心泵的排出管路。

为满足化工生产工艺的要求，一定流量的流体需远距离输送，或者从低处送到高处，或者从低压处送至高压处，因此必须向流体提供能量，并对输送流体的流量进行测量与控制。

离心泵是一种常用的为液体输送提供能量的机械设备。只有了解离心泵的基本结构、工作原理，测定泵的性能参数，掌握泵的操作方法，才能合理选择离心泵和正确使用离心泵。

离心泵的串、并联操作可以增加泵输送系统的流量和压头。串联、并联操作的泵的特性曲线和单泵的特性有关。串联、并联操作方式的选择，取决于生产中流量和压头要求、单泵的特性及管路的特性。一般情况下，对于低阻输送管路，选用并联组合比较适宜；对于高阻输送管路，串联组织更适宜。

① 离心泵在恒定转速下的特性曲线。对一定类型的泵来说，泵的特性曲线主要是指在一定转速下泵的扬程、功率和效率与流量之间的关系。离心泵的特性曲线随转数而变，是离心泵选用和操作的重要依据。

对泵的进出口取 1-1′ 截面与 2-2′ 截面，由伯努利方程式可得泵的压头为

$$H = \frac{p_2}{\rho g} - \frac{p_1}{\rho g} + h_0 + \frac{u_2^2 - u_1^2}{2g} \tag{5-23}$$

式中　p_2——泵出口处的压力表读数，以 Pa（表压）表示；

p_1——泵入口处的真空表读数，以 Pa（表压）表示；

h_0——入口压力表和出口压力表测压接头之间的垂直距离，m；

u_2——泵压出管内水的流速，m/s；

u_1——泵吸入管内水的流速，m/s；

g——重力加速度，9.81m/s²；

ρ——流体密度 kg/m³。

离心泵轴功率 N 是泵从电机接受的实际功率。由下式求得泵的轴功率：

$$N = N_电 \, \eta_电 \, \eta_传 \tag{5-24}$$

式中　$N_电$——电动机的输入功率，kW；

$\eta_电$——电动机的效率，由电动机效率曲线求得，无量纲，$\eta_电 = 0.60$；

$\eta_传$——联轴节或其他传动装置的传动效率，无量纲，对于联轴节 $\eta_传 = 1$。

泵的效率 η 是泵的有效功率 Ne 与轴功率 N 的比值。有效功率 Ne 是单位时间内流体自泵得到的功，轴功率 N 是单位时间内泵从电机得到的功，两者差异反映了水力损失、容积损失和机械损失的大小。

泵的效率 η 可用下式计算：

$$\eta = \frac{QH\rho}{102N} \times 100\% \tag{5-25}$$

式中　Q——泵的流量，m³/s；

H——泵的压头，mH₂O；

ρ——实验条件下水的密度，kg/m³；

N——轴功率，kW。

离心泵的效率 η 有一最高点，称为设计点，与其对应的 Q、H 和 N 值称为最佳工况参数。离心泵应在泵的高效区内操作，即在不低于最高效率的 92% 的范围内操作。

② 管路特性曲线。当离心泵安装在特定的管路系统中工作时，实际的工作压头和流量不仅与离心泵本身的性能有关，还与管路特性有关，也就是说，在液体输送过程中，泵和管路二者相互制约的。

管路特性曲线是指流体流经管路系统的流量与所需压头之间的关系。若将泵的特性曲线与管路特性曲线在同一坐标图上，两曲线交点即为泵的在该管路的工作点。因此，如同通过

改变阀门开度来改变管路特性曲线，求出泵的特性曲线一样，可通过改变泵转速来改变泵的特性曲线，从而得出管路特性曲线，泵的压头 H 计算同上。

5.3.4 实验装置及流程

(1) 实验装置流程图（图 5-5）

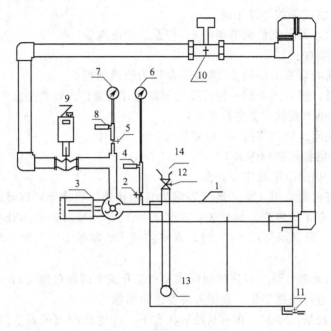

图 5-5 实验装置流程图

1—水箱；2—泵入口真空表控制阀；3—离心泵；4—泵入口压力传感器；5—泵出口压力表控制阀；

6—泵入口真空表；7—泵出口压力表；8—泵出口压力传感器；9—电动流量调节阀；

10—涡轮流量计；11—水箱排水阀；12—灌水控制阀门；13—底阀；14—灌水口

(2) 实验设备主要技术参数

离心泵：型号 WB70/055　电机效率为 60%　实验管路 $d=0.042\text{m}$；

真空表测压位置管内径 $d_入=0.036\text{m}$；

压强表测压位置管内径 $d_出=0.042\text{m}$；

真空表与压强表测压口之间垂直距离 $h_0=0.23\text{m}$；

流量测量：涡轮流量计 型号 LWY—40C　量程 $0\sim20\text{m}^3/\text{h}$ 数字仪表显示；

功率测量：功率表　型号 PS-139　精度 1.0 级　数字仪表显示；

泵入口真空度测量：真空表表盘直径 100mm，测量范围 $-0.1\sim0\text{MPa}$；

泵出口压力的测量：压力表表盘直径 100mm，测量范围 $0\sim0.25\text{MPa}$；

温度计：Pt100，数字仪表显示。

5.3.5 实验操作

手动操作的实验方法及步骤如下。

(1) 离心泵特性曲线测定实验

① 向水箱 1 内注入蒸馏水，检查流量调节阀 4、压力表 7 及真空表 6 的控制阀门 5 和 2 是否关闭。

② 启动实验装置总电源，由于本设备是有一定安装高度的，因此要运行必须要灌泵才能启动泵，从灌水口 9 灌水直至水满为止。

③ 按变频器的 RUN 键启动离心泵，测取数据的顺序可从最大流量开始逐渐减小流量至 0 或反之。一般测取 10～20 组数据。通过改变阀门 4 的开度测定数据。

④ 测定数据时，一定要在系统稳定条件下进行记录，分别读取流量计、压力表、真空表、功率表及流体温度等数据并记录。

⑤ 实验结束时，关闭流量调节阀门 4，停泵，切断电源。

（2）管路特性实验：

① 首先关闭离心泵的出口阀 4、真空表和压力表控制阀 2、5。

② 启动离心泵，调节阀 4 到一定开度记录数据（流量、入口真空度和出口压力）。改变变频器的频率记录以上数据（参照数据表）。

③ 实验结束关闭流量调节阀 4，停离心泵。

计算机数据采集和控制操作如下。

① 打开电脑，找出应用程序并启动。

② 全开手动流量调节阀。将流量仪表调为自动状态［仪表 SV 窗显示（0.00）时，表示仪表处于自动状态无须再变。如仪表 SV 窗显示（M   0）时，表示处于手动状态，此时先按先按 ⊙ 键，SV 窗显示（A 100）时，再按 ⊙ 键 SV 窗显示（0.00）时，这时仪表就处于自动状态］。

③ 利用程序启动离心泵（程序界面卧式离心泵开关上的绿色按键），利用计算机程序自动控制开始实验，进行数据采集、数据处理及绘制图像。

其实际操作过程是这样的：在手动控制状态下，在电动阀阀位调节窗中输入相应数值，按（流量调节）键，则计算机程序会按所输入的数值进行自动调节，此时，测量仪表显示数值做出相应变化，待各测量仪表显示数值稳定后，按下（采集数据）键进行数据采集，所采集到的数据会在界面上方显示出来。

待数据采集完毕后，选择（数据处理）中的（计算数据）程序，计算机系统将对所采集的数据进行计算处理，并将计算结果显示在表格中。计算结束后点击（绘制图像）程序，计算机系统会将计算结果的图像显示出来。

④ 实验结束时，关闭流量调节阀，停泵，切断电源。

5.3.6　注意事项

① 实验前认真考虑实验内容以确保其正确，确定各阀门开、关是否到位。

② 泵起动前注意灌满水，防止气缚。

③ 泵封闭起动，即关闭泵出口控制阀门后，再启动泵电机。

④ 泵运转时注意安全，防止触电。特别要注意防止袖角、衣角及长发卷入泵电机的转动部件内发生人身事故。注意电机过热、噪声过大或其他故障。如有不正常现象，立即停车，与指导教师讨论原因及处理办法；

⑤ 使用变频调速器时一定注意 FWD 指示灯是亮的，切忌按 $\boxed{\text{FWD REV}}$ 键，REV 指示灯亮时电机将反转；

⑥ 启动离心泵之前，一定要关闭压力表和真空表的控制开关 5 和 2，以免离心泵启动时对压力表和真空表造成损害。

⑦ 停泵时，也要关闭出口阀。

5.3.7　实验报告要求

① 在坐标纸上标绘出恒定转速下的 $Q\text{-}N$、$Q\text{-}\eta$、$Q\text{-}H$ 泵特性曲线。

② 标绘出单泵运转时的管路特性曲线。

5.3.8　思考题

① 根据离心泵的工作原理，说明离心泵启动前要灌水，以及关闭出口阀的原因？

② 当调节出口阀时，泵入口和出口压力表的读数按什么规律变化？为什么？

③ 试分析气缚现象与气蚀现象的区别？

④ 根据什么条件来选择离心泵？

⑤ 为什么调节离心泵的出口阀可以调节其流量？这种方法的优缺点是什么？是否还有其他调节流量的方法？

⑥ 启动泵前和停泵时要先关闭出口阀，为什么？

5.4　过滤实验

5.4.1　实验目的

① 了解板框过滤机的结构、流程及操作方法。

② 学习恒压过滤方程中过滤常数的测定方法。

③ 校验洗涤速率与过滤末速率的关系。

④ 了解操作条件对过滤速度的影响。

5.4.2　实验任务

① 测定某一压强下，过滤方程式中的过滤常数 K、q_e、τ_e。

② 测定洗涤速率与过滤末速率的关系。

5.4.3　实验原理

过滤是使液固或气固混合物中的流体强制通过多孔性过滤介质，将其中的悬浮固体颗粒加以截留，从而实现混合物的分离，是一种属于流体动力过程的单元操作。液固混合物的过滤在压差（包括重力造成的压差）或离心力作用下进行。待过滤的混合物称为滤浆，穿过过滤介质的澄清液体称为滤液，被截留的固体颗粒层称为滤饼，气固混合物的过滤一般在压差作用下进行。

(1) 过滤及过滤速度

过滤是借一种能将固体物截留而让流体通过的多孔介质，将固体物从液体或气体中分离出来的过程。过滤速度 u 的定义是单位时间单位面积内通过过滤介质的滤液量，即

$$u = \frac{\mathrm{d}V}{A\,\mathrm{d}\tau} = \frac{\mathrm{d}q}{\mathrm{d}\tau} \tag{5-26}$$

式中　A——过滤面积，m^2；

　　　τ——过滤时间，s；

　　　V——通过过滤介质的滤液量，m^3。

(2) 恒压过滤方程及过滤常数的测定

① 恒压过滤方程。当过滤压强恒定时，滤饼阻力和介质阻力均应计入时，恒压过滤方

程式为：

$$(V+V_e)^2 = KA^2(\tau+\tau_e) \qquad (5\text{-}27)$$

式中　V——τ 时间内的滤液量，m^3；

　　　V_e——虚拟滤液体积，它是形成相当于滤布阻力的一层滤渣时，应得到的滤液量，m^3；

　　　A——过滤面积，m^2；

　　　K——过滤常数，m^2/s；

　　　τ——相当于得到滤液 V 所需要的过滤时间，s；

　　　τ_e——相当于得到滤液 V_e 所需要的过滤时间，s。

上式也可以写为：

$$(q+q_e)^2 = K(\tau+\tau_e) \qquad (5\text{-}28)$$

或

$$q^2 + 2q_e q = K\tau$$

式中，$q = \dfrac{V}{A}$，即单位过滤面积上的滤液量，m^3/m^2；$q_e = \dfrac{V_e}{A}$，即单位过滤面积上的当量滤液体积，m^3/m^2。

本实验中所用滤框为圆形，过滤面积为：$A = 2n\dfrac{\pi d^2}{4}$（其中：$n=3$，$d=0.12$）。

② 过滤常数的测定。对式(5-28) 中的 q 求导数，得：

$$\frac{\mathrm{d}\tau}{\mathrm{d}q} = \frac{2}{K}q + \frac{2}{K}q_e \qquad (5\text{-}29)$$

式(5-39) 是直线方程，以 $\dfrac{\mathrm{d}\tau}{\mathrm{d}q}$ 对 q 在坐标纸上标绘可以得到一直线，它的斜率是 $\dfrac{2}{K}$，截距是 $\dfrac{2}{K}q_e$，但 $\dfrac{\mathrm{d}\tau}{\mathrm{d}q}$ 难以确定，故实际上可以用 $\dfrac{\Delta\tau}{\Delta q}$ 代替 $\dfrac{\mathrm{d}\tau}{\mathrm{d}q}$，即

$$\frac{\Delta\tau}{\Delta q} = \frac{2}{K}q + \frac{2}{K}q_e \qquad (5\text{-}30)$$

因此，只需在某一恒压下进行过滤操作，测取一系列 $\Delta\tau$ 和 Δq 值，然后在直角坐标纸上以 $\dfrac{\Delta\tau}{\Delta q}$ 为纵坐标，以 q 为横坐标作图，即可以得到一条直线，这条直线的斜率为 $\dfrac{2}{K}$，截距为 $\dfrac{2}{K}q_e$，因此，可以求出 K 及 q_e，再拟 $q=0$，$\tau=0$ 代入式(5-37)，即可求出 τ_e。

(3) 洗涤速率与过滤末速率的比较

对于板框过滤机，从理论上说洗涤速率与过滤末速率关系为：

$$\left(\frac{\mathrm{d}V}{\mathrm{d}\tau}\right)_W = \frac{1}{4}\left(\frac{\mathrm{d}V}{\mathrm{d}\tau}\right)_E \qquad (5\text{-}31)$$

式中，$\left(\dfrac{\mathrm{d}V}{\mathrm{d}\tau}\right)_W$ 为洗涤速率；$\left(\dfrac{\mathrm{d}V}{\mathrm{d}\tau}\right)_E$ 为过滤末速率。

洗涤速率是在恒压情况下，测定一定量水洗涤通过的时间即可。

$$\left(\frac{\mathrm{d}V}{\mathrm{d}\tau}\right)_W = \frac{V_W}{\tau_W} \qquad (5\text{-}32)$$

式中　V_W——τ_W 时间内的洗涤液量，m^3；

τ_{W}——相当于得到洗涤液 V_{W} 所需要的洗涤时间，s。

而过滤末速率的测定则比较困难，这主要由于是一个变数，为了测定较为准确，应将过滤操作进到滤框全部被滤渣充满为止（此时，滤液出口处滤液量显著减少），以过滤操作的最后一点为过滤末点，计算过滤末速率。

$$\left(\frac{\mathrm{d}V}{\mathrm{d}\tau}\right)_E = \frac{KA}{2(q+q_e)} \tag{5-33}$$

至于在板框过滤机中洗涤速率是否为过滤末速率的四分之一，请根据实验设备和实验数据进行讨论分析。

5.4.4　实验装置及流程

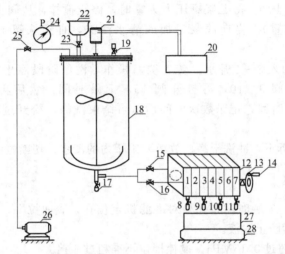

图 5-6　恒压过滤实验流程示意图

1～7—板框；8～11—板框放液阀；12—板框过滤机；13—摇柄轮；14—摇柄轮把手；15—洗涤水阀；
16—浆液阀；17—放液阀；18—贮浆罐；19—放气阀；20—搅拌控制器；21—搅拌电机；22—加料；
23—加液阀；24—压力表；25—稳压阀；26—空压机；27—滤液桶；28—电子秤

本装置由加压系统、搅拌罐、板框过滤机、称量系统等构成（图 5-6）。料液经搅拌后由压缩机加压至恒定值，通过板框式过滤机进行过滤，利用称量系统测量滤液量及所用时间。洗涤时，仍调整在过滤时的恒定压力下，转换洗涤阀门，利用称量系统测量洗涤液量及所用时间。

5.4.5　实验操作

（1）实验前准备工作

① 按流程示意图检查装置上各设备、仪表及部件是否齐全、完好。并熟悉装置上各个设备、仪表及部件的使用方法，了解有关注意事项。

② 将滤布洗净、充分润湿，所有板、框洗涤干净，通道上不存留固体颗粒。

③ 配置适中浓度滤浆，质量分数约为 $15\%\sim25\%$，浆液总量为 $5\sim6\mathrm{L}$。不同物系浆液浓度有所不同，故第一次用料时，应试做一次实验，也可按指导教师要求配制，以板框充满滤饼为宜，确定相应的浆液浓度。

④ 电子秤预热，调好零点。接好压缩机电源，调好压力、备用。

（2）操作步骤

① 将润湿后的滤布由下往上围裹滤框，使过滤通道、洗涤通道分别穿过滤布上的对应

小孔，然后按框上的号码从左向右依次排列，转动后机头上的旋转手柄压紧板框。

② 参见流程示意图 5-6，关闭阀 15～17，打开放气阀 19。

③ 将配好的浆液搅拌至盆内无沉淀，打开加液阀 23，将滤浆倒入加料斗后，打开电动搅拌器开关，调至 2 挡或 3 挡（约为 300r/min），滤浆灌完后，关闭阀 19、23。

④ 打开压缩机开关，调整稳压阀使压力表维持在 0.05MPa（或某一指定压力）。

⑤ 观察电子秤读数是否为零，若不为零，可按"置零"键将读数置零，将滤液盆放在电子秤上称重并记录。

⑥ 打开阀 8～11，再将浆液阀 16 全开，在滤液流出时立即用秒表记录时间。按每增加 0.5 kg 记录一次时间，滤液量显著减少时，即滤液出口处的液流由管口不呈线状而流下时，过滤结束。关闭阀 16。

⑦ 慢慢打开放气阀 19，待贮浆罐压力为零时，停止搅拌，从阀 15 处放出余下的浆液（如需作物料衡算可称重）。再向滤浆釜加入清水洗涤，直到从阀 17 出清水时，即关闭阀 17。

⑧ 从加料斗 22 加入 2～4 升水，转入洗涤操作，洗涤阶段停止搅拌，再调压至过滤操作时的压强，关闭阀 9、10，再打开阀 15，记录时间，然后再增加一定量（比如 0.2kg）水，记录一次时间，记录数次时间后，可结束洗涤。松开过滤机摇柄轮，取下滤饼称重。

⑨ 将滤布、滤框拆下，冲洗干净。放净贮浆罐内的清水，切断电源，一切复原。

5.4.6 注意事项

① 滤布必须湿透，安装时滤布孔要对准滤机定位孔，表面拉平，不起皱纹，以板框上的数字顺序为准，压紧防止漏液。

② 操作压力不准超过 0.15MPa，搅拌挡位不准超过 4 挡。

③ 禁止无料搅拌。如发生搅拌桨刮壁现象，立即停止搅拌，否则设备易被损坏。

④ 过滤和洗涤阶段必须保持压力恒定。

⑤ 滤板、滤框和管路阀门的启、闭要正确，防止滤浆进入洗涤通道。

⑥ 洗涤时，注意放液阀门的切换。

⑦ 再次启动压缩机时，应确定其压力表回零，否则按放空阀门使其归零。

5.4.7 实验报告要求

① 在坐标纸上绘出恒压条件下的 $\frac{\Delta\tau}{\Delta q}$-$q$ 曲线。

② 计算 K、q_e、τ_e 的值。

③ 列出完整的过滤方程及适用条件。

④ 算出过滤末速率与洗涤速率的比值。

5.4.8 思考题

① 过滤刚开始时，为什么滤液经常是浑浊的？

② 滤浆浓度和过滤压强对 K 值有何影响？

③ Δq 取大些好，还是取小一些好？同一实验，Δq 取值不同，所得的 K 值、q_e 值会不会不同？

④ 过滤压强增加一倍后，得到同一滤液量所需要的时间是否也减少一半？为什么？

5.4.9 实验装置流程

(1) 实验装置流程示意图（图 5-7）

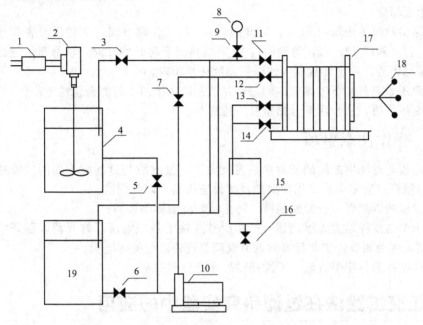

图 5-7 实验装置流程示意图

1—调速器；2—电动搅拌器；3、5、6、7、9、16—阀门；4—虑浆槽；8—压力表；10—泥浆泵；
11—后滤液入口阀；12—前滤液入口阀；13—后滤液出口阀；14—前滤液出口阀；15—滤液槽；
17—过滤机组；18—压紧装置；19—反洗水箱

如图 5-7 所示，滤浆槽内配有一定浓度的轻质碳酸钙悬浮液（浓度为 $6\% \sim 8\%$），用电动搅拌器进行均匀搅拌（以浆液不出现旋涡为好）。启动旋涡泵，调节阀门 3 使压力表 5 指示在规定值。滤液量在计量桶内计量。

实验装置中过滤、洗涤管路分布如图 5-8 所示。

(2) 实验设备主要技术参数

搅拌器型号：KDZ-1、过滤板：160mm × 180mm × 11mm、过滤面积：$0.0475m^2$、计量桶：长 327mm、宽 286mm。

5.4.10 实验操作步骤

① 系统接上电源，打开搅拌器电源开关，启动电动搅拌器 2，将滤液槽 4 内浆液搅拌均匀。

② 板框过滤机板、框排列顺序为固定头-非洗涤板（·）-框（∶）-洗涤板（∷）-框（∶）-非洗涤板（·）-可动头。用压紧装置压紧后待用。

③ 使阀门 3、5、13、14 处于全开、阀门 6、7、11、9、12、16 处于全关状态。启动旋涡泵 10，打开阀门 9，利用调节阀门 3 使压力达到规定值。

④ 待压力表 8 数值稳定后，打开过滤后滤液入口阀 11 开始过滤。当计量桶 15 内见到

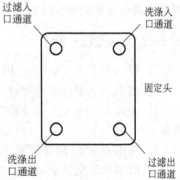

图 5-8 板框过滤机
固定头管路分布图

第一滴液体时开始计时，记录滤液每增加高度 10mm 时所用的时间。当计量桶 15 读数为 150mm 时停止计时，并立即关闭后进料阀 11。

⑤ 打开阀门 3 使压力表 8 指示值下降，关闭泵开关。放出计量桶内的滤液并倒回槽内，保证滤浆浓度恒定。

⑥ 洗涤实验时关闭阀门 5、3，打开阀门 6、7、9。调节阀门 7 使压力表 8 达到过滤要求的数值。打开阀门 13、12，等到阀门 13 有液体流下时开始计时，洗涤量为过滤量的四分之一。实验结束后，放出计量桶内的滤液到反洗水箱内。

⑦ 开启压紧装置卸下过滤框内的滤饼并放回滤浆槽内，将滤布清洗干净。

⑧ 改变压力值，从步骤 2 开始重复上述实验。

5.4.11　操作注意事项

① 过滤板与过滤框之间的密封垫注意要放正，过滤板与过滤框上面的滤液进出口要对齐。滤板与滤框安装完毕后要用摇柄把过滤设备压紧，以免漏液。

② 计量桶的流液管口应紧贴桶壁，防止液面波动影响读数。

③ 由于电动搅拌器为无级调速，使用时首先接上系统电源，打开调速器开关，调速钮一定由小到大缓慢调节，切勿反方向调节或调节过快以免损坏电机。

④ 启动搅拌前，用手旋转一下搅拌轴以保证启动顺利。

5.5　正交试验法在过滤研究实验中的应用

5.5.1　实验目的

① 掌握恒压过滤常数 K、q_e、τ_e 的测定方法，加深对 K、q_e、τ_e 概念和影响因素的理解。

② $\dfrac{\Delta\tau}{\Delta q}$-$q$ 一类关系的实验确定方法。

③ 掌握正交试验方法的基本步骤及原理。

④ 掌握进行科学分析正交试验法的实验结果，指出实验指标随各因素变化的趋势，了解适宜操作条件的确定方法。

5.5.2　实验任务

① 列出关于 K、q_e、τ_e 的正交试验表。

② 用最小二乘法或作图法求解正交表中一个试验的 K、q_e、τ_e。

③ 按表 5-4 的格式对试验指标 K 进行极差分析和方差分析，并写出表中某列值的计算举例。

④ 画出表示 K 随各因素水平变化趋势的线图，并做理论分析。

⑤ 由本次正交试验可得出的结论。

5.5.3　实验原理

① 恒压过滤常数 K、q_e、τ_e 的测定方法（参阅相关内容）。

② 正交试验法原理（参阅 3.4 节）。

5.5.4　实验装置及流程

实验装置流程见过滤实验装置 5.4.4。

5.5.5 实验操作

① 规定试验指标为恒压过滤常数 K，并设定试验因素和水平，见表 5-1。并假定各因素之间无交互作用。

② 为便于处理实验结果，统一选择正交表 L_8（4×2^4），表头设计见表 5-2。

③ 按表 5-2 的表头设计，填入与各因素水平对应的数据，使它变成直观的"实验方案"表格。

④ 每次实验分 8 个小组进行，第 1~4 小组为第一大组，第 5~8 小组为第二大组。每个小组完成正交表中两个实验号的实验，每个大组负责完成一个正交表的全部实验。

⑤ 测定每个实验条件下的过滤常数 K、q_e、τ_e，操作步骤详见 5.4.5。

⑥ 同一滤浆桶内，先做低温，后做高温。两个滤浆桶内同一水平的温度应相等。

⑦ 每组先把低温下的实验数据输入计算机回归过滤常数，回归相关系数大于 0.95 为单组实验合格，否则重新实验。使用同一滤浆桶的两组均合格后，才能升温。

⑧ 每一大组用同一台计算机汇总并整理全部实验数据，每个小组打印一份结果。

⑨ 对实验指标 K 进行极差分析和方差分析；指出各个因素重要性的大小；讨论 K 随其影响因素的变化趋势；以提高过滤速度为目标，确定适宜的操作条件。

5.5.6 注意事项

① 每次实验前都必须认真核对将做的实验是否符合正交表中因素和水平的规定。

② 每个人实验的好坏，都会对整个大组的实验结果产生重大影响。因此，每个人都应认真实验，切不可粗心大意。

③ 每次实验后应该把过滤机清洗干净。

④ 加热滤浆时加热电压不能超过 220V。当滤浆温度即将升到水平 2 所规定的温度数值时，加热电压应迅速降到 40~50V。然后再酌情调节电压进行升温或保温。

⑤ 实验操作过程的注意事项详见 5.4.6。

5.5.7 实验报告要求

① 列出全部过滤操作的原始数据，见表 5-3。

② 用最小二乘法或作图法求解正交表中一个试验的 K、q_e、τ_e。

③ 把计算机输出的恒压过滤常数 K、q_e、τ_e 填入表 5-2 中。

④ 按表 5-4 的格式对试验指标 K 进行极差分析和方差分析，并写出表中某列值的计算举例。

⑤ 画出表示 K 随各因素水平变化趋势的线图，并做理论分析。

⑥ 由本次正交试验可得出的结论。

5.5.8 思考题

为什么每次实验结束后，都得把滤饼和滤液倒回滤浆槽内？

附表：

表 5-1　正交试验的因素和水平

水平　　　　因素	压强差 ΔP /MPa	过滤温度 t /℃	滤浆浓度 C	过滤介质 M
1	0.5	室温	低浓度	G2
2	1.0	室温+10	高浓度	G3
3	1.5			
4				

表 5-2 正交试验的试验方案和实验结果表

j		1	2	3	4	5	6	7	8
i	试验	ΔP	T	C	M	E	K	q_e	τ_e
1	1								
2	2								
3	3								
4	4								
5	5								
6	6								
7	7								
8	8								

表 5-3 过滤操作的原始数据表

过滤	500g	1000g	1500g	2000g	2500g	3000g	3500g	4000g
洗涤	100g	200g	300g	400g	500g	600g	700g	800g
1								
2								
3								
4								
5								
6								
7								
8								

表 5-4 K 的极差分析和方差分析表

		$j=1$	2	3	4	5	6	7	8
$i=9$	I/K								
10	II/K								
11	III/K								
12	IV/K								
13	极差								
14	S_j								
15	f_j								
16	V_j								
17	F_j								
18	显著性								

5.6 传热实验

5.6.1 实验目的

① 通过对管程内部插有螺旋线圈的空气—水蒸气强化套管换热器的实验研究，掌握对流传热系数 α_i 的测定方法，加深对其概念和影响因素的理解。

② 学会并应用线性回归分析方法，确定传热管关联式 $Nu = ARe^m Pr^{0.4}$ 中常数 A、m 数值，强化管关联式 $Nu_0 = BRe^m Pr^{0.4}$ 中 B 和 m 数值。

③ 通过变换列管换热器换热面积实验测取数据计算总传热系数 K，加深对其概念和影响因素的理解。

④ 认识光滑套管换热器、强化套管换热器及列管换热器的结构及操作方法，测定并比

较不同换热器的性能。

5.6.2　实验任务

① 测定 5～6 组不同流速下强化套管换热器的对流传热系数 α_i。

② 测定 5～6 组不同流速下空气全流通列管换热器总传热系数 k。

③ 对 α_i 的实验数据进行线性回归，确定关联式 $Nu = ARe^m Pr^{0.4}$ 中常数 A、m 的数值。

5.6.3　实验原理

热传递现象无时无处不在，它的影响几乎遍及现代所有的工业部门，也渗透到农业、林业等许多技术部门中。不仅传统工业领域，象能源动力、冶金、化工、交通、建筑建材、机械以及食品、轻工、纺织、医药等要用到许多传热学的有关知识，而且诸如航空航天、核能、微电子、材料、生物医学工程、环境工程、新能源以及农业工程等很多高新技术领域也都在不同程度上有赖于应用传热研究的最新成果，并涌现出像相变与多相流传热、超低温传热、微尺度传热、生物传热等许多交叉分支学科。在某些环节上，传热技术及相关材料设备的研制开发甚至成为整个系统成败的关键因素。

(1) 强化套管换热器传热系数测定及准数关联式的确定

① 对流传热系数 α_i 的测定

对流传热系数 α_i 可以根据牛顿冷却定律，通过实验来测定。

$$Q_i = \alpha_i S_i \Delta t \tag{5-34}$$

式中　α_i——管内流体对流传热系数，$W/(m^2 \cdot \text{℃})$；

　　Q_i——管内传热速率，W；

　　S_i——管内换热面积，m^2；

　　Δt——壁面与主流体间的温度差，℃。

平均温度差由下式确定：

$$\Delta t = t_w - (t_1 + t_2)/2 \tag{5-35}$$

式中　t_1——冷流体的入口温度，℃；

　　t_2——冷流体的出口温度，℃；

　　t_w——壁面平均温度，℃。

因为换热器内管为紫铜管，其导热系数很大，且管壁很薄，故认为内壁温度、外壁温度和壁面平均温度近似相等，用 t_w 来表示，由于管外使用蒸汽，所以 t_w 近似等于热流体的平均温度。

管内换热面积：

$$S_i = \pi d_i L_i \tag{5-36}$$

式中　d_i——内管管内径，m；

　　L_i——传热管测量段的实际长度，m。

由热量衡算式：

$$Q_i = W_i c_{pi}(t_2 - t_1) \tag{5-37}$$

其中质量流量由下式求得：

$$W_i = \frac{V_i \rho_i}{3600} \tag{5-38}$$

式中　V_i——冷流体在套管内的平均体积流量，m^3/h；

　　c_{pi}——冷流体的定压比热，$kJ/(kg \cdot \text{℃})$；

　　ρ_i——冷流体的密度，kg/m^3。

c_{pi} 和 ρ_i 可根据定性温度 t_m 查得，

$t_m = \dfrac{t_1 + t_2}{2}$ 为冷流体进出口平均温度。

t_1，t_2，t_w，V_i 可采取一定的测量手段得到。

② 对流传热系数准数关联式的实验确定

流体在管内作强制湍流，被加热状态，准数关联式的形式为：

$$Nu_i = ARe_i^m Pr_i^n \tag{5-39}$$

其中：$Nu_i = \dfrac{\alpha_i d_i}{\lambda_i}$，$Re_i = \dfrac{u_i d_i \rho_i}{\mu_i}$，$Pr_i = \dfrac{c_{pi}\mu_i}{\lambda_i}$

物性数据 λ_i、c_{pi}、ρ_i、μ_i 可根据定性温度 t_m 查得。对于管内被加热的空气 $n = 0.4$ 则关联式的形式简化为：

$$Nu_i = ARe_i^m Pr_i^{0.4} \tag{5-40}$$

这样通过实验确定不同流量下的 Re_i 与 Nu_i，然后用线性回归方法确定 A 和 m 的值。

强化传热技术，可以使初设计的传热面积减小，从而减小换热器的体积和重量，提高了现有换热器的换热能力，达到强化传热的目的。同时换热器能够在较低温差下工作，减少了换热器工作阻力，以减少动力消耗，更合理有效地利用能源。强化传热的方法有多种，本实验装置采用了螺旋线圈的方式进行强化传热的。

螺旋线圈强化管内部结构图如图 5-9 所示，螺旋线圈由直径 3mm 以下的钢丝按一定节距绕成。将金属螺旋线圈插入并固定在管内，即可构成一种强化传热管。在近壁区域，流体一面由于螺旋线圈的作用而发生旋转，一面还周期性地受到线圈的螺旋金属丝的扰动，因而可以使传热强化。由于绕制线圈的金属丝直径很细，流体旋流

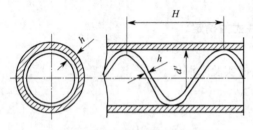

图 5-9　螺旋线圈强化管内部结构

强度也较弱，所以阻力较小，有利于节省能源。螺旋线圈是以线圈节距 H 与管内径 d 的比值以及管壁粗糙度（$2d/h$）为主要技术参数，且长径比是影响传热效果和阻力系数的重要因素。

科学家通过实验研究总结了形式为 $Nu = ARe^m$ 的经验公式，其中 A 和 m 的值因强化方式不同而不同。

（2）列管换热器总传热系数 K 的计算

总传热系数 K 是评价换热器性能的一个重要参数，也是对换热器进行传热计算的依据。对于已有的换热器，可以通过测定有关数据，如设备尺寸、流体的流量和温度等，通过传热速率方程式计算 K 值。

传热速率方程式是换热器传热计算的基本关系。该方程式中，冷、热流体温度差 ΔT 是传热过程的推动力，它随着传热过程冷热流体的温度变化而改变。

传热速率方程式 $\qquad\qquad Q = K_o \times S_o \times \Delta T_m \tag{5-41}$

热量衡算式 $\qquad\qquad Q = C_p \times W \times (T_2 - T_1) \tag{5-42}$

总传热系数 $\qquad\qquad K_o = \dfrac{C_p \times W \times (T_2 - T_1)}{S_o \times \Delta T_m} \tag{5-43}$

$$\Delta T_m = \dfrac{(T_1 - t_2) - (T_2 - t_1)}{\ln\dfrac{T_1 - t_2}{T_2 - t_1}} \tag{5-44}$$

式中　Q——热量，W；

$\qquad$ S_o——传热面积，m^2；

ΔT_m——冷热流体的平均温差，℃；

K_o——总传热系数，W/(m²·℃)；

C_p——比热容，J/(kg·℃)；

W——空气质量流量，kg/s；

T_1——空气进口温度，℃；

T_2——空气出口温差，℃。

$$列管换热器的换热面积\ S_o = n \cdot \pi d_o L_o$$

式中　d_o——列管换热器直径，m；

　　　L_o——列管长度，m；

　　　N——列管根数。

5.6.4　实验装置及流程

(1)　实验装置流程示意图

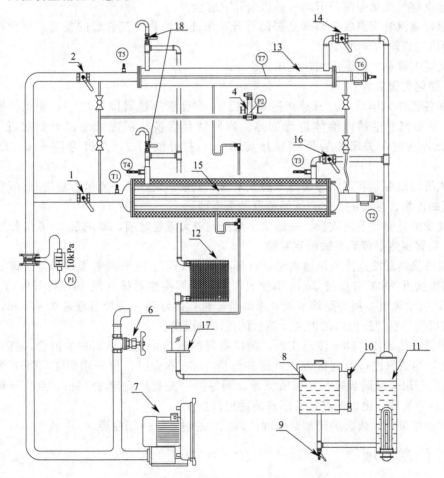

图 5-10　传热综合实验装置

1—列管换热器空气进口阀；2—套管换热器空气进口阀；4—压差传感器；6—空气旁路调节阀；

7—旋涡气泵；8—储水罐；9—排水阀；10—液位计；11—蒸汽发生器；12—散热器；13—套管换热器；

14—套管换热器蒸汽进口阀；15—列管换热器；16—列管换热器蒸汽进口阀；

17—玻璃观察段；18—不凝气放气阀；P1，P2—压差传感器

（2）实验设备主要技术参数

套管换热器实验内管直径（mm）：$\Phi 22 \times 1.0$；

测量段（紫铜内管、列管内管）长度 L（m）：1.20；

强化传热内插物（螺旋线圈）尺寸：丝径 h（mm）1.0、节距 H（mm）40；

套管换热器实验外管直径（mm）：$\Phi 57 \times 3.5$；

列管换热器实验内管直径（mm），根数：$\Phi 19 \times 1.5$，$n = 6$；

列管换热器实验外管直径（mm）：$\Phi 89 \times 3.5$；

孔板流量计孔流系数及孔径：$c_o = 0.65$，$d_o = 0.017 m$；

旋涡气泵：XGB—12 型。

5.6.5　实验操作

（1）实验前的准备及检查工作

① 向储水罐 8 中加入蒸馏水至液位计上端处。

② 检查空气流量旁路调节阀 6 是否全开（应全开）。

③ 检查蒸汽管支路各控制阀是否已打开，保证蒸汽和空气管线的畅通（至少有一个换热器的蒸汽进口阀门全开）。

④ 接通电源总闸，设定加热电压。

（2）强化套管实验

① 准备工作完毕后，打开蒸汽进口阀门 14 和套管换热器排气阀 18，启动仪表面板加热开关，对蒸汽发生器内液体进行加热。当所做套管换热器内管壁温升到接近 100℃并保持 5min 不变时，关闭套管换热器排气阀 18，打开阀门 2，全开旁路阀 6，启动风机开关。

② 风机启动后，利用用旁路调节阀 6 来调节流量，调好某一流量后稳定 5min 后，分别记录空气的流量、空气进、出口的温度及壁面温度。

③ 改变流量测量下组数据。一般从小流量到最大流量之间，要测量 5～6 组数据。

（3）列管换热器传热系数测定实验

① 列管换热器冷流体全流通实验，打开蒸汽进口阀门 16 和列管换热器排气阀 18，当蒸汽出口温度接近 100℃并保持 5min 不变时，关闭列管换热器排气阀 18，打开阀门 1，全开旁路阀 6，启动风机，用旁路调节阀 6 来调节流量，调好某一流量后稳定 3～5min，分别记录空气的流量，空气进出口的温度及蒸汽的进出口温度。

② 列管换热器冷流体半流通实验，用准备好的丝堵堵上一半面积的内管，打开蒸汽进口阀门 16，当蒸汽出口温度接近 100 度并保持 5min 不变时，打开阀门 1，全开旁路阀 6，启动风机，利用旁路调节阀 6 来调节流量，调好某一流量后稳定 3～5min 后，分别记录空气的流量、空气进、出口的温度及蒸汽的进出口温度。

③ 实验结束后，依次关闭加热电源、风机和总电源，一切复原。

5.6.6　注意事项

① 检查蒸汽加热釜中的水位是否在正常范围内。特别是每个实验结束后，进行下一实验之前，如果发现水位过低，应及时补给水量。

② 必须保证蒸汽上升管线的畅通。即在开启加热电压之前，两蒸汽支路阀门之一必须全开。在转换支路时，应先开启需要的支路阀，再关闭另一侧，且开启和关闭阀门必须缓慢，防止管线截断或蒸汽压力过大突然喷出。

③ 必须保证空气管线的畅通。即在接通风机电源之前，两个空气支路控制阀之一和旁路调节阀必须全开。在转换支路时，应先关闭风机电源，然后开启和关闭支路阀。

④ 调节流量后，应至少稳定 5～8min 后读取实验数据。

⑤ 实验中保持上升蒸汽量的稳定，不应改变加热电压。

5.6.7　思考题

① 影响总传热系数 K 的因素有哪些？

② 在本实验条件下，进一步提高空气的流量，是否能达到有效强化传热过程的目的？

③ 测取数据前为什么要排放不凝性气体？如果疏水器不通，会导致什么后果？

④ 实验中管壁温度应接近蒸汽温度还是空气温度？为什么？

⑤ 根据实验数据分析，讨论波纹管换热器强化传热的机理。

⑥ 根据传热速率方程式，试提出强化传热的其他方案，并说明理由。

5.7　强制对流下空气传热膜系数的测定

5.7.1　实验目的

① 掌握测定空气在圆形直管内及套管间隙内的强制对流表面传热系数的测定方法。

② 了解传热面几何特性对传热过程的影响。

③ 了解换热器串、并联对传热过程的影响。

④ 加深理解管内加设扰流子对传热过程的强化作用。

5.7.2　实验任务

① 测定空气在圆形直管内及套管间隙内的强制对流表面传热系数，并用特征准数方程整理实验数据。

② 比较不同几何特性传热面的传热速率，并讨论传热面几何特性对传热过程的影响。

③ 比较在相同空气流量下，换热器串、并联对传热过程的影响。

④ 测定各套管换热器的热流量损失。

5.7.3　实验原理

在化工生产过程中，为完成工艺过程所需的反应、分离、输送、贮存等操作，常常需要热量交换达到所需的反应温度，不仅仅是利用单纯的公用工程加热和冷却，流程中的冷、热流股也可相互匹配，来提高能量利用率。可见，传热过程是化工生产中重要的单元操作之一。

传热过程不仅与操作条件、物流的性质及流动状态有关，而且与传热设备的形式、传热面的特性有关。为准确地设计换热设备或换热系统，必须对传热过程中各种因素的影响关系进行研究，以建立适宜的数学模型，从而对传热设备进行设计计算。

当冷、热流体在换热器中进行稳态传热时，该换热器一定同时满足热流量衡算和传热速率方程。若忽略热损失，热流量衡算式和传热速率方程式可分别表示如下。

热流量衡算：
$$Q = W_c C_{pc}(t_2 - t_1) = W_h C_{ph}(T_1 - T_2) \qquad (5\text{-}45)$$

传热速率方程：
$$Q = KA\Delta t_m \qquad (5\text{-}46)$$

式中，对数传热平均温度差 Δt_m 为

$$\Delta t_{\mathrm{m}} = \frac{\Delta t_1 - \Delta t_2}{\ln \dfrac{\Delta t_1}{\Delta t_2}} \tag{5-47}$$

以管内表面为基准计算的总传热系统数 K 为

$$\frac{1}{K} = \frac{1}{\alpha_{\mathrm{i}}} + R_{\mathrm{i}} + \frac{b}{\lambda} \frac{d_{\mathrm{i}}}{d_{\mathrm{m}}} + \left(\frac{R_0}{d_{\mathrm{o}}} + \frac{1}{\alpha_{\mathrm{o}} d_{\mathrm{o}}} \right) d_{\mathrm{i}} \tag{5-48}$$

以管内径为计算基准的传热面积 A 为

$$A = \pi d_{\mathrm{i}} l \tag{5-49}$$

式中　　Q——传递的热流量，W；

$\quad\quad W_{\mathrm{c}}$——冷物流流量，kg/s；

$\quad\quad C_{\mathrm{pc}}$——冷物流平均温度下的定压比热容，J/(kg·℃)；

$\quad\quad W_{\mathrm{h}}$——热物流流量，kg/s；

$\quad\quad C_{\mathrm{ph}}$——热物流平均温度下定压比热容，J/(kg·℃)；

$\quad\quad t_1$，t_2——冷物流的进、出口温度，℃；

$\quad\quad T_1$，T_2——热物流的进、出口温度，℃；

$\quad\quad K$——传热系数，W/(m^2·℃)；

$\quad\quad A$——传热面积，m^2；

$\quad\quad \Delta t_{\mathrm{m}}$——对数平均传热温度差，℃；

$\quad \Delta t_1$，Δt_2——套管换热器两端热、冷物流传热温度差；

d_{i}，d_{o}，d_{m}——换热管的内、外、平均直径，m；

$\quad\quad \alpha_{\mathrm{i}}$，$\alpha_{\mathrm{o}}$——换热管的内、外表面传热系数，W/(m^2·℃)；

$\quad\quad R_{\mathrm{i}}$，$R_{\mathrm{o}}$——换热管的内、外污垢热阻，m^2·℃/W；

$\quad\quad \lambda$——导热系数，W/(m·℃)；

$\quad\quad b$——换热管的壁厚，m；

$\quad\quad l$——换热管的长度，m。

（1）管内表面传热系数 α_{i} 的确定

根据总传热系数计算式(5-48)，若传热过程采用管外水蒸气冷凝加热管内空气，热阻主要集中在管内空气传热一侧，而管外蒸汽冷凝和管壁热阻远比管内空气一侧为小，即

$$\frac{1}{\alpha_{\mathrm{i}}} \gg R_{\mathrm{i}} + \frac{b}{\lambda} \frac{d_{\mathrm{i}}}{d_{\mathrm{m}}} + \left(\frac{R_{\mathrm{o}}}{d_{\mathrm{o}}} + \frac{1}{\alpha_{\mathrm{o}} d_{\mathrm{o}}} \right) d_{\mathrm{i}}$$

则可取 K 近似等于 α_{i}，此时

$$\alpha_{\mathrm{i}} \approx K = \frac{Q}{A \Delta t_{\mathrm{m}}} \tag{5-50}$$

如果 α_{i} 与 α_{o} 比较接近，两侧热阻均不可忽略，则需要测定壁温 t_{w} 与主流平均温度 t_{m} 来计算表面传热系数。根据牛顿冷却定律：

$$Q = \alpha_{\mathrm{i}} (t_{\mathrm{w}} - t_{\mathrm{m}}) \tag{5-51}$$

$$\alpha_{\mathrm{i}} = \frac{Q}{A (t_{\mathrm{w}} - t_{\mathrm{m}})} \tag{5-52}$$

式中　　Q——热流量，W；

$\quad\quad t_{\mathrm{w}}$——换热管内壁表面温度，℃；

t_m——管内流体平均温度，$t_m = \dfrac{t_1 + t_2}{2}$，℃。

通过实验测定 Q、t_w 与 t_m 值，A 由装置尺寸计算求得，即可计算出圆形管内的表面传热系数。同理，管外表面传热系数 α_o 亦可由式(5-53) 通过实验计算得出。

$$\alpha_o = \frac{Q}{A_o(T_m - T_w)} \tag{5-53}$$

式中　A_o——以管外表面为基准的传热面积，m^2；

　　　T_m——管外流体平均温度，℃；

　　　T_w——管外壁表面温度，℃。

如不测换热管的壁温，亦可采用 Wilson 图解法，通过两次图解确定 α_i。

当换热管壁较薄，热导率 λ 较大时，可将管壁热阻忽略。一般情况下，测定时间不长，污垢热阻变化不大，故两侧污垢热阻 R_d 可视为常数，则式(5-48) 可表示为

$$\frac{1}{K} = \frac{1}{\alpha_i} + \frac{b}{\lambda} + \sum R_d + \frac{1}{\alpha_o} \tag{5-54}$$

在实验操作中，保持管外物流流量恒定，温度变化幅度较小，其表面传热系数 α_o 可近似为常数。

管内表面传热系数 α_i 的关联式可表示为

$$Nu = BRe^m Pr^n \left(\frac{\mu}{\mu_w}\right)^{0.14} \tag{5-55}$$

或

$$\alpha_i = B\frac{\lambda}{d_i}\left(\frac{d_i G}{\mu}\right)^m Pr^n \left(\frac{\mu}{\mu_w}\right)^{0.14} \tag{5-56}$$

式中，G 为管内流体质量流速，$kg/(m^2 \cdot s)$。

当物流被加热时，$n = 0.4$，被冷却时，$n = 0.3$，将式(5-55) 中物性参数及结构参数进行合并得

$$\alpha_i = B'G_m \tag{5-57}$$

式中

$$B' = B\frac{\lambda}{d_i}\left(\frac{d_i}{\mu}\right)^m Pr^n \left(\frac{\mu}{\mu_w}\right)^{0.14} \tag{5-58}$$

B、m 均为待定参数。将式(5-56) 代入式(5-53) 中得

$$\frac{1}{K} = \left(\frac{1}{\alpha_o} + \sum R_d + \frac{b}{\lambda}\right) + \frac{1}{B'G^m} \tag{5-59}$$

令

$$y = \frac{1}{K}, \quad x = \frac{1}{G^m}$$

则式(5-58) 可表示为

$$y = ax + c \tag{5-60}$$

式中，$a = \dfrac{1}{B'}$；$c = \dfrac{1}{\alpha_o} + \sum R_d + \dfrac{b}{\lambda}$。

恒定管外流量，给定 m 的初值（如 $m_0 = 0.8$），改变管内流量 G_j，求得多个 $x_j(j = 1, 2, \cdots, k)$，每改变一次 G_j，即可得传热量 Q_j 及传热温度差 Δt_{mj}，传热面积 A_j，可计算求得，于是有

$$K_j = \frac{Q_j}{A_j \Delta t_{mj}}$$

而
$$y_j = \frac{1}{K_j} (j = 1, 2, \cdots, k)$$

计算 Q_j 时，使热衡算误差小于 5%，即

热物流：
$$Q_h = W_h C_{ph} \Delta T$$

冷物流：
$$Q_c = W_c C_{pc} \Delta t$$

$$\Delta Q = Q_h - Q_c$$

当 $|\Delta Q/Q| < 0.05$ 时，其 Q_j 值即可使用。

将得到的 (x_j, y_j) 标绘在坐标纸上，由实验点确定一适宜直线，由该直线确定斜率 α 及截距 c，将截距 c 代入到式(5-53)中，得到

$$\alpha_{ij} = \frac{1}{\dfrac{1}{K_j} - \left(\dfrac{1}{\alpha_0} + \Sigma R_d + \dfrac{b}{\lambda}\right)} = \frac{1}{y_j - c} \tag{5-61}$$

将一组 y_j 及 c 代入式(5-59)计算一组 α_{ij} $(j = 1, 2, \cdots, k)$，进而求得管内不同流量下的 Nu_j 以及 Re_j，再采用图解法确定 B、m，以验证 m 的初始假定是否成立。

将式(5-54) 两边取对数得

$$\lg \frac{Nu}{\left(\dfrac{\mu}{\mu_w}\right)^{0.14} Pr^n} = m \lg Re + \lg B \tag{5-62}$$

式(5-61) 中，指数 n 可根据管内物流被加热或冷却来确定。令

$$Y = \frac{Nu}{\left(\dfrac{\mu}{\mu_w}\right)^{0.14} Pr^n}, \quad X = Re \ (i = 1, 2, \cdots, k)$$

则式(5-61) 可简写为

$$\lg Y = m \lg X + \lg B \tag{5-63}$$

将几组实验数据 Y_j 与 X_j $(j = 1, 2, \cdots, k)$ 标绘在双对数坐标中，可得一条直线，由该直线斜率确定 m 值，截距确定 B 值。将确定的 m 值与其初始值 m_0 进行比较，若二者之差没有达到规定误差，则应重新给定 m 初值 m_0。返回前面进行迭代计算，直至达到规定误差要求。

在式(5-62) 中，校正项 $\left(\dfrac{\mu}{\mu_w}\right)^{0.14}$ 中的 μ_w 由壁温 t_w 确定，而在实验过程中，若没有直接测定壁温，则可按以下步骤计算壁温 t_w。

计算 t_w 的步骤：

① 先不考虑校正项，即 $\left(\dfrac{\mu}{\mu_w}\right)^{0.14} = 1$，求管内表面传热系数 α_i，此时

$$\alpha_i = B \frac{\lambda}{d_i} Re^m Pr^n \tag{5-64}$$

② 给定 B、m 的初值 B_0，m_0。

③ 将 B_0，m_0 代入式(5-52) 中，计算 $\alpha_{ij}(j = 1, 2, \cdots, k)$。

④ 计算 Nu_j 及 Nu_j/Pr_j^n $(j = 1, 2, \cdots, k)$。

⑤ 将 (Nu_j/Pr_j^n) 及 Re_j 标绘在双对数坐标中，得到一直线，由该直线的斜率和截距确定 m、B 值。将 m、B 的当前值与初值比较，若未达到规定要求，则应重新给定初值 m_0、B_0，进行迭代计算，直至收敛。

⑥ 由以上步骤确定的 B、m 值，计算得到 α_i，则壁温 t_w 可用下式计算得到。

$$Q = \alpha_i A (t_w - t_m)$$

$$t_w = t_m + \frac{Q}{a_i A} \tag{5-65}$$

式中，t_m 为流体主流平均温度，$t_m = \dfrac{t_1 + t_2}{2}$，℃。

需要说明的是，Wilson 法存在不足。一是在实验中一侧流体的流量及温度难以恒定，二是需要较多的实验数据，否则，难以获得准确的结果。为此，现在提出了修正的 Wilson 图解法，可参考相应书籍。

（2）表面传热系数特征数关联式的实验确定

管内、外表面传热系数 α_i 及 α_0 与换热物流的物理性质、流动状态及换热器的几何结构有关。对于稳态无相变传热过程，可采用量纲分析方法获得一般特征准数之间的表达形式，如式（5-66）所示。

$$Nu = f(Re, Pr, Gr) \tag{5-66}$$

在强制湍流传热条件下，可忽略浮力对传热的影响，即格拉斯霍夫数 Gr 可以忽略，则式（5-66）可表示为

$$Nu = f(Re, Pr) \tag{5-67}$$

或

$$Nu = BRe^m Pr^n \tag{5-68}$$

式中

$$Nu = \frac{ad}{\lambda}, Re = \frac{du\rho}{\mu}, Gr = \frac{g\beta \Delta t u^3 \rho^3}{\mu^2}$$

其系数 B 及指数 m、n 均为待定参数，可由实验确定。其方法为：通过实验获得多组数据 Nu_j、Re_j、Pr_j（$j = 1, 2, \cdots, k$），然后用常用的数据拟合方法或标绘方法确定出参数 B，m，n。

由式（5-67），两边取对数得

$$\lg Nu = \lg B + m\lg Re + n\lg Pr \tag{5-69}$$

设 $Y = \lg Nu$，$b_0 = \lg B$，$b_1 = m$，$X_1 = \lg Re$，$b_2 = n$，$X_2 = \lg Pr$，则式（5-68）可写成

$$Y = b_0 + b_1 X_1 + b_2 X_2$$

以 X_1、X_2 为自变量，以 Y 为因变量，进行二元线性回归得 b_0、b_1、b_2 后，即可求得 B、m 和 n 的值。

若式（5-67）中指数 N 为已知（实验研究表明，流体被加热时取 $n = 0.4$，被冷却时取 $n = 0.3$），则可将式（5-67）取对数，表示为线性方程式：

$$\lg(Nu/Pr^n) = \lg B + m\lg Re \tag{5-70}$$

通过实验测定，可获得多组实验数据，经计算求得 Nu_j、Re_j、Pr_j 及 $(Nu/Pr^n)_j$，在双对数坐标纸上，将 $(Nu/Pr^n)_j$ 对 Re_j 标绘，由标绘的实验点确定一条直线。由该直线的斜率 m 和截距 $\lg B$ 即可确定式（5-69）中的 m 及 B 值。

对于在圆形直管中作强制湍流无相变传热的表面传热系数，有以下经验关联式：

$$Nu = 0.023Re^{0.8} Pr^n$$

此式的适用条件为：$Re > 10000$，$Pr = 0.7 \sim 160$，$L/d > 50$，$\mu < 2 \times 10^{-3} \mathrm{Pa \cdot s}$。所用特征尺寸 d 为管内径，流体物性取流体进、出口温度的算术平均值，即定性温度 $t_m = \dfrac{t_1 + t_2}{2}$ 下的数值。

5.7.4　实验装置及流程

实验装置参考第 5.6.4 节。

5.7.5　实验操作

① 熟悉空气系统和水蒸气加热系统的流程，了解各换热管空气流量调节、蒸汽温度调节的方法。

② 将空气系统的空气旁路调节阀完全打开，启动风机及各个测量仪表显示。调节各换热器的入口空气调节阀开度让套管换热器里有一定量的空气。

③ 打开疏水器阀 1，排放蒸汽发生器到装置管段及换热器内残留的冷凝水，直到听到有蒸汽的响声后关闭阀 1。

④ 当一切准备好后，打开蒸汽进口阀，蒸汽压力调到某值，并保持蒸汽压力不变。

⑤ 调节冷流体进口阀，改变冷流体的流量到一定值，等稳定后记录实验数值；改变流量，记录不同流量下的实验数值。

⑥ 记录 7~8 组实验数据，完成实验，关闭蒸汽进口阀与冷流体进口阀，关闭仪表电源、风机电源。

⑦ 关闭蒸汽发生器。

⑧ 打开实验软件，把实验数据输入，进行实验数据处理。

5.7.6　注意事项

① 注意蒸汽的跑、冒、滴、漏现象，以及裸露管件，避免高温烫伤。

② 一定要在套管换热器内管输以一定量的空气，方可开启蒸汽阀门，且必须在排除蒸汽管线上原先积存的凝结水后，方可把蒸汽通入套管换热器中。

③ 刚开始通入蒸汽时，要仔细检查蒸汽阀门的开度，使蒸汽徐徐流入换热器中，逐渐加热，由冷态转变为热态不得少于 20min，以防止管路因突然受热，接口处出现跑冒现象。

④ 操作过程中，蒸汽压力一般控制在 0.05MPa（表压）以下，否则可能造成玻璃管爆裂和密封填料损坏。

⑤ 测定各参数时，必须是在稳定传热状态下，随时注意惰性气体的排空和压力表读数的调整。每组数据应重复 2~3 次，确认数据的再现性、可靠性。

5.7.7　实验报告要求

① 将冷流体给热系数的实验值与理论值列表比较，计算各点误差，并分析讨论。

② 说明蒸汽冷凝给热系数的实验值和冷流体给热系数实验值的变化规律。

③ 按冷流体给热系数的模型式：$Nu/Pr^{0.4}=ARe^m$。确定式中常数 A 及 m。

5.7.8　思考题

① 为什么本实验装置的 K 近似等于 α？

② 环隙间饱和蒸汽的压强发生变化，对管内空气传热膜系数的测量是否会发生影响？

③ 空气的湿度和温度对传热膜系数有何影响？在不同的温度下，是否会得出不同结果？

④ 本实验中空气和蒸汽的流向，对传热效果有什么影响？要不要考虑它们的相对流动方向？

⑤ 测定两次壁温，分析本实验壁温是接近蒸汽的温度，还是接近空气的平均温度？

附　传热综合实验计算机数据采集系统

(1) 系统方案

传热综合实验中数据采集部分，需要监测 20 个数据采集点，分别为空气进口温度（3个）、空气出口温度（3个）、加热蒸汽温度（3个）、孔板流量计压差（4个）、波纹管入口壁温度（1个）、波纹管出口壁温度（1个）、光管入口壁温度（1个）、光管出口壁温度（1个）、套管外管壁温度（1个）、保温层外表面温度（1个）、串联时空气进口温度（1个）。20 个数据采集点的数据集中到中央计算机，中央计算机将收集到的数据进行数据处理，完成数据的保存、分析、显示、计算等功能。

(2) 硬件环境

数据采集点由单片机组成，中央计算机采用 PC586 计算机。中央计算机与数据采集点之间用总线式网络结构，采用 RS485 通信标准，以问答方式进行数据通信。在进行通信时，由 20 个数据采集点与中央计算机发送通信命令，中央计算机在接受数据采集点发回的相应命令后继续发送命令的通信形式。

(3) 系统总体框图

系统的总体结构图如图 5-11 所示。在系统的总体框图中，为了说明问题方便，没有考虑通讯距离。

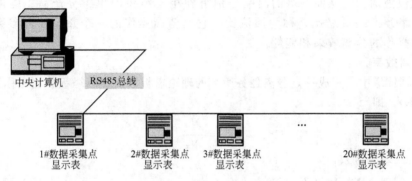

图 5-11　系统的总体结构图

(4) 软件环境

操作系统为 Windows 95/98。

(5) 传热综合实验数据采集程序的启动

启动 Windows95/98 后，单击"开始"按钮，选择"程序"界面，在此菜单中的"传热综合实验数据采集"为主程序。传热综合实验数据采集主菜单，它列出了一组命令，首先进行"数据采集"。数据采集结束后，选择"数据处理"中的"显示实验数据记录及计算结果表格"。在屏幕上显示出实验数据记录及计算结果。然后，可选择"制作曲线图"，在屏幕上绘制出双对数坐标纸，并在其上绘制出回归曲线。实验结束后，选择"结束采集"按钮，返回 Windows。

5.8　精馏实验

5.8.1　实验目的

① 熟悉连续精馏的工艺流程，了解各种设备、板式塔的结构及其作用。

---

② 掌握连续精馏过程的操作及调节方法。

③ 观察精馏塔内气液两相的接触状态。

④ 了解阿贝折光仪测定混合物组成的方法。

5.8.2 实验任务

在全回流及部分回流条件下，测定板式塔的全塔效率及单板效率。

5.8.3 实验原理

精馏是利用混合物中各组分挥发度的不同将混合物进行分离的。在精馏塔中，再沸器或塔釜产生的蒸汽沿塔逐渐上升，来自塔顶冷凝器的回流液从塔顶逐渐下降，气液两相在塔内实现多次接触，进行传质和传热过程，轻组分上升，重组分下降，使混合液达到一定程度的分离。如果离开某一块塔板的气相和液相的组成达到平衡，则该板称为一块理论板或一个理论级。然而，在实际操作的塔板上，由于气液相接触的时间有限，气液相达不到平衡状态，即一块实际操作塔板的分离效果常常达不到一块理论板或一个理论级的作用。要想达到一定的分离要求，实际操作的塔板数总要比所需的理论板数多。连续精馏之所以能使液体混合物得到较完全的分离，关键在于回流的应用。回流包括塔顶高浓度易挥发组分液体和塔底高浓度难挥发组分蒸气两者返回塔中。汽液回流形成了逆流接触的汽液两相，从而在塔的两端分别得到相当纯净的单组分产品。塔顶回流入塔的液体量与塔顶产品量之比，称为回流比，它是精馏操作的一个重要控制参数，它的变化影响精馏操作的分离效果和能耗。

(1) 全塔效率

在板式精馏塔中，完成一定分离任务所需的理论塔板数与实际塔板数之比称为全塔效率（或总板效率），即

$$E_T = \frac{N_T}{N_P} \tag{5-71}$$

式中　E_T——全体效率；

　　N_T——理论塔板数（不含釜）；

　　N_P——实际塔板数。

在本板式塔精馏操作中，已知塔的实际板数 N_P，为确定总板效率 E_T，需计算塔完成一定分离任务所具有的理论塔板数 N_T。

全回流操作时，测得塔顶馏出液组成 x_D 及塔釜排出液组成 x_W，可利用图 5-12 中画阶梯的方法直接图解求出理论塔板数 N_T。当塔在一定的回流比 R 下操作时，可利用图 5-13 中画阶梯的方法求出理论板数 N_T，方法如下。

① 根据样品分析结果确定 x_D、x_W 及进料组成 x_F。

② 确定进料热状况参数 q。

$$q = \frac{C_{pm} \times (t_B - t_F) + r_m}{r_m} \tag{5-72}$$

式中　t_F——进料温度，℃；

　　t_B——进料的泡点温度，℃；

　　C_{pm}——进料液体在平均温度 $(t_B + t_F)/2$ 下的比热容，kJ/(kmol·℃)；

　　γ_m——进料液体在其组成和泡点温度下的汽化热。

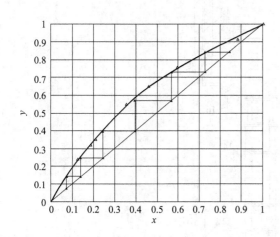

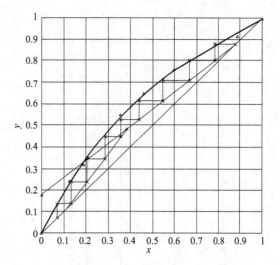

图 5-12　全回流图解理论板　　　　　图 5-13　部分回流图解理论板

$$C_{pm}=C_{p1}M_1x_1+C_{p2}M_2x_2 \qquad (5\text{-}73)$$

$$\gamma_m=\gamma_1M_1x_1+\gamma_2M_2x_2 \qquad (5\text{-}74)$$

式中　C_{p1}，C_{p2}——纯组分 1 和组分 2 在平均温度下的比热容，kJ/(kg·℃)；

　　　　γ_1，γ_2——纯组分 1 和组分 2 在泡点温度下的汽化热，kJ/kg；

　　　　M_1，M_2——纯组分 1 和组分 2 的摩尔质量，kg/kmol；

　　　　x_1，x_2——纯组分 1 和组分 2 在进料中的摩尔分率。

　　③ 在平衡线和精馏段操作线、提馏段操作线之间图解求出理论塔板数 N_T。根据 N_T、实际塔板数 N_P，可计算全塔效率。

(2) 单板效率

如果测出相邻两块塔板的气相或液相组成，则可计算塔的单板效率。

对于气相：
$$E_{MV}=\frac{y_n-y_{n+1}}{y_n^*-y_{n+1}} \qquad (5\text{-}75)$$

对于液相：
$$E_{ML}=\frac{x_{n-1}-x_n}{x_{n-1}-x_n^*} \qquad (5\text{-}76)$$

式中　E_{MV}——以气相浓度表示的单板效率；

　　　　E_{ML}——以液相浓度表示的单板效率；

　　x_n，y_n——离开第 n 板的液相与气相组成；

　　y_n^*，x_n^*——与离开第 n 板的液（气）相组成 x_n（y_n）成平衡的气（液）相组成；

　　　　y_{n+1}——进入第 n 板的气相组成；

　　　　x_{n-1}——进入第 n 板的液相组成。

　　在任一回流比下，只要测出进出塔板的蒸气组成和进出该板的液相组成，再根据平衡关系，就可求得在该回流比下的塔板单板效率。

5.8.4　实验装置及流程

(1) 实验设备流程

实验操作设备如图 5-14 所示。

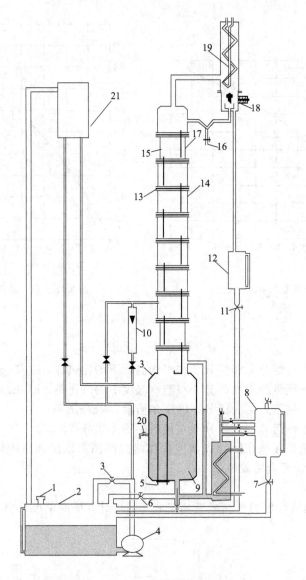

图 5-14　精馏实验流程示意图

1—原料罐进料口；2—原料罐；3—进料泵回流阀；4—进料泵；5—电加热器；

6—釜料放空阀；7—塔釜产品罐放空阀；8—釜产品储罐；9—塔釜；10—流量计；

11—顶产品罐放空阀；12—顶产品；13—塔板；14—塔身；15—降液管；16—塔顶取样口；

17—观察段；18—线圈；19—冷凝器；20—塔釜取样口；21—高位槽

（2）实验设备和测量方法简介

① 主体设备。精馏塔为筛板塔，全塔共有 9 块塔板由不锈钢板制成，塔高 2.5m，塔身用内径为 50mm 的不锈钢管制成，每段为 10cm，焊上法兰后，用螺栓连在一起，并垫上聚四氟乙烯垫防漏，塔身的第二段和第八段是用耐热玻璃制成的，以便于观察塔内的操作状况。除了这两段玻璃塔段外，其余的塔段都用玻璃棉保温。降液管是由外径为 8mm 的铜管制成。筛板的直径为 54mm，筛孔的直径为 2mm。塔中装有铂电阻温度计用来测量塔内汽相温度。

塔顶的全凝器和塔底冷却器内是直径为 8mm 做成螺旋状的不锈钢管，外面是不锈钢套管。塔顶的物料蒸气和塔底产品在不锈钢管外冷凝、冷却，不锈钢管内通冷却水。塔釜用电炉丝进行加热，塔的外部也用保温棉保温。

混合液体由储料槽由泵经转子流量计计量后进入塔内。塔釜的液面计用于观察塔釜内的存液量。塔底产品经过冷却器由平衡管流出。回流比调节器用来控制回流比，馏出液储罐接收馏出液。

② 回流比的控制。回流比控制采用电磁铁吸合摆针方式来实现的。在计算机内编制好通断时间程序就可以控制回流比。

5.8.5 实验操作

(1) 实验前准备工作、检查工作

① 将与阿贝折光仪配套的超级恒温水浴调整运行到所需的温度，并记下这个温度（例如 30℃）。

由质量分率求摩尔分率（x_A）：乙醇分子量 $M_A=46$，正丙醇分子量 $M_B=60$。

$$x_A=\frac{\dfrac{W_A}{M_A}}{\dfrac{W_A}{M_A}+\dfrac{1-W_A}{M_B}} \tag{5-77}$$

② 检查取样用的注射器和擦镜头纸是否准备好，实验装置上的各个旋塞、阀门均应处于关闭状态。

③ 配制一定浓度（质量浓度 20% 左右）的乙醇—正丙醇混合液（总容量 6000ml 左右），然后倒入原料罐。

④ 打开进料转子流量计的阀门，向精馏釜内加料到指定的高度（冷液面在塔釜总高 2/3 处），而后关闭流量计阀门。

(2) 实验操作

① 全回流操作

a. 打开塔顶冷凝器的冷却水，冷却水量要足够大（约 8L/min）。

b. 记下室温值。接上电源闸（220V），按下装置上总电源开关。

c. 调解电位器使加热电压为 130V 左右，待塔板上建立液层时，可适当加大电压（如 160V），使塔内维持正常操作。

d. 等各块塔板上鼓泡均匀后，保持加热釜电压不变，在全回流情况下稳定 20min 左右，期间仔细观察全塔传质情况，待操作稳定后分别在塔顶、塔釜取样口用注射器同时取样，用阿贝折射仪分析样品浓度。

② 部分回流操作

a. 打开塔釜冷却水，冷却水流量以保证釜馏液温度接近常温为准。

b. 调节进料转子流量计阀，以 1.5～2.0L/h 的流量向塔内加料；用回流比控制调节器调节回流比 $R=4$；馏出液收集在塔顶容量管中。

c. 塔釜产品经冷却后由溢流管流出，收集在容器内。

d. 等操作稳定后，观察板上传质状况，记下加热电压、电流、塔顶温度等有关数据，整个操作中维持进料流量计读数不变，用注射器取下塔顶、塔釜和进料三处样品，用折光仪分析，并记录进原料液的温度（室温）。

③ 实验结束

a. 检查数据合理后，停止加料并将加热电压调为零；关闭回流比调节器开关。

---

b. 根据物系的 t-x-y 关系，确定部分回流下进料的泡点温度。

c. 停止加热后 10min，关闭冷却水，一切复原。

5.8.6 注意事项

① 本实验过程中要特别注意安全，实验所用物系是易燃物品，操作过程中避免洒落以免发生危险。

② 本实验设备加热功率由电位器来调解，固在加热时应注意加热千万别过快，以免发生爆沸（过冷沸腾），使釜液从塔顶冲出，若遇此现象应立即断电，重新加料到指定冷液面，再缓慢升电压，重新操作。升温和正常操作中釜的电功率不能过大。

③ 开车时先开冷却水，再向塔釜供热，停车时则反之。

④ 测浓度用折光仪，读取折光指数，一定要同时记其测量温度，并按给定的折光指数—质量百分浓度—测量温度关系测定有关数据。

⑤ 为便于对全回流和部分回流的实验结果（塔顶产品和质量）进行比较，应尽量使两组实验的加热电压及所用料液浓度相同或相近。连续开出实验时，在做实验前应将前一次实验时留存在塔釜和塔顶。塔底产品接受器内的料液均倒回原料液瓶中。

5.8.7 实验报告要求

① 在直角坐标系上绘出 x-y 图，并用图解法求出理论塔板数。

② 求出全塔效率、单板效率。

③ 结合精馏塔的操作，对实验结果进行讨论。

5.8.8 思考题

① 精馏塔操作中，塔釜压力为什么是一个重要操作参数，塔釜压力与哪些因素有关？

② 板式塔气液两相的流动特点是什么？

③ 操作中增加回流比的方法是什么，能否采用减少塔顶出料量 D 的方法？

④ 精馏塔在操作过程中，由于塔顶采出率太高而造成产品不合格，恢复正常的最快、最有效的方法是什么？

⑤ 本实验中，进料状况为冷态进料，当进料量太大时，为什么会出现精馏段干板，甚至出现塔顶既没有回流也没有出料的现象，应如何调节？

⑥ 在部分回流操作时，你是如何根据全回流的数据，选择一个合适的回流比和进料口位置的？

⑦ 什么是全回流？全回流操作的标志有哪些？在生产中有什么实际意义？

⑧ 将本塔适当加高，是否可以得到无水酒精？为什么？

⑨ 为什么酒精蒸馏采用常压操作而不采用加压或真空蒸馏？

⑩ 塔釜加热情况对精馏塔的操作有什么影响？怎样坚持正常操作？

5.9 吸收实验

5.9.1 实验目的

① 熟悉二氧化碳吸收与解吸装置的工艺流程，了解填料塔的结构及工作原理。

② 掌握吸收与解吸过程的操作及调节方法。

③ 观察填料吸收塔的流体力学状况，了解其压降规律。

④ 掌握填料吸收塔干填料层和湿填料层（$\Delta P/Z$）$\sim u$ 关系曲线的测定方法。

⑤ 掌握吸收系数的测定方法。

5.9.2 实验任务

① 测量解吸塔干填料层（$\Delta P/Z$）$\sim u$ 关系曲线。

② 测量解吸塔在某喷淋量下填料层（$\Delta P/Z$）$\sim u$ 关系曲线。

③ 测定水二氧化碳的液膜体积吸收系数。

5.9.3 实验原理

（1）（$\Delta P/Z$）$\sim u$ 关系

填料塔的流体力学性能主要包括填料层的持液量、填料层的压降、液泛、填料外表的润湿及返混等。填料层的持液量是指在一定操作条件下，在单位体积填料层内所积存的液体体积。总持液量为静持液量和动持液量之和，填料层的持液量可由实验测出，也可由经验公式计算。恰当的持液量对填料塔操作的稳定性和传质是有利的，但持液量过大，将减少填料层的空隙和气相流通截面，使压降增大。

在逆流操作的填料塔内，液体从塔顶喷淋下来，依靠重力在填料表面做膜状运动，液膜与填料表面的摩擦及液膜与上升气体的摩擦构成了液膜流动的阻力，引起填料层的压强降。压强降是塔设计中的重要参数，气体通过填料层压强降的大小决定了塔的动力消耗。

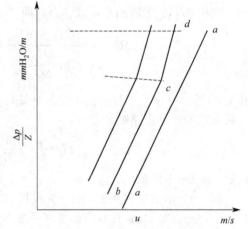

图 5-15　填料层的（$\Delta P/Z$）$\sim u$ 关系

气体通过干填料层时，流体流动引起的压降和湍流流动引起的压降规律相一致。在双对数坐标系中，将压降对气速作图可得到一条斜率为 1.8～2 的直线（如图 5-15 中 aa 线）。而有喷淋量时，在低气速时（c 点以前），压强降与气速的 1.8～2 次幂成正比，但大于同一气速下干填料的压降（图中 bc 段），即恒持液量区。随着气速增加，出现载点（图中 c 点），持液量开始增大，为载液区。压降一气速线向上弯曲，斜率变陡（图中 cd 段）。到液泛点（图中 d 点）后，在几乎不变的气速下，压降急剧上升，发生液泛，即液泛区。

① 空塔气速的计算

$$u = \frac{Q_0}{A} \tag{5-78}$$

式中　u——空塔气速，m/s；

　　Q_0——标准状态下空气的体积流量，m^3/h；

　　A——填料塔的截面积，m^2。

② 每米填料层的压强降（$\Delta P/Z$）

$$压强降 = \frac{\Delta P}{Z} \tag{5-79}$$

式中　ΔP——填料层压差，mmH_2O；

　　　Z——填料层高度，$Z = 0.90m$。

（2）吸收系数的测定

吸收在化学工业中，主要是将气体混合物中的各组分加以分离，其目的是回收或捕获气体混合物中的有用物质，以制取产品；除去气体中的有害成分，使气体净化，以便进一步加工处理，因有害气体会使催化剂中毒，必须除去；或除去工业放空尾气中的有害物，以免污染大气。气体混合物中各组分在溶剂中的溶解度不同，各组分在吸收剂中的溶解度差异越大，吸收的选择性越好。吸收操作的成功与否在很大程度上取决于溶剂的性质，特别是溶剂与气体混合物之间的相平衡关系。

总体积吸收系数 $K_L a$ 是单位填料体积，单位时间吸收的溶质量。它是反映填料吸收塔性能的主要参数，是设计填料高度的重要数据。

因本实验采用的物系不仅遵循亨利定律，而且气膜阻力可以不计，在此情况下，整个传质过程阻力都集中于液膜，即属液膜控制过程，则液侧体积吸收膜系数等于液相体积吸收总系数，即

$$k_l a = K_L a = \frac{V_{sL}}{ZS} \cdot \frac{C_{A1} - C_{A2}}{\Delta C_{Am}} \tag{5-80}$$

式中 ΔC_{Am} 为液相平均推动力，即

$$\Delta C_{Am} = \frac{\Delta C_{A1} - \Delta C_{A2}}{\ln \dfrac{\Delta C_{A.1}}{\Delta C_{A2}}} = \frac{(C_{A1}^* - C_{A1}) - (C_{A2}^* - C_{A2})}{\ln \dfrac{C_{A1}^* - C_{A1}}{C_{A2}^* - C_{A2}}} \tag{5-81}$$

其中：$C_{A1}^* = H p_{A1} = H y_1 p_0$，$C_{A2}^* = H p_{A2} = H y_2 p_0$，$P_0$ 为大气压。

二氧化碳的溶解度系数：

$$H = \frac{\rho}{M_s} \cdot \frac{1}{E} koml \cdot m^{-3} \cdot Pa^{-1} \tag{5-82}$$

式中　ρ——水的密度，$kg \cdot m^{-3}$；

　　　M_s——水的摩尔质量，$kg \cdot kmol^{-1}$；

　　　E——二氧化碳在水中的亨利系数（见附录），Pa。

y_2，Y_2 的计算：

$$L(C_{A1} - C_{A2}) = V_{Air}(Y_1 - Y_2) \tag{5-83}$$

$$Y_2 = \frac{y_2}{1 - y_2} \tag{5-84}$$

溶液中二氧化碳含量的测定方法如下：

用移液管吸取 $0.1mol/L$ 的 $Ba(OH)_2$ 溶液 $10mL$，放入三角瓶中，并从塔底附设的取样口处接收塔底溶液 $10mL$，用胶塞塞好，并振荡。加入 $2\sim3$ 滴甲基橙指示剂，最后用 $0.1mol/L$ 的盐酸滴定到终点。直到其脱除红色的瞬时为止，由空白实验与溶液滴定用量之差值，按下式计算得出溶液中二氧化碳的浓度

$$C_{CO_2} = \frac{2C_{Ba(OH)_2} V_{Ba(OH)_2} - C_{HCl} V_{HCl}}{2V_{溶液}} \tag{5-85}$$

5.9.4　实验装置及流程

（1）实验装置主要技术参数

填料塔：玻璃管内径 $D = 0.10m$，塔高 $1.20m$，填料层高度 $Z = 0.90m$。

吸收塔：内装 $\phi 10 \times 10mm$ 瓷拉西环；

解吸塔：内装 $\phi 12 \times 12mm$ 不锈钢鲍尔环。

风机型号：XGB-12；空气泵：ACO-818。

二氧化碳钢瓶 1 个，减压阀 1 个。

流量测量仪表：

转子流量计型号 LZB-6，流量范围 $0.06 \sim 0.60m^3/h$；

转子流量计型号 LZB-6，流量范围 $0.025 \sim 2.5m^3/h$；

空气转子流量计：型号 LZB-40，流量范围 $4 \sim 40m^3/h$；

水转子流量计：型号 LZB-15，流量范围 $40 \sim 400L/h$。

浓度测量：吸收塔塔底液体浓度分析准备定量化学分析仪器。

温度测量：Pt100 铂电阻，用于测定测气相、液相温度。

（2）实验装置流程图

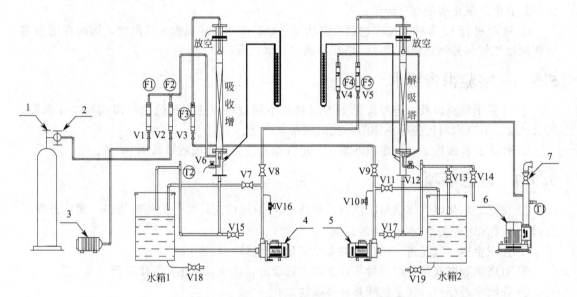

图 5-16　二氧化碳吸收与解吸实验装置图

1—CO_2 钢瓶；2—CO_2 瓶减压阀；3—吸收气泵；4—吸收液水泵；

5—解吸液水泵；6—解吸风机；7—空气旁通阀

5.9.5　实验操作

（1）实验前准备工作

首先将水箱 1 和水箱 2 灌满蒸馏水或去离子水，接通实验装置电源并按下总电源开关。准备好 10mL 移液管、100mL 的三角瓶、酸式滴定管、洗耳球、0.1mol/L 左右的盐酸标准溶液、0.1mol/L 左右的 $Ba(OH)_2$ 标准溶液和酚酞等化学分析仪器和试剂备用。

（2）测量解吸塔干填料层 $(\Delta P/Z) \sim u$ 关系曲线

打开空气旁路调节阀 V7 至全开，启动解吸风机 6。打开空气流量计 F4 下的阀门 V4，逐渐关小阀门 V7 的开度，调节进塔的空气流量。稳定后读取填料层压降 ΔP 即 U 形管液柱压差计的数值，然后改变空气流量，空气流量从小到大共测定 6～10 组数据。在对实验数据进行分析处理后，在对数坐标纸上以空塔气速 u 为横坐标，单位高度的压降 $\Delta P/Z$ 为纵坐标，标绘干填料层 $(\Delta P/Z) \sim u$ 关系曲线。

（3）测量解吸塔在不同喷淋量下填料层 $(\Delta P/Z) \sim u$ 关系曲线

将水流量固定在 70L/h 左右，采用上面相同步骤调节空气流量，稳定后分别读取并记录填料层压降 ΔP、转子流量计读数和流量计处所显示的空气温度，操作中随时注意观察塔内现象，一旦出现液泛，立即记下对应空气转子流量计读数。根据实验数据在对数坐标纸上标出液体喷淋量为 70L/h 时的 $(\Delta P/Z) \sim u$ 关系曲线，并在图上确定液泛气速，与观察到的液泛气速相比较是否吻合。

（4）二氧化碳吸收传质系数测定

① 关闭吸收液泵 4 的出口阀，启动吸收液泵 4，关闭空气转子流量计 F1，二氧化碳转子流量计 F2 与钢瓶连接。

② 打开吸收液转子流量计 F3，调节到 60L/h，待有水从吸收塔顶喷淋而下，从吸收塔底的 π 型管尾部流出后，启动吸收气泵 3，调节转子流量计 F1 到指定流量，同时打开二氧化碳钢瓶调节减压阀，调节二氧化碳转子流量计 F2，按二氧化碳与空气的比例为 10%～20% 计算出二氧化碳的空气流量。

③ 吸收进行 15 分钟并操作达到稳定状态之后，测量塔底吸收液的温度，同时在塔顶和塔底取液相样品并测定吸收塔顶、塔底溶液中二氧化碳的含量。

5.9.6　实验报告要求

① 计算干填料以及一定喷淋量下湿填料在不同空塔气速下单位填料层高度的压强降，即 $\Delta P/Z$。并在双对数坐标系作图，找出载点和泛点。

② 计算实验条件下（一定喷淋量，一定气速）的总体积吸收系数 $K_L a$ 值。

5.9.7　注意事项

① 注意二氧化碳气体钢瓶的使用，开启 CO_2 总阀门前，要先关闭减压阀，阀门开度不宜过大，关闭时先关总阀，后关减压阀。

② 注意室内空气畅通，防止高浓度二氧化碳气体中毒。

③ 对塔顶和塔底溶液取样后，应立即进行滴定，防止二氧化碳气体解吸。

④ 在滴定过程中，注意盐酸具有腐蚀性。

5.9.8　思考题

① 阐述干填料压降线和湿填料压降线的特征。

② 填料塔结构有什么特点？

③ 气流速度与压降关系中有无明显的转折点，意味着什么？

④ 以水吸收二氧化碳的过程，是气膜控制还是液膜控制？为什么？

⑤ 填料吸收塔底为什么必须有液封装置，液封装置是如何设计的？

⑥ 填料吸收塔当提高喷淋量时，对 x_2，y_2 有何影响？

⑦ 当气体温度与吸收剂温度不同时，应按哪种温度计算亨利常数？

5.9.9　实验原理

总体积吸收系数 $K_x a$ 是单位填料体积，单位时间吸收的溶质量。它是反映填料吸收塔性能的主要参数，是设计填料高度的重要数据。

本实验是用水吸收气体中的二氧化碳。气体中二氧化碳的浓度很低，吸收所得的溶液浓度也不高，气液两相的关系可以认为服从亨利定律（即平衡线在 X-Y 坐标系为直线）。实验测定在一定高度的填料塔中进行，由于实验物系的相平衡为直线，填料层高度计算式为：

$$Z = \frac{L}{K_x a \Omega} \frac{(X_1 - X_2)}{\Delta X_m} \tag{5-86}$$

故液相总体积吸收系数为

$$K_x a = \frac{L(X_1 - X_2)}{\Omega Z \Delta X_m} \tag{5-87}$$

$$\Delta X_m = \frac{(X_1^* - X_1) - (X_2^* - X_2)}{\ln \dfrac{X_1^* - X_1}{X_2^* - X_2}} \tag{5-88}$$

$$X_1^* = Y_1 / m \, ; \, X_2^* = Y_2 / m \tag{5-89}$$

式中　L——单位时间内通过吸收塔的液体量，kmol/h；

X_2，X_1——分别为进、出塔液体中二氧化碳的摩尔分率；

$K_x a$——液相总体积吸收系数，kmol/(m³·h)；

Ω——塔的截面积，m²；

Z——填料层高度，m，$Z = 0.90$m；

ΔX_m——塔内液相平均推动力。

在本实验中，X_1 可由出塔液体二氧化碳浓度计算得到；X_2 因为吸收溶液为纯水其值为 0，Y_1 为二氧化碳在气相摩尔比，由分压值计算；Y_2 可由全塔物料衡算得出；$m = \dfrac{E}{P}$，相应可算出 X_1^* 及 X_2^*。

5.9.10　实验装置及流程

设备主要技术数据及其附件如下。

(1) 设备参数

① 空气气泵：XGB-12 型，168W，最大压力 0.045MPa，最大流量 130L/min。

② 填料塔：玻璃管，内装 $\Phi 6 \times 6$mmθ 环丝网填料，填料塔内径 $D = 0.037$m，吸收塔填料层高度 $Z = 0.60$m，解吸塔填料层高度 $Z = 0.60$m，二氧化碳瓶 1 个、减压阀 1 个。

(2) 流量测量

① 空气转子流量计：型号：LZB-4；流量范围：0.01～0.16m³/h；精度：2.5%。

② 空气转子流量计：型号：LZB-10 流量范围：0.25～2.5m³/h；精度：2.5%。

③ 水转子流量计：型号：LZB-6　流量范围：6～60L/h；精度：2.5%。

(3) 浓度测量： 吸收塔底液体浓度分析：定量化学分析仪一套。

(4) 温度测量：PT139（数显），吸收液温度。

(5) 离心泵：WB055/037。

实验装置的基本情况如下。

二氧化碳吸收及解吸实验装置流程如图 5-17 所示。吸收质（纯二氧化碳气体）由钢瓶经二次减压阀和转子流量计 3，进入吸收塔塔底，气体由下向上经过填料层与液相水逆流接触，到塔顶经放空；吸收剂（纯水）由水经转子流量计 4，进入塔顶，再喷洒而下；吸收后溶液由塔底流出由塔底经液封 13 排出；空气从吸收塔底由下向上经过填料层与液相逆流接触，自塔顶放空。U 形液柱压差计用以测量塔底压强和填料层的压强降。

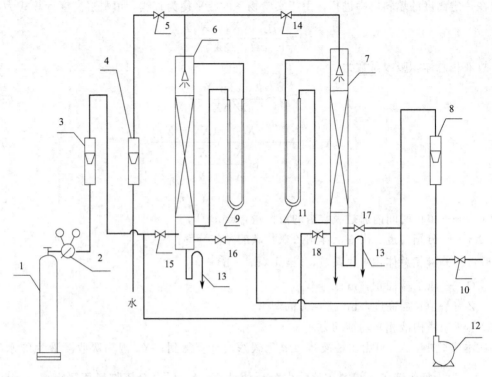

图 5-17　二氧化碳吸收实验装置流程

1—CO$_2$ 钢瓶；2—减压阀；3—CO$_2$ 流量计；4—水流量计；5，14～18—转换阀；

6—拉西环填料吸收塔；7—θ 环吸收塔；8—空气流量计；9，11—压差计；

10—空气流量控制阀门；12—气泵；13—填料吸收塔液封

5.9.11　实验操作

① 打开阀门 10，调节吸收塔液封高度（与操作的水流量相对应）。

② 打开二氧化碳钢瓶顶上的针阀，将压力调到 1MPa，二氧化碳流量一般控制在 0.1m^3/h 左右为宜，调节水流量计 4 到给定值，操作达到定常状态之后，测量两塔底的水温，同时，测定塔底溶液中二氧化碳的含量。

③ 保持二氧化碳流量不变，改变吸收水流量，重复步骤 2 的操作。

5.10　填料塔流体力学性能的测定

5.10.1　实验目的

① 了解填料塔的结构及工作原理。

② 观察填料吸收塔的流体力学状况，了解其压降规律。

③ 掌握填料吸收塔干填料层和湿填料层（$\Delta P/Z$）-u 关系曲线的测定方法。

5.10.2　实验任务

① 测量吸收塔干填料层（$\Delta P/Z$）-u 关系曲线。

② 测量解吸塔在某喷淋量下填料层（$\Delta P/Z$）-u 关系曲线。

5.10.3　实验原理

　　填料塔的流体力学性能主要包括填料层的持液量、填料层的压降、液泛、填料外表的润湿及返混等。填料层的持液量是指在一定操作条件下，在单位体积填料层内所积存的液体体积，以（m^3 液体）/（m^3 填料）表示。总持液量为静持液量和动持液量之和，填料层的持液量可由实验测出，也可由经验公式计算。恰当的持液量对填料塔操作的稳定性和传质是有利的，但持液量过大，将减少填料层的空隙和气相流通截面，使压降增大。

　　在逆流操作的填料塔内，液体从塔顶喷淋下来，依靠重力在填料表面做膜状运动，液膜与填料表面的摩擦及液膜与上升气体的摩擦构成了液膜流动的阻力，引起填料层的压强降。压强降是塔设计中的重要参数，气体通过填料层压强降的大小决定了塔的动力消耗。

　　气体通过干填料层时，流体流动引起的压降和湍流流动引起的压降规律相一致。在双对数坐标系中，将压降对气速作图可得到一条斜率为 1.8～2 的直线（如图 5-18 中 $a'a'$ 线）。而有喷淋量时，在低气速时（c' 点以前），压强降与气速的 1.8～2 次幂成正比，但大于同一气速下干填料的压降（图中 $b'c'$ 段），即恒持液量区。随着气速增加，出现载点

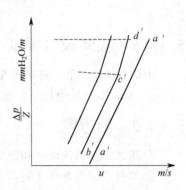

图 5-18　填料层的 $(\Delta P/Z)$-u 关系

（图中 c' 点），持液量开始增大，为载液区。压降一气速线向上弯曲，斜率变陡（图中 $c'd'$ 段）。到液泛点（图中 d' 点）后，在几乎不变的气速下，压降急剧上升，发生液泛，即液泛区。

（1）空塔气速的计算

$$u = \frac{Q_0}{A} \tag{5-90}$$

式中　u——空塔气速，m/s；

　　　Q_0——标准状态下空气的体积流量，m^3/h；

　　　A——填料塔的截面积，m^2。

（2）每米填料层的压强降（$\Delta P/Z$）

$$压强降 = \frac{\Delta P}{Z} \tag{5-91}$$

式中　ΔP——填料层压差，mmH_2O；

　　　Z——填料层高度，$Z = 0.58m$。

5.10.4　实验装置及流程

　　实验装置及流程见 5.9.4。

5.10.5　实验操作

（1）测量吸收塔干填料层（$\Delta P/Z$）-u 关系曲线

　　先全开阀门 10 并将 16 或 17 阀门打开，启动风机，用转子流量计 8 调节进塔的空气流量，按空气流量从小到大的顺序，读取填料层压降 ΔP（U 形液柱压差计 9 或 11）和转子流

量计 15 读数，然后在对数坐标纸上以空塔气速 u 为横坐标，以单位高度的压降 $\Delta P/Z$ 为纵坐标，标绘干填料层（$\Delta P/Z$）-u 关系曲线。

（2）测量解吸塔在某喷淋量下填料层（$\Delta P/Z$)-u 关系曲线

用水喷淋量（拉西环填料吸收塔为 20L/h；θ 环吸收塔为 100Lh）时，用上面相同方法读取填料层压降 ΔP，转子流量计读数和流量计处空气温度并注意观察塔内的操作现象，一旦看到液泛现象时记下对应的空气转子流量计读数。在对数坐标纸上标出液体喷淋量为 100L/h 下（$\Delta P/Z$)-u 关系曲线，确定液泛气速并与观察的液泛气速相比较。

5.10.6 实验报告要求

计算干填料以及一定喷淋量下湿填料在不同空塔气速下单位填料层高度的压强降，即 $\Delta P/Z$。并在双对数坐标系作图，找出载点和泛点。

5.10.7 思考题

① 阐述干填料压降线和湿填料压降线的特征。
② 填料塔结构有什么特点？
③ 气流速度与压降关系中有无明显的转折点，意味着什么？

5.11 干燥实验（一）

5.11.1 实验目的

① 掌握干燥曲线和干燥速率曲线的测定方法。
② 掌握物料含水量的测定方法。
③ 通过实验加深对物料临界含水量 Xc 概念及其影响因素的理解。
④ 掌握恒速干燥阶段物料与空气之间对流传热系数的测定方法。
⑤ 学会用误差分析方法对实验结果进行误差估算。

5.11.2 实验任务

① 在固定空气流量和空气温度条件下，测绘某种物料的干燥曲线、干燥速率曲线和该物料的临界含水量。
② 测定恒速干燥阶段该物料与空气之间的对流传热系数。

5.11.3 实验原理

当湿物料与干燥介质接触时，物料表面的水分开始气化，并向周围介质传递。根据介质传递特点，干燥过程可分为两个阶段。

第一阶段为恒速干燥阶段。干燥过程开始时，由于整个物料湿含量较大，其物料内部水分能迅速到达物料表面。此时干燥速率由物料表面水分的气化速率所控制，故此阶段称为表面气化控制阶段。这个阶段中，干燥介质传给物料的热量全部用于水分的气化，物料表面温度维持恒定（等于热空气湿球温度），物料表面的水蒸气分压也维持恒定，干燥速率恒定不变，故称为恒速干燥阶段。

第二阶段为降速干燥阶段。当物料干燥其水分达到临界湿含量后，便进入降速干燥阶段。此时物料中所含水分较少，水分自物料内部向表面传递的速率低于物料表面水分的气化速率，干燥速率由水分在物料内部的传递速率所控制。称为内部迁移控制阶段。随着物料湿含量逐渐减少，物料内部水分的迁移速率逐降低，干燥速率不断下降，故称为降速干燥阶段。

恒速段干燥速率和临界含水量的影响因素主要有：固体物料的种类和性质、固体物料层的厚度或颗粒大小、空气的温度、湿度和流速以及空气与固体物料间的相对运动方式等。

恒速段干燥速率和临界含水量是干燥过程研究和干燥器设计的重要数据。本实验在恒定干燥条件下对帆布物料进行干燥，测绘干燥曲线和干燥速率曲线，目的是掌握恒速段干燥速率和临界含水量的测定方法及其影响因素。

（1）干燥速率测定

$$U = \frac{\mathrm{d}W'}{S\mathrm{d}\tau} \approx \frac{\Delta W'}{S\Delta\tau} \tag{5-92}$$

式中　　U——干燥速率，$\mathrm{kg/(m^2 \cdot h)}$；

　　　　S——干燥面积，$\mathrm{m^2}$，（实验室现场提供）；

　　　　$\Delta\tau$——时间间隔，h；

　　　　$\Delta W'$——$\Delta\tau$ 时间间隔内干燥气化的水分量，kg。

（2）物料干基含水量

$$X = \frac{G' - GP'_\mathrm{c}}{G'_\mathrm{c}} \tag{5-93}$$

式中　　X——物料干基含水量，kg 水$/\mathrm{kg}$ 绝干物料；

　　　　G'——固体湿物料的量，kg；

　　　　G'_c——绝干物料量，kg。

（3）恒速干燥阶段对流传热系数的测定

$$U_\mathrm{c} = \frac{\mathrm{d}W'}{S\mathrm{d}\tau} = \frac{\mathrm{d}Q'}{r_{tw}S\mathrm{d}\tau} = \frac{\alpha(t - t_w)}{r_{tw}}$$

$$\alpha = \frac{U_\mathrm{c} \cdot r_{tw}}{t - t_w} \tag{5-94}$$

式中　　α——恒速干燥阶段物料表面与空气之间的对流传热系数，$\mathrm{W/(m^2 \cdot ℃)}$；

　　　　U_c——恒速干燥阶段的干燥速率，$\mathrm{kg/(m^2 \cdot s)}$；

　　　　t_w——干燥器内空气的湿球温度，$℃$；

　　　　t——干燥器内空气的干球温度，$℃$；

　　　　r_{tw}——$t_w℃$下水的气化热，$\mathrm{J/kg}$。

（4）干燥器内空气实际体积流量的计算

由节流式流量计的流量公式和理想气体的状态方程式可推导出：

$$V_t = V_{t_0} \times \frac{273 + t}{273 + t_0} \tag{5-95}$$

式中　　V_t——干燥器内空气实际流量，$\mathrm{m^3/s}$；

　　　　t_0——流量计处空气的温度，$℃$；

　　　　V_{t_0}——常压下 $t_0℃$ 时空气的流量，$\mathrm{m^3/s}$；

　　　　t——干燥器内空气的温度，$℃$。

$$V_{t_0} = C_0 \times A_0 \times \sqrt{\frac{2 \times \Delta P}{\rho}} \tag{5-96}$$

$$A_0 = \frac{\pi}{4} d_0^2 \tag{5-97}$$

式中　C_0——流量计流量系数，$C_0 = 0.65$；

　　　d_0——节流孔开孔直径，$d_0 = 0.040 \text{m}$；

　　　A_0——节流孔开孔面积，m^2；

　　　ΔP——节流孔上下游两侧压力差，Pa；

　　　ρ——孔板流量计处 t_0 时空气的密度，kg/m^3。

5.11.4　实验装置及流程

(1) 实验装置基本情况

洞道尺寸：长 1.16m，宽 0.190m，高 0.24m。

加热功率：500～1500W；空气流量：1～5m^3/min；干燥温度：40～120℃。

重量传感器显示仪：量程（0～200g）。

干球温度计、湿球温度计显示仪：量程（0～150℃）。

孔板流量计处温度计显示仪：量程（0～100℃）。

孔板流量计压差变送器和显示仪：量程（0～10 kPa）。

电子秒表绝对误差 0.5s。

(2) 洞道式干燥器实验装置流程示意图（如图 5-19 所示）

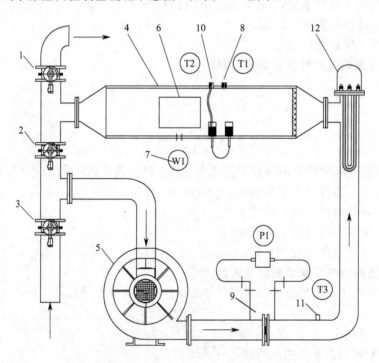

图 5-19　洞道式干燥器实验装置流程示意图

1—废气排出阀；2—废气循环阀；3—空气进气阀；4—洞道干燥器；5—风机；6—干燥物料；

7—重量传感器；8—干球温度计；9—孔板流量计；10—湿球温度计；11—空气进口温度计；12—加热器

(3) 洞道式干燥器实验装置仪表面板图（如图 5-20 所示）

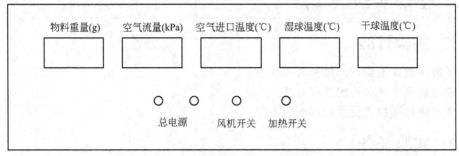

图 5-20　洞道式干燥器实验装置面板图

5.11.5　实验操作

① 将干燥物料（帆布）放入水中浸湿，将放湿球温度计纱布的烧杯装满水。

② 调节送风机吸入口的蝶阀到全开的位置后启动风机。

③ 通过废气排出阀和废气循环阀调节空气到指定流量后，开启加热电源。在智能仪表中设定干球温度，仪表自动调节到指定的温度。

④ 在空气温度、流量稳定条件下，读取重量传感器测定支架的重量并记录下来。

⑤ 把充分浸湿的干燥物料（帆布）固定在重量传感器上并与气流平行放置。

⑥ 在系统稳定状况下，记录干燥时间每隔 3min 时干燥物料减轻的重量，直至干燥物料的重量不再明显减轻为止。

⑦ 改变空气流量和空气温度，重复上述实验步骤并记录相关数据。

⑧ 实验结束时，先关闭加热电源，待干球温度降至常温后关闭风机电源和总电源。一切复原。

5.11.6　实验报告要求

① 测绘某种物料的干燥曲线、干燥速率曲线和该物料的临界含水量。

② 测定恒速干燥阶段该物料与空气之间的对流传热系数。

5.11.7　注意事项

① 重量传感器的量程为 0～200g，精度比较高，所以在放置干燥物料时务必轻拿轻放，以免损坏或降低重量传感器的灵敏度。

② 当干燥器内有空气流过时才能开启加热装置，以避免干烧损坏加热器。

③ 干燥物料要保证充分浸湿但不能有水滴滴下，否则将影响实验数据的准确性。

④ 实验进行中不要改变智能仪表的设置。

5.11.8　思考题

① 恒定干燥条件是指哪些条件？

② 分别说明提高气流温度或加大空气流量时，干燥速率曲线有何变化？

③ 为什么不能先启动加热器，再启动风机？

④ 本实验所得的干燥速率曲线有何特征？

⑤ 为什么同一湿度的空气，温度较高有利于干燥操作的进行？

5.12 干燥实验（二）

5.12.1 实验目的

① 了解沸腾床干燥器的结构及操作方法。
② 学习物料干燥曲线的测定方法。
③ 学习固体颗粒流化曲线的测定方法。

5.12.2 实验任务

① 测定物料干燥特性曲线。
② 测定流化床的固体颗粒流化曲线。

5.12.3 实验原理

干燥是指从湿物料中除去水分或其他湿分的各种操作。在化工生产中，干燥通常指用热空气、烟道气以及红外线等加热湿固体物料，使其中所含的水分或溶剂汽化而除去，是一种属于热质传递过程的单元操作。干燥的目的是使物料便于贮存、运输和使用，或满足进一步加工的需要。干燥可分真空干燥、冷冻干燥、气流干燥、微波干燥、红外线干燥和高频率干燥等方法，干燥操作广泛应用于化工、食品、轻工、纺织、煤炭、农林产品加工和建材等各部门。

（1）干燥特性曲线

将湿物料置于一定的干燥条件下，测定被干燥物料的重量和温度随时间的变化关系，则可得物料含水量（X）与时间（τ）的关系曲线及物料温度（θ）与时间（τ）的关系曲线（如图 5-21）。物料含水量与时间关系曲线的斜率即为干燥速率（u）。将干燥速率对物料含水量作图，即为干燥速率曲线（见图 5-22）。干燥过程可分为以下三个阶段。

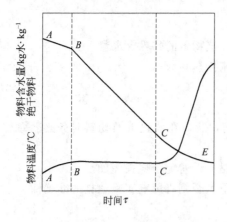

图 5-21　物料含水量、温度与时间的关系

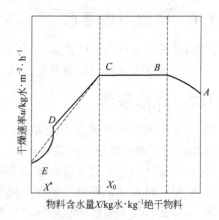

图 5-22　干燥速率曲线

① 物料预热阶段（AB 段）。在开始干燥时，有一较短的预热阶段，空气中部分热量用来加热物料，物料含水量随时间的变化不大。

② 恒速干燥阶段（BC 段）。由于物料表面存有自由水分，物料表面温度等于空气的湿球温度，传入的热量只用来蒸发物料表面的水分，物料含水量随时间成比例减少，干燥速率恒定且最大。

③ 降速干燥阶段（*CDE* 段）。物料中含水量减少到某一临界含水量（X_0），由于物料内部水分的扩散慢于物料表面的蒸发，不足以维持物料表面保持润湿，而形成干区，干燥速率开始降低，物料温度逐渐上升。物料含水量越小，干燥速率越慢，直至达到平衡含水量（X^*）而终止。

干燥速率为单位时间在单位面积上汽化的水分量，用微分式表示为

$$u = \frac{dW}{A \cdot d\tau} \tag{5-98}$$

式中　u——干燥速率，kg 水/（m^2 · s）；

A——干燥表面积，m^2；

$d\tau$——相应的干燥时间，s；

dW——汽化的水分量，kg。

图 5-22 中的横坐标为对应于某干燥速率下的物料的平均含水量。

$$\overline{X} = \frac{X_i + X_{i+1}}{2} \tag{5-99}$$

式中　$\overline{X}$——某干燥速率下湿物料的平均含水量，kg 水/kg 绝干物料；

X_i，X_{i+1}——$\Delta\tau$ 时间间隔内开始和终了时的含水量。

$$X_i = \frac{G_{si} - G_{ci}}{G_{ci}} \tag{5-100}$$

式中　G_{si}——第 i 时刻湿物料的质量，kg；

G_{ci}——第 i 时刻绝干物料的质量，kg。

干燥速率曲线只能通过实验测定，因为干燥速率不仅取决于空气的性质和操作条件，而且还受物料性质结构及含水量的影响。本实验装置为间歇操作的沸腾床干燥器，可测定达到一定干燥要求所需的时间，为工业上连续操作的沸腾床干燥器提供相应的设计参数。

（2）流化曲线

在实验中，可以通过测量不同空气流量下的床层压降，而得到流化床压力降与气速的关系曲线（见图 5-23）。

当气速较小时，流化过程处于固定床阶段（即 *AB* 段），床层基本静止不动，气体只从空隙中流过，压降与流速成正比，斜率约为 1（在双对数坐标中）。当气速逐渐增加（进入 *BC* 段），床层开始膨胀，空隙率增大，压降与气速的关系将不再成比例。

当气速继续增加，进入流化床阶段（即 *CD* 段）颗粒在气体中悬浮运动，随着气速的增加，床层高度逐渐增加，但压降基本保持不变，等于单位面积的床层净重力。当气速增大至某一值后（*D* 点），床层压降将减小，颗粒逐渐被气体带走，此时，便进入了气流输送阶段。*D* 点处的流速即被称为带出速度（u_0）。

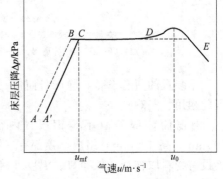

图 5-23　流化曲线

在流化状态下降低气速，压降与气速的关系曲线将沿图中 *DC* 返回至 *C* 点。若气速继续降低，曲线将无法按 *CBA* 继续变化，而是沿着 *CA'* 变化。*C* 点处的流速即被称为起始流

化速度（u_{mf}）。

在生产操作中，气速应介于起始流化速度与带出速度之间，此时床层压降保持恒定，这是流化床的重要特点。据此，我们可以通过测量床层压力降来判断床层流化的优劣。

（3）风量的计算

孔板流量计的计算公式为

$$V = C_1 R^{C_2} \tag{5-101}$$

式中　V——流量，m^3/h；

　　R——孔板压差，kPa；

　　C_1——26.2；

　　C_2——0.54。

5.12.4　实验装置及流程

（1）简介

沸腾干燥实验装置流程如图 5-24 所示。

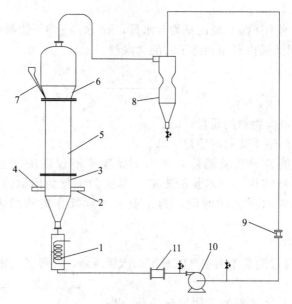

图 5-24　沸腾干燥实验装置流程示意图

1—空气加热器；2—放净口；3—不锈钢筒体；4—取样口；5—玻璃筒体；6—气固分离段；
7—加料口；8—旋风分离器；9—孔板流量计 $d_0 = 20mm$；10—风机；11—湿球温度水筒

本装置的所有设备，除床身筒体一部分采用高温硬质玻璃外，其余均采用不锈钢制造，因此耐用、美观。

床身筒体部分由不锈钢段（内径 100mm，高 100mm）和高温硬质玻璃段（内径 100mm，高 400mm）组成，顶部有气固分离段（内径 150mm，高 250mm）。不锈钢段筒体上设有物料取样器、放净口、温度计接口等，分别用于取样、放净和测温。床身顶部气固分离段设有加料口、测压口，分别用于物料加料和测压。

空气加热装置由加热器和控制器组成，加热器为不锈钢盘管式加热器，加热管外壁设有 1mm 铠装热电偶，其与人工智能仪表、固态继电器等，实现空气介质的温度控制。同时，计算机可实现对仪表的控制。空气加热装置底部设有空气介质的干球温度和湿球温度接口，以测定空气的干、湿球温度。本装置的旋风分离器，可除去干燥物料的粉尘。

（2）主要设备规格

流化床：$\Phi 100 \times 400mm$。

加热器：1.5kW。

孔板流量计：管径：$\Phi 48 \times 3mm$，孔径：$\Phi 20.00mm$。

（3）实验流程

空气由风机 1，经加热器加热，通过流量调节阀调节流量后，送入流化床内，与湿物料进行热质传递，离开干燥器的空气，进入旋风分离器，除去其中夹带的固相颗粒后，进入孔板流量计。在实验过程中，分别测量了干球及湿球温度、床层温度及压降、空气压力及流量。

（4）调节仪表

每套装置设有 7 块仪表：加热器温度、床身温度、干球温度、湿球温度、空气流量、空气压力、床层压降。

5.12.5 实验操作

（1）干燥实验

① 实验前，先将电子天平及快速水分测定仪开启，并处于待用状态，并向湿球温度计补水至刻度线，不要过多，以免溢入加热器内。

② 准备一定量的被干燥物料（以绿豆为例，其表面积约为 $1.36m^2/kg$），取 0.7kg 左右放入热水（60～70℃）中泡 20～30min，取出，并用毛巾吸干表面水分，待用。

③ 开启风机及加热器，将空气控制在某一流量下，设定加热器表面温度（80～100℃）或空气温度（50～70℃）稳定，打开加料口，将待干燥的物料加入到干燥器内，关闭进料口。

④ 待操作参数稳定后，即可开始取样，用取样管（推入或拉出）取样，每隔 2～3min 取样一次，每次取出大约 10g 试样，将取出的样品放入小器皿中，并记上编号和取样时间，待分析用。在每次取样的同时，要记录床层温度、空气干、湿球温度、流量和床层压降等数据。共做 8～10 组。

（2）流化床实验

① 干燥实验结束后，关闭加热器，待床层温度稳定时，调节空气流量，分别测取不同空气流量下的床层压降；测约 8～10 组数据。

② 实验完毕后，将物料吹出，关闭加热器和风机。

（3）结果分析

① 快速水分测定仪分析法。将每次取出的样品，在电子天平上称量 9～10g，利用快速水分测定仪进行分析。

② 烘箱分析法。将每次取出的样品，在电子天平上称量 9～10g，放入烘箱内烘干，烘箱温度设定为 120℃，1h 后取出，在电子天平上称取其质量，此质量即可视为样品的绝干物料质量。

5.12.6 注意事项

① 加料时，要停风机，加料速度不能太快。

② 取样时，取样管推拉要快，管槽口要用布覆盖，以免物料喷出。

③ 湿球温度计补水筒液面不得超过警示值。

④ 电子天平和加速水分测定仪要按使用说明操作。

5.12.7　实验报告要求

① 绘出干燥速率与物料含水量关系图，并注明干燥操作条件。
② 在双对数坐标纸上绘出流化床的 $\Delta p\text{-}u$ 图。

5.12.8　思考题

① 本实验所得的干燥速率曲线有何特征？
② 为什么同一湿度的空气，温度较高有利于干燥操作的进行？
③ 本装置在加热器进口处装有干球、湿球温度计，在出口处装有干球温度计，假设干燥过程为绝热增湿过程，如何求得干燥室内空气的平均湿含量 H。
④ 本实验所得的流化床压降与气速曲线有何特征？

5.13　蒸发实验

5.13.1　实验目的

① 单管升膜蒸发伴有传热过程和两相流过程。
② 本实验装置通过在紫铜管外加热管内的流体水，来观察水在管内的几种典型流动状态。
③ 通过壁面温度等参数的测量，得到不同流型下相应的对流传热系数及蒸汽干度数值。

5.13.2　实验任务

① 通过在紫铜管外加热管内的流体水，来观察水在管内的几种典型流动状态。
② 通过壁面温度等参数的测量，计算不同流型下相应的对流传热系数及蒸汽干度数值。

5.13.3　实验原理

在垂直管内，汽液两相形成的流型一般可分为泡状流、弹状流、搅拌流及环状流。泡状流是指在液相中有近似均匀分散的小气泡的流动状态。弹状流是指大多数气体是以较大的枪弹形气泡存在并流动，在弹性泡与管壁之间以及两个弹性泡之间的液层中充满了小气泡。搅拌流是弹状流的发展，枪弹形气泡被破坏成狭条状，这种流型较混乱。环状流则是指含有液滴的连续气相沿管中心向上流动，含有小气泡的液相则沿管壁向上爬行。流型示意如图 5-25 所示。

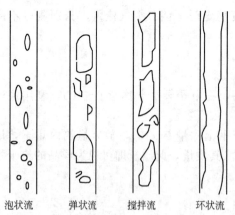

泡状流　　弹状流　　搅拌流　　环状流

图 5-25　垂直管内两相流流型示意图

影响汽液两相流型的主要因素有流体物性（黏度，表面张力，密度等），流道的集合形状，放置方式（水平、垂直或倾斜），尺寸，流向以及汽液相的流速等。对于垂直汽液两相向上流动的升膜蒸发器，当流道直径及实验物料固定后，由于实验物料的物理性质确定，此时各种流型的转变主要取决于汽液流量，关键参数是汽速。

环状流出现一般汽速不小于 10m/s，此时料液贴在管道内壁，被上升的气体拉曳成薄膜状向上流动形成环状流，环状液膜上升时必须克服其重力以及与壁面的摩擦力。

本实验通过在单管升膜蒸发器中以水为物料，通过改变蒸汽冷凝量、真空度等方法来观察产生的不同流型，并计算出相应流型的传热系数、干度，并对结果多方分析以寻找相关的变化规律。

质量衡算：
$$Fx_0 = (F-W)x_1 \tag{5-102}$$

式中　F——原料液流量，L/h；

　　　W——蒸发量，L/h；

　　　x_0——初始液浓度；

　　　x_1——完成液浓度。

热量衡算：
$$Q = \alpha \times S \times (t_w - t_b) \tag{5-103}$$

$$\alpha = \frac{Q}{S \times (t_w - t_b)} \quad W/m^2 \cdot ℃ \tag{5-104}$$

$$S = \pi d L_e \quad m^2 \tag{5-105}$$

$$X = \frac{W_g}{W_g + W_l} \tag{5-106}$$

式中　α——对流传热系数，$W/m^2 \cdot ℃$；

　　　Q——传热量，W；

　　t_w——内壁温度，℃；

　　t_b——主流温度，℃；

　　　S——传热面积，m^2；

　　　d——测量管内径，m；

　　L_e——有效管长，m；

　　　X——干度（无因次）；

　　W_g——蒸发器内流出蒸汽量；

　　W_l——蒸发器内流出液体量。

5.13.4　实验装置简介及流程图

（1）实验装置基本参数

内管内径 d_i：14mm，内管外径 d_o：17mm，有效管长 L_e：1400mm。

外管直径：57mm，保温层外径 D_0：120mm，加热电压（V）小于 200。

液体接收瓶直径：140mm，汽体冷凝液接收瓶直径：50mm。

离心水泵：WB 120/150，转子流量计：LZB-10（1.6～16l/h）。

温度计：AI501（0～150℃），AI701（0～150℃）。

（2）实验流程简介及流程图

本实验装置的流程图如图 5-26 所示。实验装置主体为单管升膜蒸发器，蒸发器管外自上向下通入蒸汽，蒸汽是由蒸汽发生器内电热器加热蒸馏水而产生。进料水泵将物料从水箱通过转子流量计注入到蒸发器中，升膜蒸发器管内的液体被加热后蒸发产生蒸汽形成汽液两相流，汽液两相在汽液分离器中分离，汽体经冷凝器冷凝沿下端管滴入蒸汽冷凝接收器内进行计量，根据一定时间内收集的蒸汽冷凝液量计算出冷凝量及干度。液体经冷却器冷却沿下管进入液体接收器中进行计量，通过测量液体的体积和蒸汽冷凝后的体积可以计算出干度。实验装置流程示意图见图 5-26。

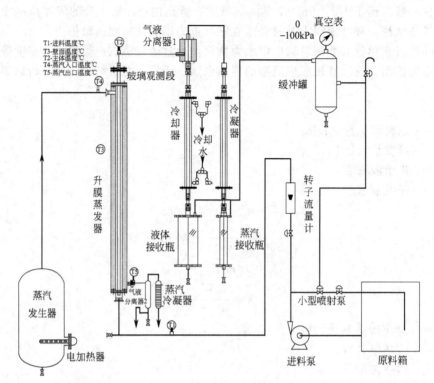

图 5-26　实验装置流程图

5.13.5　实验步骤

(1) 实验前准备工作

① 关闭水箱底阀，箱内充满待测液体，泵出口回流阀处于全开状态，转子流量计下的流量调节阀门全部关闭。

② 将蒸汽发生器内注入四分之三的蒸馏水。

(2) 实验步骤

① 合上电源开关，打开冷却水，启动泵，开启转子流量计调节阀，调节流量为所设定的流量值。待蒸发管内充满待测液体后，关闭进料阀。

② 把蒸汽发生器通电加热 100V 电压左右，注意观察蒸汽的产生过程。当有蒸汽产生后，通过玻璃段观察管内流体的流型并将液体流量调整到 8L/h。

③ 稳定操作 30min 以上，开始记录下观察到的流型、进料流量、内壁、主体及蒸汽进出口温度、加热电压、电流及真空度等。

④ 记录蒸汽冷凝量为 300mL 时所用的时间。

⑤ 记录从冷凝器下端出口测取的蒸汽冷凝液量和冷却器下端出口液体冷却液的量。

⑥ 启动真空泵，调节真空度为 0.01MPa，观察实验现象，适当提高加热电压使蒸汽出口温度维持在 100℃ 左右。稳定后测取实验数据。

⑦ 再次改变真空度，待操作稳定后重复上述操作。

⑧ 实验结束，先切断加热电路、关闭流量计调节阀、停泵、最后切断电源。

5.13.6　实验注意事项

① 蒸汽发生器是通过电加热器产生蒸汽的，操作时要注意安全。

② 实验过程中稳定时间应不小于 30 分钟，操作全部稳定后再读取数据。

③ 实验过程要密切观察流型变化及壁温变化，严防干壁现象。

④ 调节真空度时一定要缓慢调节，否则会出现异常现象。

5.13.7 思考题

① 影响蒸发汽液两相流型的主要因素有哪些？

② 升膜蒸发器适合处理哪些物料？

③ 真空蒸发有哪些优点和缺点？

5.14 中空纤维超滤膜分离实验

5.14.1 实验目的

① 了解膜分离技术的基本原理，掌握膜分离的基本操作。

② 掌握发色剂的配制方法及标准曲线的绘制。

③ 进一步掌握 722 型可见分光光度计的测定方法。

5.14.2 实验任务

以聚乙二醇为分离物质，计算单个膜组件、并联和串联膜组件的截留率。

5.14.3 实验原理

膜分离技术具有分离过程无相态变化，基本在常温下进行，特别适用对热敏感物质的分离过程，属物理变化或物化变化，分离范围可以从小分子到大分子，从细菌到病毒，从蛋白质、胶体到多糖。分离过程仅仅是简单的加压输送，具有易自控、占地面积小等特点，与蒸馏、冷冻、萃取等分离方法比较，节能效果显著，因此受到各工业发达国家的高度重视。不少国家把膜分离技术纳入国家计划和关键技术。该装置的分离组件采用超滤中孔纤维聚砜膜，膜具有一定的孔隙，小于其孔径的分子可以在压差的推动下通过该膜，而大于孔径的分子则被隔离，这样就达到了组分间的分离。

中空纤维超滤膜组件见图 5-27。

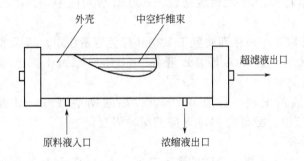

图 5-27　中空纤维超滤膜组件

配制不同浓度的聚乙二醇溶液，利用分光光度计于波长 510nm 下测量其吸光度，绘制出一标准曲线。按照同样的方法分别测得原料液、浓缩液、超滤液的吸光度，并在标准曲线上查得相对应的浓度 C_1，C_2，C_3。通过下面的公式算出截留率 Ru：

$$Ru = \frac{C_1 - C_3}{C_1} \times 100\% = \frac{A_1 - A_3}{A_1} \times 100\% \qquad (5\text{-}107)$$

Ru 越大表示超滤组件分离效果越好。

5.14.4 实验装置及流程

实验装置及流程见图 5-28。

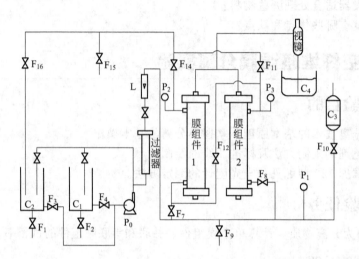

C₁—清洗水储槽；C₂—溶液储槽；C₃—高位槽；C₄—储液桶；F₁，F₂—C₂ 和 C₁ 的排液
阀；F₃，F₄—C₂ 和 C₁ 的出口阀；F₇，F₈—组件 1 和 2 的入口阀；F₉—排液阀；F₁₀—保护
液阀；F₁₁，F₁₄—组件 1 和 2 的出口调节阀；F₁₂—组件串联阀；F₁₅—浓缩液取样阀；
F₁₆—浓缩液循环阀；F₁₇—排放阀；P₁，P₂—压力表；L—玻璃转子流量计；P₀—液体输送泵

图 5-28 实验装置及工艺流程图

5.14.5 实验操作

① 发色剂的配制。

a. A 液：准确称取 1.600g 次硝酸铋置于 100ml 容量瓶中，加冰乙酸 20ml，蒸馏水稀释至刻度。

b. B 液：准确称取 40g 碘化钾放置于 100ml 棕色容量瓶中，蒸馏水稀释至刻度。

c. Dragendoff 试剂：量取 A 液、B 液各 5ml 置于 100ml 棕色容量瓶中，加冰乙酸 40ml，蒸馏水稀释至刻度。

d. 醋酸缓冲溶液的配制：称取 0.2mol/L 醋酸钠溶液 590ml 及 0.2mol/L 冰乙酸 410ml，放置于容量瓶中，配制成 pH4.8 醋酸缓冲溶液。

② 标准曲线的绘制。

a. 准确称取在 60℃下干燥 4 小时的聚乙二醇 1.000g 溶于 1000ml 容量瓶中，分别吸取聚乙二醇溶液 1.0ml、3.0ml、5.0ml、7.0ml、9.0ml 稀释于 100ml 容量瓶内配成浓度为 10mg/L、30mg/L、50mg/L、70mg/L、90mg/L 的聚乙二醇标准溶液。

b. 从上述标准溶液中分别取出 50ml 加入 100ml 容量瓶中，分别加入 Dragendoff 试剂及醋酸缓冲溶液各 10ml，蒸馏水稀释至刻度，放置 15min。

c. 以蒸馏水为空白溶液，于波长 510nm 下，用 1cm 比色池，利用 722 分光光度计测定吸光度 A。以聚乙二醇浓度为横坐标，吸光度为纵坐标作图，绘制出标准曲线。

③ 放出组件内的甲醛保护液。并在 C_1、C_2 内注入清水，打开阀 F_3 使水充满泵。开启泵使水依次通过各个组件，清洗管路和组件，并检查是否漏液，若有漏，必须解决至不漏为止。

④ 放出 C_2 内的水。以备配置料液。

⑤ 料液配制。液量 35L（储槽使用容积），浓度约为 30mg/L。方法是，取 MW20000 聚乙二醇 1.1g 放入 1000ml 的烧杯中，加入 800ml 水，搅拌至全溶，在储槽内稀释至 35L，并搅拌均匀。

⑥ 进行膜分离操作（以单膜组件 1 为例）。从 C_2 槽内取原始料液约 100ml，打开阀门 F_3、F_7、F_{14} 和 F_{16}，其余阀门关闭。开泵，开启阀门 F_7、F_{14} 调节玻璃转子流量计至要求的流量 40L/h 和超滤器前的压力 0.04MPa，超滤器后的压力 0.03MPa。几分钟后，视镜应有超滤液出现。运转正常后，每隔 0.5h 取样，从视镜下部取出超滤液约 100ml，从 F_{15} 处取浓缩液 100ml。

⑦ 测量原始料液、超滤液和浓缩液的吸光度，以求得相应的聚乙二醇的浓度。分别取原始料液、超滤液和浓缩液各 50ml 分别置于 100ml 的容量瓶中，分别加入 Dragendoff 试剂及醋酸缓冲溶液各 10ml，蒸馏水稀释至刻度，放置 15min。以蒸馏水为空白溶液，于波长 510nm 下，用 1cm 比色池，在 722 分光光度计上测定吸光度 A。根据所测得吸光度从标准曲线上查得聚乙二醇浓度。

⑧ 根据公式算出分离膜的截留率 Ru。

⑨ 系统清洗。系统处理一定浓度的料液，停车后，放掉系统的存留的料液，接通清洗水系统，开泵运转 10～15min，清洗污水经 F_{17} 放入地下水道。停泵。

⑩ 采用两个膜组件的并联操作。开启相应的阀门，按照操作⑥、⑦的方法求得并联操作的截留率。

⑪ 采用两个膜组件的串联操作。开启和关闭相应的阀门，按照操作⑥、⑦的方法求得串联操作的截留率。

⑫ 全部结束后，切断电源，加入 1% 的甲醛水溶液保护液，防止纤维膜被细菌"吞食"。

5.14.6　实验报告要求

绘出聚乙二醇浓度的标准曲线，算出单个膜组件、并联和串联膜组件的截留率。

5.14.7　注意事项

① 严禁水泵在无液体情况下操作，即开泵前要先将阀 F_3 或 F_4 打开，使泵内充满液体。

② 实验操作前要先进行系统检漏。

③ 实验完毕后，要对系统进行清洗。

④ 清洗后的系统要加保护液，以防止纤维膜被细菌"吞食"。

5.14.8　思考题

① 进行系统清洗和加保护液的作用是什么？

② 开泵时应注意的主要问题是什么？

③ 并联操作和串联操作的结果有什么区别？

第6章

化工原理演示实验

6.1 雷诺实验

6.1.1 实验目的

① 了解管内流体质点的运动方式，认识不同流动状态的特点，掌握判别流型的准则。
② 观察圆直管内流体作层流、过渡流、湍流的流动状态。
③ 观察流体层流流动的速度分布。

6.1.2 实验任务

① 以有色液体为示踪剂，观察圆形直管内水为工作流体时，流体作层流、过渡流和湍流时的各种形态。
② 观察流体在圆形直管内作层流流动时的速度分布。

6.1.3 实验原理

流体流动有两种不同状态，即层流（滞留）和湍流（紊流）。它取决于流体流动时雷诺数 Re 的大小。若流体在圆管内流动，雷诺数可用下式表示：

$$Re = \frac{du\rho}{\mu} \tag{6-1}$$

式中：d——管子内径，m；

$\quad\quad u$——流速，m/s；

$\quad\quad \rho$——流体密度，kg/m^3；

$\quad\quad \mu$——流体黏度，Pa·s。

当 $Re \leqslant 2000$ 时，流动类型为层流；当 $Re \geqslant 4\,000$ 时，流动类型为湍流；当 $2000 < Re < 4000$，流动类型不稳定，可能为层流，也可能为湍流，与外界扰动情况有关。这一范围称为过滤区。

式(6-1)表明，对同一台仪器，d 为定值，故流速 u 仅为流量的函数；对于流体水来说，ρ、μ 几乎仅为温度的函数。因此，只要测定水的温度与流量，便可确定雷诺数值。

当流体的流速较小时，流体在管内作层流流动，管中心的指示液成一条稳定的细线通过全管，与周围的流体无质点混合；随着流速的增加，指示液开始波动，形成一条波浪形细线；当流速继续增加，指示液被打散，与管内流体混合。

一定温度的流体，在特定的圆管内流动，Re 仅与流速有关。本实验是改变水在管内的

速度，观测在不同 Re 下流体流的变化。

6.1.4　实验装置及流程

雷诺实验装置如图 6-1 所示。

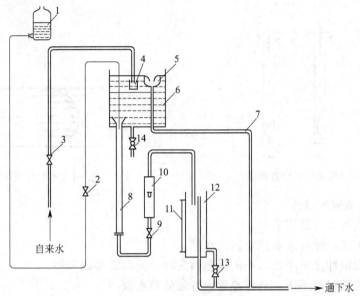

图 6-1　雷诺实验装置

1—高位玻璃瓶；2—着色水流量控制阀；3—进水阀；4—进水稳流装置；
5—溢流槽；6—高位水槽；7—溢流管；8—玻璃管；9—水流量控制阀；10—转子流量计；
11—液位计；12—计量槽；13—旁路阀；14—排污阀

6.1.5　实验操作

(1) 实验前的准备工作

① 实验前应仔细调整示踪剂注入管的位置，使其处于实验管道的中心线上。

② 向红墨水储瓶中加入适量稀释过的红墨水，作为实验用的示踪剂。

③ 关闭流量调节阀，打开进水阀，使水充满水槽并有一定的溢流，以保证水槽内的液位恒定。

④ 排除红墨水注入管中的气泡，使红墨水全部充满细管道中。

(2) 雷诺实验过程

① 调节进水阀，使溢流管内维持尽可能小的溢流量。轻轻打开流量调节阀，让水缓慢流过玻璃管。

② 缓慢调节墨水流量阀，让其从中心注入玻璃管，墨水与水的流量大致相近。观察：红墨水在管内的流动状况，如图 6-2(a) 所示，红墨水在管中心形成一条直线，流动型态为层流。

③ 同时，逐步增大进水阀和流量调节阀的开度，在维持尽可能小的溢流量下，提高通过玻璃管中的水流量。观察：红墨水在管内的流动状况，如图 6-2(b)、(c) 所示的两种情况，(b) 中，红线发生波动但仍维持一定形状，流型处在过渡状态，(c) 中，红墨水布满整个管道流型为湍流。

（3）流体在圆管内流动速度分布演示实验

关闭流量调节阀（仍保持一定的溢流量），打开墨水流量调节阀，使少量红墨水流入不流动的玻璃管入口端，扩散为团状。稍稍开启流量调节阀（流量在层流范围），使红墨水缓慢随水运动，则可观察到红墨水团前端的界限，如图 6-3 所示，红墨水做层流流动的速度分布图。

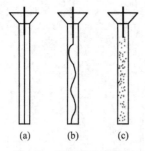

图 6-2　流动状态示意图

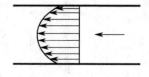

图 6-3　速度分布示意图

（4）实验结束时的操作

① 关闭有色液体流量调节阀。

② 关闭进水阀，使自来水停止流入水槽。

③ 待实验管道冲洗干净，水中的颜色消失时，关闭流量调节阀。

④ 若日后较长时间不用，请将装置内各处的存水放净。

6.1.6　注意事项

① 高位水箱内的水要保持静止，要尽量避免人为的震动和噪声，否则影响实验结果，应保持实验环境安静；

② 水箱内的水溢流量大时，上水量也大，产生较大的震动，影响实验结果，特别是对层流流动影响更大，因此水箱的溢流量应尽可能小。

6.1.7　思考题

① 若红墨水注入管不设在玻璃管中心，能得到预期的效果吗？

② 层流和湍流的本质区别，在于流体质点运动方式不同，试简述两者的差异。

③ 流体在圆直管内流动时，能只用流速判断流体的流动状态吗？你认为在什么条件下可只用流速的数值判断流动状态？

④ 研究流动状态有何意义？

6.2　电除尘实验

6.2.1　实验目的

① 了解用电除尘法净化气体的原理和电除尘器的基本结构。

② 观察气体中的尘粒被电场吸引并被去除干净的现象。

6.2.2　实验任务

① 演示火花放电过程。

② 演示电除尘过程。

6.2.3 实验原理

除尘管是一根玻璃管，管外绕有金属丝作为电极，管中央设一金属丝作为另一电极，两极分别接高压正、负端。当通电时，除尘管中产生不均匀电场，使中央负极附近的空气被电离。电离产生的正离子移向负极，而负离子移向正极（管壁的沉降极）。正、负离子移动时都会碰到粉尘颗粒，并使之带上相应的电荷，一同移到电极上，通过离子放电而使粉末沉降。但因管中电场为不均匀电场，中心的场强大大高于四周，故电离主要发生在管中心负极附近。这样正离子移动路线很短，可能使很少量的粉尘沉降在管中心负极上，而绝大部分粉尘是随负离子移动而沉降在正极管壁上，从而达到了除尘的目的。

实际应用时除尘管是金属管，无需绕金属丝作电极，实验室采用玻璃管是为了方便观察现象。

6.2.4 实验装置及流程

电除尘仪由玻璃管状除尘室、高压发生器、烟雾发生器、空气泵等组成，见图6-4。

高压发生器包括电源盒和感应圈。前者将220V交流电降压、整流，然后经继电器作用将低压直流电变为脉冲电流供给感应圈，感应圈再将电流变为高压脉冲电流。采用感应圈方式产生高压电，其主要优点是安全，因为感应圈的内阻很大，不可能提供更大的输出电流，因此，即使人体接触，由于输出电流小（人体致命电流在30mA以上），仅有麻电感觉而不致有生命危险。

烟雾发生器包括气泵和有机玻璃药瓶，药瓶第一格放氨水，第二格放盐酸，当气泵供应的空气通过第一格时，空气中即混有氨气，再经第二格时氨和盐酸反应生成白色烟状氯化铵，实验中产生的氯化铵微粒很小，仅$0.1\sim1\mu m$，是理想的细尘试样。

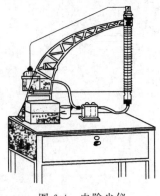

图6-4　电除尘仪

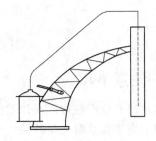

图6-5　火花放电现象

6.2.5 实验操作

(1) 火花放电现象

当高压电极两端互相靠近时，电压将空气击穿，产生火花放电现象，如图6-5所示。

演示时，只合上脉冲开关（见图6-6）K_2，让感应圈产生高压，然后用螺丝刀的金属杆先接触支架（正极），再逐步将螺丝刀刀尖移近感应圈的高压输出端（即高压负端），当距离达到约9mm时，即会产生火花放电现象。火花放电的距离大小可用以估计电压的高低，如果某电压能在10mm距离上产生火花放电，那么其电压约20000V。

此演示可同时作为检验仪器是否正常产生高压电的方法。演示时要注意操作顺序，螺丝刀要先接触支架后再移近感应圈；如果相反，先接触感应圈就会麻手。演示完毕，随手关掉开关 K_1。

（2）电除尘现象

首先将药瓶充好药液，连接由气泵通向药瓶以及由药瓶通向除尘管底部的软管。演示开始，打开气泵电源开关，即有白烟（含有氯化铵的空气）通入除尘管，观察管内气体。由于有尘粒均匀悬浮在气流中，所以气体呈乳白色，待浑浊气体上升到管子中下部时，合上脉冲开关 K_2，让仪器产生高压，这时立即可以看到尘粒被电场吸引。附着在玻璃管内表面（即高压正极），小部分烟雾吸引在中心电极（负极）上。虽然含尘气体继续不断通入除尘管，但由于空气中的尘粒不断被电场作用并附着在玻璃管壁面，因此管内气体变得洁净。然后，停止通电，管内气体又恢复浑浊，再通高压电，气体中的尘粒又被净化。

电除尘管内的气流速度有一定限制，气速过大，来不及沉降的尘粒会被气流带出除尘管。这一现象也可以演示，这时可以调节气泵旋钮，加大空气流量，就可以看到虽然已经通有高压电，但除尘管出口处仍然有部分白烟冒出，而降低气速后，又恢复正常。

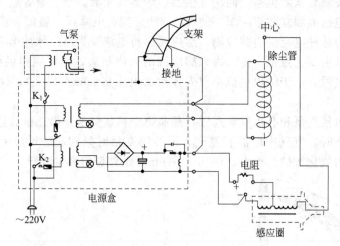

图 6-6　火花放电现象原理图

6.2.6　注意事项

① 演示过程应严格按照操作顺序进行，防止触电。
② 演示完毕应及时关闭开关。

6.2.7　思考题

电除尘过程中，气速对除尘效果的影响？

6.3　旋风分离器实验

6.3.1　实验目的

① 了解旋风分离器的结构。
② 通过演示含尘气体、固体尘粒、除尘后气体在旋风分离器内的运行路线，通过对比模型，加深对旋风分离器工作原理的理解。

6.3.2 实验任务

观察含尘气体中的煤粉在旋风分离器和对比模型中的运动路线和规律。

6.3.3 实验原理

旋风分离器主体上部是圆筒形,下部是圆锥形,进气管在圆筒的旁侧,与圆筒正切(见图6-7)。对比模型外形与旋风分离器相同,只是进气管不在圆筒部分的切线上,而是安装在径向(见图6-8)。

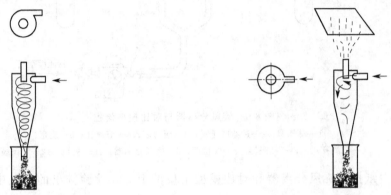

图 6-7 旋风分离器   图 6-8 对比模型

含尘气体在旋风分离器的进气管沿切线方向进入分离器内作旋转运动,尘粒受到离心力的作用而被甩向器壁,再经圆锥部分落下,干净的气体则由排气管排走,从而达到分离的目的。如果气体从对比模型的径向管进入,则气体不产生旋转运动,因而分离效果很差。这说明旋转运动能增大尘粒的沉降力,旋风分离器的旋转运动是靠切向进口和容器壁的作用产生的。

6.3.4 实验装置及流程

本实验装置由自动稳压器、玻璃旋风分离器和对比模型等组成。实验装置如图6-9所示。

开通空气压缩机,全开总阀1,空气通过过滤减压阀2和节流孔4后同时供给旋风分离器和对比模型。当高速空气通过抽吸器7的喷嘴时,使抽吸器形成负压,抽吸器下端杯子中的煤粉就被气流带入系统与气流混合成为含尘气体进入旋风分离器9进行气固分离,这时可以清楚地看见煤粉旋转运动的形状,一圈一圈地沿螺旋形流线落下。

然而,将煤粉移到对比模型的抽吸器11下方,当含煤粉的空气进入模型内就可以看见气流是混乱的,由于缺少离心力的作用所以煤粉的分离效果很差,一些粒度较小的煤粉不能沉降下来而随气流从出口处喷出,可见到出口冒黑烟。

6.3.5 实验操作

① 开通空气压缩机,全开总阀1,空气通过过滤减压阀2和节流孔4后同时供应旋风分离器和对比模型。

② 将装有煤粉的煤粉杯8接在抽吸器的下端,通过抽吸器产生的负压将煤粉吸入空气中,成为含尘气体,观察含尘气体中的煤粉在旋风分离器和对比模型中的运动。

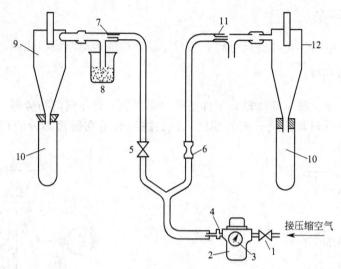

图 6-9　旋风分离器与对比模型流程图

1—总气阀；2—过滤减压阀；3—压力表；4—节流孔；5—旋塞；
6—节流孔；7,11—抽吸器；8—煤粉杯；9—旋风分离器；10—灰斗；12—对比模型

③ 用白纸挡在旋风分离器和对比模型出口的上方，检验排出的空气中是否任夹杂着煤粉。

6.3.6　注意事项

① 分离器的排灰管与积尘室的连接应比较紧密，以免因分离器内部的负压，造成空气漏入，而将已分离下来的尘粒重新吹起并带走。

② 实验时，若气体流量足够小且固体粉粒比较潮湿，则固体粉粒会沿着向下螺旋运动的轨迹黏附在器壁上。若想除掉黏附在器壁上的粉粒，可在大流量下向分离器内加入固体粉粒，用从含尘气体分离出来的高速旋转的新粉粒，将原来黏附在器壁上的粉粒冲刷掉。

6.3.7　思考题

① 旋风分离器的结构尺寸对分离效果有何影响？
② 颗粒在旋风分离器内沿径向沉降的过程中，其沉降速度是否为常数？

6.4　边界层仪演示实验

6.4.1　实验目的

利用光的折射原理，观察流体流经固体壁面所产生的边界层分离现象，加强学生对边界层的感性认识。

6.4.2　实验任务

观察流体流经圆柱体壁面时边界层的形成及其变化情况。

6.4.3　实验原理

边界层仪由点光源、热模型和屏组成（见图 6-10）。模型被加热后壁面附近的空气自下

而上作对流运动，模型壁面上存在着层流边界层，因为层流边界层几乎不流动，传热状况较差，层内温度接近模型壁面温度而远高于周围空气的温度，由于温度差引起空气的密度差，从而产生的升力使空气形成对流运动。同时，由于边界层内气体的密度与边界层外气体的密度不同，则折射率也不同，利用折射率的差异可以观察边界层。用热电偶测出模型壁面温度达 350 ℃。文献指出，气体对光的折射率有下列关系

$$\frac{n-1}{\rho}=恒量 \tag{6-2}$$

式中　n——气体折射率；

　　　ρ——气体密度，kg/m^3。

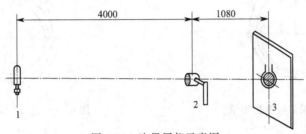

图 6-10　边界层仪示意图

1—点光源；2—模型；3—屏

如图 6-11 所示，灯泡的光线从离模型几米远的地方射向模型，以很小的入射角 i 射入边界层。如果光线不偏折，应投到 b 点，但现在由于高温空气折射率不同，光线产生偏折，出射角大于入射角。射出光线在离开边界层时再产生一些偏折后投射到 a 点，在 a 点上原来已经有背景的投射光，加上偏折的折射光后就显得特别明亮，无数亮点组成图形，反映出边界层的形状。此外，原投射位置（b 点）因为得不到投射光线，所以也显得较暗，形成暗区，这个暗区也是边界层折射现象引起的，因此也代表边界层的形状。

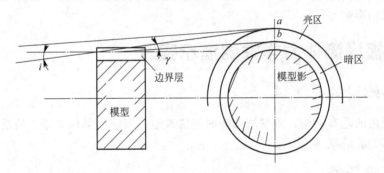

图 6-11　光线折射图

由边界层仪可以清楚地显示流体流经圆柱体的层流边界层形状，如图 6-12 所示。圆柱底部由于气体流动压的影响，边界层最薄。越往上部，边界层越厚，最后产生边界层分离，形成旋涡。边界层仪还可演示边界层的厚度随流体速度的增加而减薄的现象。对着模型吹气，就会看到迎风一侧边界层影像的外沿退到模型壁上，表示边界层厚度减薄，如图 6-13 所示。

6.4.4　实验装置及流程

边界层仪见图 6-10。将热模型 2 通电加热后，从电光源 1 发射光线，将热模型 2 周边的影像在视屏 3 上投影，观察视屏上的投影形状及变化情况。

6.4.5 实验操作

接通电源后，打开热模型电加热开关，约半个小时后，再打开点光源开关。这时可在视屏上清楚地看到流体流经圆柱体的层流边界层投影。通过调节加热电流的大小或改变空气自然对流的方向观察其边界层厚度和形状的变化情况。

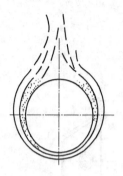

图 6-12 层流边界层形象

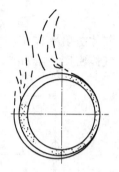

图 6-13 迎风一侧边界层减薄

6.4.6 注意事项

热模型采用铜制外壳，内装磁芯和电阻丝，模型要达到一定温度才能产生折光现象，使用时要先通电加热约半个小时，然后才开灯观看。

6.4.7 思考题

① 边界层内、外的流体流动状况如何？

② 研究边界层的意义是什么？影响边界层的最主要因素是什么？在传热和传质方面怎样削弱边界层的影响？

6.5 筛板塔流体力学性能演示实验

6.5.1 实验目的

了解筛板塔的基本结构，观察塔操作时正常鼓泡、漏液、雾沫夹带、液泛现象，从而使学生加深对塔性能的理解。

6.5.2 实验任务

① 观察筛板塔在气液量改变时，气液两相在塔板上的接触情况。

② 观察筛板塔内因气液相负荷变化而引起的不正常流动现象。

6.5.3 实验原理

塔板上气液接触，塔内气液流动，都与塔板上的流体力学有关。为了研究塔板上流体力学，一般用空气-水体系，在塔板的冷模装置上进行实验，观察塔板上气液的接触情况。

① 正常操作情况：气速比较适中，无明显飞溅的液滴，泡沫层的高度适中，气泡很均匀，这表明实际气速符合设计值。

② 漏液现象：当塔板在低气速下操作时，气体通过塔板为克服开孔处的液体表面张力，

以及液层摩擦阻力所形成的压强降，不能抵消塔板上液层的重力，因此液体将会穿过塔板上的筛孔往下漏，即产生漏液现象。

③ 雾沫夹带：是指液滴被气流从一层板带到上一层板，引起浓度的返混现象，雾沫夹带通常是在高气速时产生的。

④ 液泛现象：当塔板上液体量很大，上升气体速度很高，塔板压降很大，液体来不及从溢流管向下流动，于是液体在塔板上不断积累，液层不断上升，使整个塔板空间都流满气液混合物，此即为液泛现象。

6.5.4　实验装置及流程

筛板塔装置由风机 1、气阀 2、水阀 3、水流量计 4、塔板 5、液封管 6、压差计 7 等组成（见图 6-14）。塔板上有筛孔、溢流管 8、降液区等（见图 6-15）。

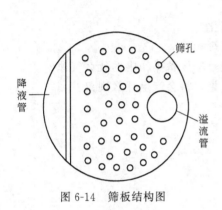

图 6-14　筛板结构图

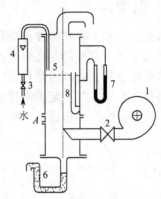

图 6-15　筛板塔表演教具流程图
1—风机；2—气阀；3—水阀；4—水流量计；
5—塔板；6—液封管；7—压差计；8—溢流管

6.5.5　实验操作

演示前可先供水，开动风机，气阀处于半开位置，启动运行，让筛板充分润湿。演示时，采用固定的水流量（约 1.28 L/min），改变气速，以演示各种气速时的运行状况。

① 全开气阀，气速达到最大值。这时可以看到泡沫层很高，并且有大量液滴从泡沫层上方往上冲（见图 6-16），这就是所谓雾沫夹带现象。这种现象表示实际气速大大超过设计气速。

② 逐渐关小气阀。这时飞溅的液滴明显减少，泡沫层的高度适中，气泡很均匀（见图 6-17），表示实际气速符合设计值，这是筛板塔正常运行状态。

③ 再进一步减少气速。当气速大大小于设计气速时，泡沫层明显减少，因为鼓泡少，气液两相接触面积大大减少（见图 6-18）。显然，这是筛板塔不正常操作状态。

④ 再慢慢关小气阀。这时可以看到板面上既不鼓泡、液体也不下漏的现象。若再关小，则液体从筛孔中漏出，这就是筛板的漏液点。整个演示过程还可以从 U 形压差计上读出各个操作状态下的板压降。

6.5.6　注意事项

① 实验之前，需要先打开进水阀，向装置内通入一定的水，将各层塔板淋湿。
② 实验过程中改变空气或者水的流量时，必须待其稳定后再观察塔板上的气液接触

现象。

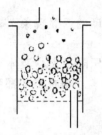 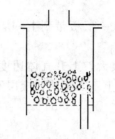 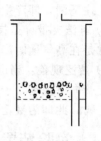

图 6-16　雾沫夹带现象　　　　图 6-17　筛板塔正常运行情况　　　　图 6-18　筛板塔气速
　　　　　　　　　　　　　　　　　　　　　　　　　　　　　　　　　　　　　太小的操作状态

6.5.7　思考题

① 塔板的泛点随着气、液相负荷变化将如何变化？

② 塔板上液位落差的存在对气流接触产生什么影响？

③ 产生漏液现象的原因是什么？漏液时的气速是塔设备操作中的什么气速？

④ 操作过程中，若恒定喷淋量而逐渐增加进气量，将会产生什么现象？

⑤ 评价塔板性能的指标是什么？

第7章

化工原理计算机仿真实验

计算机仿真实验教学是当代非常重要的一种教学辅助手段，它形象生动且快速灵活，集知识掌握和能力培养于一体，是提高实验教学效果的一项十分有力的措施。实践证明，学生通过键盘操作仿真实验，能充分调动学生学习的主动性，使学生得到实验教学全过程的训练。

（1）仿真软件的组成

本套软件系统包括 8 个单元仿真实验与演示实验：

实验一：离心泵仿真实验

实验二：管路阻力仿真实验

实验三：传热仿真实验

实验四：流体流动状态的观测

实验五：伯努利方程演示实验

实验六：吸收仿真实验

实验七：干燥仿真实验

实验八：精馏仿真实验

每个单元实验仿真功能包括仿真操作、数据处理和实验知识测评三部分。其中数据处理可进行仿真操作的数据处理和键盘输入的数据处理，需要时，还可以打印出完整的实验报告。

（2）仿真软件操作的一般规则

首先进入要运行的单元操作所在的子目录，待屏幕显示版本信息后，连续按回车键或空格键直至显示如下菜单：

① 仿真运行

② 实验测评

③ 数据处理

④ 退出。

根据指导教师要求选择相应的内容进行操作。当显示菜单后，如按"1"键选择"仿真运行"，屏幕显示流程图，并且在屏幕下部显示操作代码。根据化工原理实验操作程序的要求，选择操作菜单提示的各项控制点依次进行操作。每项控制点由数字代码表示，选定后按"↑"或者"↓"键进行开、关或量的调节。每完成一项操作按回车键又回到主菜单。

7.1 离心泵仿真实验

本仿真实验可测定离心泵 3 条特性曲线和演示离心泵的汽蚀现象。

7.1.1 常规操作和操作代码

进入仿真软件目录下，键入 PUMP 回车，出现音乐、实验项目等时，连续回车或按空格键直到仿真操作选择菜单，选"1"即进入仿真操作。屏幕出现实验装置图，图形下方显示实验各控制点的操作说明，即仿真操作主菜单，选择相应的代码进行操作。选定后按"↑"或者"↓"键进行开、关或量的调节。当需要记录数据时，按"R"或"W"键自动将当前状态的数据记录下来并存入硬盘中，以便数据处理时调用。

每完成一项操作按回车又回到主菜单。操作代码如下：

1—灌水阀 V1   2—离心泵进水阀 V2

3—离心泵排水阀 V3   4—离心泵电源开关

5—天平砝码操作   0—返回（退出仿真操作）

注意：本实验中，离心泵出口压力表示值单位为 kgf/cm^2，离心泵进口真空表示值单位为 mmHg，转速单位为 r/min，涡轮流量计示值频率单位为 Hz（按公式换算流量）。实验流程图下方，显示控制点的操作代码。

7.1.2 仿真实验步骤

① 离心泵的排气灌水操作。关闭离心泵进水阀 V2（首次操作时已关闭，无需操作），打开排水阀 V3，即按数字键"3"，再按"↑"键，按回车键回到主菜单，选"1"并按"↑"键，打开灌水阀 V1（阀门红色时表示打开，无色时表示关闭）。然后再关闭灌水阀 V1和排水阀 V3，灌水完毕，按回车键回到主菜单。

② 启动水泵。选"4"并按"↑"键即泵启动。

③ 全开进水阀 V2，使 V2 开度至 100%。即选"2"，连续按"↑"键，然后回车。

④ 调整天平砝码，使其平衡。选"5"，按"↑"键添加砝码，按"↓"键减少砝码。

⑤ 按"R"键或"W"键，读取离心泵流量为 0 时的第一组数据（包括流量，泵进、出口压强，泵转速和测功仪所加的砝码质量等数据）。

⑥ 打开泵排水阀 V3 至某一值。即按"3"键，再连续按"↑"键，按回车键又回到主菜单，重新调整天平砝码使其平衡。

⑦ 按"R"键读取第二组数据。

⑧ 重复⑥~⑦步操作，记录约 10 组数据，包括大流量数据。然后关闭排水阀 V3。

⑨ 停泵：选"4"按"↓"键。退出：选"0"按回车键。

以上为泵性能曲线测定实验仿真操作。完成仿真操作后，即可进行实验数据处理。

⑩ 汽蚀现象演示操作：泵启动后，调整排水阀 V3，使涡轮流量计显示在 100 左右。逐步关小进水阀 V2，并开大排水阀 V3，保持流量显示在 100 左右，当发生汽蚀现象时，泵发出不同的噪音，流量突然下降，然后开大进水阀 V2。

⑪ 关闭排水阀 V3，停泵，退出。

注意：操作中，按一下 F 键或者 L 键，可加快或减缓调节流量或砝码的速度。

7.2 管路阻力仿真实验

本实验内容有两项，一是测定水平直管的摩擦系数与雷诺准数的关系；二是测定 90°标准弯头的局部阻力系数。

7.2.1 常规操作和操作代码

进入仿真软件目录下，键入 LOSS 回车，出现音乐、实验项目等时，连续回车或按空格键直到仿真操作选择菜单，选"1"即进入仿真操作，屏幕出现实验流程图，图形下方显示实验各控制点的操作说明，选择相应的代码进行操作。每完成一项操作按回车键又回到主菜单。操作代码如下：

1—泵灌水阀 V1　　　　　　2—泵进水阀 V2

3—泵排水阀 V3　　　　　　4—压差计与管路连接阀 V4

5—压差计进气排水阀 V5　　6—压差计连接阀 V6

7—压差计进气排水阀 V7　　8—泵电源开关

0—返回

注意：实验中所用流量计为涡轮流量计，其示值频率单位为 Hz。实验流程图下方显示控制点的操作代码。

7.2.2 仿真实验步骤

① 离心泵的排气灌水操作（参考离心泵仿真实验步骤）：关闭泵进水阀 V2，打开排水阀 V3，打开灌水阀 V1。（阀红色时表示打开，无色时表示关闭）。再关闭灌水阀 V1 和排水阀 V3，灌水完毕。

② 启动水泵，选"4"并按"↑"键即泵启动。

③ 全开进水阀 V2，使 V2 开度至 100%。

④ 适度打开排水阀 V3（不宜过小）。

⑤ 压差计排气灌水操作：打开阀 V4，打开阀 V5，接着关闭阀 V5；打开阀 V6 和 V7，排气后关闭阀 V7。

⑥ 打开泵排水阀 V3 至某一值。

⑦ 按"R"键读取第一组数据（包括管路流量和两个压差计的读数）。

⑧ 重复⑥～⑦项操作，记录 10 组左右数据（数据点宜前疏后密）。

⑨ 关闭出口阀 V3。

⑩ 停泵，退出。

注意：操作中，按一下 F 键或 L 键，可加快或减缓调节流量的速度。

7.3 传热仿真实验

本实验测定空气在圆形直管中作强制湍流时的对流传热关联式。

7.3.1 常规操作和操作代码

进入仿真软件目录下，键入 HEAT 回车，出现音乐、实验项目等时，连续回车或按空格键直到显示仿真操作选择菜单，选数字键"1"即进入仿真操作。屏幕出现实验装置图，图形下方显示实验各控制点的操作说明，即仿真操作主菜单，选择相应的代码进行操作。每完成一项操作按回车键又回到主菜单。操作代码如下：

1—风机开关 K1　　　　　　2—热电偶测温观察转换开关

3—换热器排气阀 V1　　　　4—空气流量调节阀 V2

5—加热蒸汽调节阀 V3　　　0—返回

注意：实验中流量计为孔板流量计，其示值为毫米水柱（mmH_2O），温度示值为毫伏（mV）。实验流程图下方显示各控制点的操作代码。

7.3.2　仿真实验步骤

① 打开风机开关 K1，即选数字键"1"操作，按"↑"键后，按回车键。

② 开启空气流量调节阀 V2，即选数字键"4"操作，按"↑"键后，按回车键。

③ 打开蒸汽调节阀 V3，使压强表显示在 $0.5\sim0.6\ kgf/cm^2$ 左右。

④ 打开换热器排气阀 V1 片刻以排除不凝性气体，然后关闭 V1。

⑤ 调 V2 至某一开度（不宜过小），当各点温度稳定后，按"R"键记录第一组数据（包括空气流量、空气进出口温度、空气压强、蒸汽温度、壁温等数据）。

⑥ 重复第⑤项操作，记录 7 组数据。

⑦ 关闭蒸汽调节阀 V3。

⑧ 关闭风机开关 K1，退出。

注意：操作中，按一下 F 键或者 L 键，可加快或减缓调节流量的速度。

7.4　流体流动状态仿真实验

7.4.1　常规操作和操作代码

进入仿真软件目录下，键入 FLUID 回车，出现音乐、实验题目等时，连续回车或按空格键直到仿真操作选择菜单，选"1"即仿真操作主菜单。屏幕出现实验装置图，图形下方显示实验各控制点的操作说明，即仿真操作主菜单，选择相应的代码进行操作。每完成一项操作按回车键又回到主菜单。操作代码如下：

1—自来水进水阀 V1　　　　2—墨水流量调节阀 V2

3—实验管流量调节阀 V3　　4—排水阀 V4

5—活动管　　　　　　　　0—返回

注意：实验中流量计为孔板流量计。

7.4.2　仿真实验步骤

① 打开自来水进入阀 V1。

② 待高位槽水满后，打开流量调节阀 V3，使流量保持较低。

③ 打开墨水阀 V2，此时可观察到墨水随水流动的形状为一直线，即滞流。

④ 按"R"键记录数据。

⑤ 逐步调大调节阀 V3，并观察到墨水形状，按"R"键记录数据。

⑥ 重复第 5 项操作，观察到层流和湍流的流动状态，记录若干组数据。

⑦ 关闭墨水阀 V2。

⑧ 关闭阀 V3 和 V1，退出。

7.5 伯努利方程仿真实验

7.5.1 常规操作和操作代码

进入仿真软件目录下，键入 BLL 回车，出现音乐、实验题目等时，连续回车或按空格键直到仿真操作选择菜单，选"1"即进入仿真操作。屏幕出现实验装置图，图形下方显示实验各控制点的操作说明，即仿真操作主菜单，选择相应的代码进行操作。每完成一项操作按回车键又回到主菜单。操作代码如下：

1—水泵开关 K1　　　　　　2—水流量调节阀 V1
3—测压管方位调节　　　　　0—返回

7.5.2 仿真实验步骤

① 启动水泵：即按数字键"1"，再按"↑"键。
② 待高位槽水满后，打开流量调节阀 V1，使流量保持较低。
③ 逐步开大调节阀 V1，此时可观察到测压管高度随水流量增大而降低。
④ 改变测压管的测压孔与水流方向的方位角，观察测压管中的水位变化。
⑤ 关闭 V1 阀，断开电源开关 K1，退出。

7.6 吸收仿真实验

7.6.1 常规操作和操作代码

进入仿真软件目录下，键入 ABSO 回车，出现音乐、实验题目等时，连续回车或按空格键直到仿真操作选择菜单，选"1"即进入仿真操作。屏幕出现实验装置图，图形下方显示实验各控制点的操作说明，即仿真操作主菜单，选择相应的代码进行操作。每完成一项操作按回车键又回到主菜单。操作代码如下：

1—风机开关 K1　　　　　　2—氨气瓶总阀 V1
3—氨气量调节阀 V2　　　　4—空气流量调节阀 V3
5—自来水流量调节阀 V6　　6—尾气采样阀 V7
0—返回

注意：实验中流量计为转子流量计。实验流程图下方显示各控制点的操作代码。

7.6.2 仿真实验步骤

① 打开自来水调节阀 V6，即选数字键"5"操作，按"↑"键或"↓"键，使喷淋量显示在 $60\sim90$ L/min，然后按回车。
② 全开风机旁通阀 V3，即选择数字键"4"操作，连续按"↑"键，再按回车键。
③ 启动风机，即选择数字键"1"，按"↑"键，再按回车键。
④ 逐渐关闭旁通阀 V3，即选择数字键"4"操作，按"↓"键至发生液泛为止，液泛时喷洒器下端出现横条液体波纹。以上是发生液泛现象时的操作。
⑤ 调整旁通阀 V3 至某一开度，即选择数字键"4"操作，按"↑"键或"↓"键，使空气流量计显示在 20 m³/h 左右。
⑥ 打开氨瓶调节阀 V1，即选择数字键"2"，按"↑"键，再按回车键。

⑦ 调整氨气调节阀 V2，即选择数字键"3"操作，按"↑"键或"↓"键，至氨气流量计示值在 $0.5\sim0.9~\mathrm{m^3/h}$。

⑧ 将 1ml 含有红色指示剂的硫酸倒入吸收器内（此步自动完成）。

⑨ 打开通往吸收器的旋塞 V7，即选择数字键"2"，按"↑"键，再按回车键。

⑩ 当吸收液硫酸由红色转变为黄色时，立即关闭旋塞 V7，即选择数字键"6"，按"↓"键，再按回车键，并按"R"键记录数据。

⑪ 关闭氨气阀 V1 和 V2，即选择数字键"2"，按"↓"键，再按回车键。选择数字键"3"，按"↓"键，再按回车键。

⑫ 关闭风机，即选择数字键"1"，按"↓"键，再按回车键。

⑬ 关闭喷淋水量调节阀 V6，即选择数字键"5"，连续按"↓"键，再按回车键。退出，即选数字键"0"再按回车键。

注意：操作中，按一下 F 键或 L 键，可加快或减缓调节流量的速度。

7.7 干燥仿真实验

7.7.1 常规操作和操作代码

进入仿真软件目录下，键入 DRY 回车，出现音乐、实验项目等时，连续回车或按空格键直到仿真操作选择菜单，选"1"即进入仿真操作。屏幕出现实验装置图，图形下方显示实验各控制点的操作说明，即仿真操作主菜单，选择相应的代码进行操作。每完成一项操作按回车键又回到主菜单。操作代码如下：

1—电源开关 K1　　　　2—电源开关 K2
3—电源开关 K3　　　　4—干燥温度控制调整
5—天平砝码操作　　　　6—空气流量调节阀 V1
7—旁路阀 V2　　　　　8—空气循环量调节阀 V3
9—电源总开关 K　　　　0—返回
a—湿球温度计灌水操作　b—干燥试样（纸板）操作
c—秒表控制操作

注意：实验中流量计为孔板流量计，按"c"键则进入秒表控制操作。

7.7.2 仿真实验步骤

① 给湿球温度计加水，即按"a"键，再按"↑"键，然后按回车键。

② 打开蝶阀 V2，即选数字键"7"，按"↑"键，再按回车键。打开蝶阀 V3，即选数字键"8"，按"↑"键，再按回车键。

③ 打开电源开关 K，即按数字键"9"键，按"↑"键，之后按回车键。

④ 关闭阀 V2，即选数字键"7"，按"↓"键，再按回车键。关闭阀 V3，即选数字键"8"，按"↓"键，再按回车键。

⑤ 打开加热器开关 K1、K2、K3 以加热空气。打开 K1，即选数字键"1"，按"↑"键，再按回车键。打开 K2，即选数字键"2"，按"↑"键，再按回车键。打开 K3，即选数字键"3"，按"↑"键，再按回车键。

⑥ 调整温度控制器设定干燥温度，使其指示值约为 75 ℃，即选择数字键"4"，按"↑"键或"↓"键，可设定在 70～75 ℃之间。

⑦ 当干燥温度 t_1 升至 $70\sim75$ ℃时，关闭一个加热器 K2 或 K3。

⑧ 调整蝶阀 V1，即选择数字键"6"，按"↑"键或"↓"键，使孔板流量计（压差计）示值为 $60mmH_2O$ 左右，然后按回车键。

⑨ 挂上湿纸板试样，即按"b"键，再按"↑"键，然后按回车键。

⑩ 调整天平砝码使物料质量在 $90\sim130$ g 左右，即按"5"键，再按"↑"或"↓"键，使天平第一行显示在以上范围值。第二行数字表示所加砝码比物料重或轻的克数，使其值稍轻一些，即为负值。

⑪ 进入秒表控制操作，待天平平衡时启动秒表1，即按"c"键进入秒表控制点，再按数字键"1"，然后按"R"键记录初始干燥状态数据，按回车键。

⑫ 将天平砝码减少 3 g，再进入秒表控制操作。

⑬ 待天平平衡时停秒表1并同时启动秒表2，按"R"键记录一组数据。

⑭ 将秒表1复零，按回车键，再减去天平砝码 3 g，又进入秒表控制操作。

⑮ 待天平平衡时停秒表2，并同时启动秒表1和按"R"键记录另一组数据。

⑯ 秒表2复零，按回车键，再减去天平砝码3g。

⑰ 重复第13~16步操作，至干燥出现降速阶段以后再记录若干组数据。

⑱ 关闭加热电源 K1、K2、K3 和电源开关 K，退出。

注意：操作中，按一下 F 键或 L 键，可加快或减缓调节流量的速度。

7.8 精馏仿真实验

7.8.1 常规操作和操作代码

进入仿真软件目录下，键入 DIST 回车，出现音乐、实验项目等时，连续回车或按空格键直到仿真操作选择菜单，选1即进入仿真操作。屏幕出现实验装置图，图形下方显示实验各控制点的操作说明，即仿真操作主菜单，选择相应的代码进行操作。每完成一项操作按回车键又回到主菜单。操作代码如下：

1—进料泵 P1	2—进料阀 V1
3—回流阀 V2	4—产品阀 V3
5—残液排放阀 V4	6—冷却水进口阀 V5
7—排气阀 V6	8—塔釜加热开关 K1
9—塔釜加热开关 K2	0—返回
a—塔釜加热开关 K3	b—浓度检测

注意：实验流程图下方显示各控制点的操作代码。

7.8.2 仿真实验步骤

① 开启进料泵，即选数字键"1"，按"↑"键，再按回车键。

② 打开进料阀 V1，即选数字键"2"，按"↑"键，再按回车键。。

③ 待塔釜料液浸没过加热棒后，打开电源开关 K1、K2 和 K3 以加热料液。

④ 打开排气阀 V6，打开冷却水进口阀 V5 和回流阀 V2。

⑤ 当进料达塔釜体积约 4/5 时停止加料，此时进行全回流。

⑥ 当塔顶温度指示约为 $78\sim80$ ℃和塔釜温度为 $100\sim104$ ℃并保持基本不变时，打开产品阀 V3，调整至 $2\sim2.5$ L，回流量在 $3\sim5$ L 之间。

⑦ 打开进料阀 V1，调整至 6～7.5 L。

⑧ 若塔釜料液上升则打开残液阀 V4，并调整产品、进料、回流量各参数以保持物料平衡。

⑨ 当操作稳定时，可检测浓度，即按"b"键，其浓度单位为摩尔分率。

⑩ 当浓度不变时，按"R"键，读取数据。

⑪ 关闭产品出口阀、加热电源、进料阀、残液阀、冷却水阀和回流阀。

⑫ 退出。

注意：操作中，按一下 F 键或 L 键，可加快或减缓调节流量的速度。

7.9 实验数据处理

本实验处理程序可处理仿真操作所记录的数据，也可以处理实验装置采集到的数据。

7.9.1 处理仿真操作实验数据

完成仿真操作并退出后，选"3"进入数据处理操作，连续按"↓"键或"↑"键；使选择标记"长方格"移动至"读磁盘数据"一栏，按回车键，屏幕左下方提示输入数据，按"R"键即读入磁盘数据（做过仿真操作才有数据）。然后再按"↓"键，每按一次读入一组数据，直到读完为止。要显示或打印时，则选中"显示或打印"栏，按回车键，即可把实验数据以实验报告的形式显示或打印出来。每按一次回车键，即显示一屏数据或图形，连续按回车键直到显示完成为止。选中"退出"栏按回车键，则退出数据处理。

7.9.2 处理实验装置采集的数据

选中要输入数据的那一栏，按回车键，输入相应符号或数据，再按回车键，便改变原来数据而输入新的数据。输入各项数据时，可用"→""←"键进行输入或修改，直至正确为止。最后选中"显示或打印"栏，按回车键显示数据处理结果。

7.10 实验知识测评

完成仿真操作退出后，按"2"键，选择实验测评，此时屏幕显示第一大题，可按"↑"键或"↓"键选择每小题进行回答，选中小题后即在题号左端出现提示符，认为对的按"Y"，认为错的按"N"，可以反复按"Y"或"N"。测评题目要求全判断，即多项双向选择。若选择 1 至 9 大题可直接按数字键 1 至 9；若选择 10 至 19 题，先按住 Alt 键，再按数字键；若选 20 至 29 题，先按 Shift 键，然后按数字键进行选择。此外，还可以按 PgDn 键选下一大题，按 PgUp 键选上一大题，按数字"0"选择答题总表，以便观察各题解答情况。

当做题时间满 15min 或按 Ctrl＋End 键（即按 Ctrl 键同时按 End 键），计算机自动退出并给出测评分数，再按回车键返回主菜单。整个操作在屏幕下方有详细说明。

附　　录

附录一　法定计量单位及单位换算

1. SI 基本单位

量的名称	单位名称	单位符号
长度	米	m
质量	千克(公斤)	kg
时间	秒	s
电流	安培	A
热力学温度	开尔文	K
物质的量	摩尔	mol
光强度	坎德拉	cd

2. 常用物理量及单位

物理量	符号	SI 单位	
		名称	符号
质量	m	千克	kg
力(重量)	F,W	牛顿	N
压强(压力)	P	帕斯卡	Pa
密度	ρ	千克每立方米	kg/m^3
黏度	μ	帕斯卡秒	$Pa \cdot s$
功、能、热	W,E	焦耳	J
功率	P	瓦特	W

3. 基本常数与单位

名　称	符　号	数　值
重力加速度(标)	g	$9.80665 \ m/s^2$
波尔茨曼常数	k	$1.38044 \times 10^{-23} \ J/K$
气体常数	R	$8.314 kJ/(kmol \cdot K)$
气体标准 kmol 比容	V_m	$22.4136 m^3/kmol^{-1}$
阿伏伽德罗常数	N_A	$6.02296 \times 10^{23} \ mol^{-1}$
斯蒂芬-波尔茨曼常数	σ	$5.669 \times 10^{-8} \ W/(m^2 \cdot K^4)$
光速(真空中)	c	$2.997930 \times 10^8 m/s$

4. 常用压力单位换算表

压力单位	Pa	$kgf \cdot cm^{-2}$	atm	bar	mmHg
Pa	1	1.019716×10^{-5}	0.9869236×10^{-5}	1×10^{-5}	7.5006×10^{-3}

压力单位	Pa	kgf·cm⁻²	atm	bar	mmHg
kgf·cm⁻²	9.800665×10^4	1	0.967841	0.980665	735.559
atm	1.01325×10^5	1.03323	1	1.01325	760.0
bar	1×10^5	1.019716	0.986923	1	750.062
mmHg	133.3224	1.35951×10^{-3}	1.3157895×10^{-3}	1.33322×10^{-3}	1

附录二　化工原理实验中常用数据表

1. 水的物理性质（摘录）

温度/℃	饱和蒸汽压/kPa	密度/(kg/m³)	焓/(kJ/kg)	比热容/[kJ/(kg·K)]	导热系数 $\lambda\times10^2$/[W/(m·K)]	黏度 $\mu\times10^5$/Pa·s	体积膨胀系数 $\beta\times10^4$/(1/K)	表面张力 $\sigma\times10^3$/(N/m)	普兰特数 Pr
0	0.6082	999.9	0	4.212	55.13	179.21	−0.63	75.61	13.66
10	1.2262	999.7	42.04	4.191	57.45	130.77	+0.70	74.14	9.52
20	2.3346	998.2	83.90	4.183	59.89	100.50	1.82	72.67	7.01
30	4.2474	995.7	125.69	4.174	61.76	80.07	3.21	71.60	5.42
40	7.3766	992.2	167.51	4.174	63.38	65.60	3.87	69.63	4.32
50	12.34	988.1	209.30	4.174	64.78	54.94	4.49	67.67	3.54
60	19.923	983.2	251.12	4.178	65.94	46.88	5.11	66.20	2.98
70	31.164	997.8	292.99	4.187	66.76	40.61	5.70	64.33	2.54
80	47.379	971.8	334.94	4.195	67.45	35.65	6.32	62.57	2.22
90	70.136	965.3	376.98	4.208	68.04	31.65	6.95	60.71	1.96
100	101.33	958.4	419.10	4.220	68.27	28.38	7.52	58.84	1.76
110	143.31	951.0	461.34	4.238	68.50	25.89	8.08	56.88	1.61
120	198.64	943.1	503.67	4.260	68.62	23.73	8.64	54.82	1.47
130	270.25	934.8	546.38	4.266	68.62	21.77	9.17	52.86	1.36
140	361.47	926.1	589.08	4.287	68.50	20.10	9.72	50.70	1.26
150	476.24	917.0	632.20	4.312	68.38	18.63	10.3	48.64	1.18
160	618.28	907.4	675.33	4.346	68.27	17.36	10.7	46.58	1.11
170	792.59	897.3	719.29	4.379	67.92	16.28	11.3	44.33	1.05
180	1003.5	886.9	763.25	4.417	67.45	15.30	11.9	42.27	1.00
190	1255.6	876.0	807.63	4.460	66.99	14.42	12.6	40.01	0.96
200	1554.77	863.0	852.43	4.505	66.29	13.63	13.3	37.66	0.93
210	1917.72	852.8	897.65	4.555	65.48	13.04	14.1	35.40	0.91
220	2320.88	840.3	943.70	4.614	64.55	12.46	14.8	33.15	0.89
230	2798.59	827.3	990.18	4.681	63.73	11.97	15.9	30.99	0.88
240	3347.91	813.6	1037.49	4.756	62.80	11.47	16.8	28.54	0.87
250	3977.67	799.0	1085.64	4.844	61.76	10.98	18.1	26.19	0.86
260	4693.75	784.0	1135.04	4.949	60.48	10.59	19.7	23.73	0.87
270	5503.99	767.9	1185.28	5.070	59.96	10.20	21.6	21.48	0.88
280	6417.24	750.7	1236.28	5.229	57.45	9.81	23.7	19.12	0.89
290	7443.29	732.3	1289.95	5.485	55.82	9.42	26.2	16.87	0.93
300	8592.94	712.5	1344.80	5.736	53.96	9.12	29.2	14.40	0.97
310	9877.6	691.1	1402.16	6.071	52.34	8.83	32.9	12.10	1.02
320	11300.3	667.1	1462.03	6.573	50.59	8.3	38.2	9.81	1.11
330	12879.6	640.2	1526.19	7.243	48.73	8.14	43.3	7.67	1.22
340	14615.8	610.1	1594.75	8.164	45.71	7.75	53.4	5.67	1.38
350	16538.5	574.4	1671.37	9.504	43.03	7.26	66.8	3.81	1.60
360	18667.1	528.0	1761.39	13.984	39.54	6.67	109	2.02	2.36
370	21040.9	450.5	1892.43	40.319	33.73	5.69	264	0.471	6.80

2. 干空气的物理性质（$p = 101.325\text{kPa}$）

温度 t /℃	密度 ρ /(kg/m³)	比热容 C_p /[kJ/(kg·K)]	导热系数 $\lambda \times 10^2$/[W/(m·K)]	黏度 $\mu \times 10^5$ /Pa·s	普兰德数 Pr
−50	1.584	1.013	2.035	1.46	0.728
−40	1.515	1.013	2.117	1.52	0.728
−30	1.453	1.013	2.198	1.57	0.723
−20	1.395	1.009	2.279	1.62	0.716
−10	1.342	1.009	2.360	1.67	0.712
0	1.293	1.009	2.442	1.72	0.707
10	1.247	1.009	2.512	1.77	0.705
20	1.205	1.013	2.593	1.81	0.703
30	1.165	1.013	2.675	1.86	0.701
40	1.128	1.013	2.756	1.91	0.699
50	1.093	1.017	2.826	1.96	0.698
60	1.060	1.017	2.896	2.01	0.696
70	1.029	1.017	2.966	2.06	0.694
80	1.000	1.022	3.047	2.11	0.692
90	0.972	1.022	3.128	2.15	0.690
100	0.946	1.022	3.210	2.19	0.688
120	0.898	1.026	3.338	2.29	0.686
140	0.854	1.026	3.489	2.37	0.684
160	0.815	1.026	3.640	2.45	0.682
180	0.779	1.034	3.780	2.53	0.681
200	0.746	1.034	3.931	2.60	0.680
250	0.674	1.043	4.268	2.74	0.677
300	0.615	1.047	4.605	2.97	0.674
350	0.566	1.055	4.908	3.14	0.676
400	0.524	1.068	5.210	3.31	0.678
500	0.456	1.072	5.745	3.62	0.687
600	0.404	1.089	6.222	3.91	0.699
700	0.362	1.102	6.711	4.18	0.706
800	0.329	1.114	7.176	4.43	0.713
900	0.301	1.127	7.630	4.67	0.717
1000	0.277	1.139	8.071	4.90	0.719
1100	0.257	1.152	8.502	5.12	0.722
1200	0.239	1.164	9.153	5.35	0.724

3. 常用气体的重要物理性质（$p = 101.325\text{kPa}$）

名称	分子式	相对分子质量	密度(标态) /(kg/m³)	比热容(标态)kJ/(kg·K)	黏度(标态) 10^{-5}Pa·s	沸点℃	汽化潜热 kJ/kg	导热系数(标态)W/(m·K)
空气	—	28.95	1.293	1.009	1.73	−195	197	0.0244
氧气	O_2	32	1.429	0.653	2.03	−132.98	213	0.0240
氮气	N_2	28.02	1.251	0.745	1.70	−195.78	199.2	0.0228
氢气	H_2	2.016	0.0899	10.13	0.842	−252.75	454.2	0.163
二氧化碳	CO_2	44.01	1.976	0.653	1.37	−78.2	574	0.0137
二氧化硫	SO_2	64.07	2.927	0.502	1.17	−10.8	394	0.0077
二氧化氮	NO_2	46.01	—	0.615	—	+21.2	712	0.0400
硫化氢	H_2S	34.08	1.539	0.804	1.166	−60.2	548	0.0131

4. 常用液体的重要物理性质（$p=101.325\text{kPa}$）

名称	分子式	相对分子质量	密度(20℃)/(kg/m³)	沸点(101.3kPa)℃	气化潜热(101.3kPa) kJ/kg	比热容(20℃,101.3kPa) kJ/(kg·K)	黏度(20℃) 10^{-5}Pa·s	导热系数(20℃) W/(m·K)	体积膨胀系数(20℃) $\beta\times10^4$,1/K	表面张力(20℃) $\sigma\times10^3$,N/m
水	H_2O	18.02	998	100	2258	4.183	1.005	0.599	0.182	78
盐水(25% NaCl)	—	—	1180 (25℃)	107	—	3.39	2.3	0.57 (30℃)	0.44	—
盐水(25% CaCl₂)	—	—	1228	107	—	2.89	2.5	0.57	0.34	—
硫酸	H_2SO_4	98.08	1831	340(分解)	—	1.47 (98%)	23	0.38	0.57	
硝酸	HNO_3	63.02	1513	86	481.1		1.17 (10℃)			
盐酸(30%)	—	36.47	1149	—	—	2.55	2(31.5%)	0.42	1.21	
二硫化碳	CS_2	76.13	1262	46.3	352	1.00	0.38	0.16	1.59	32
四氯化碳	CCl_4	153.82	1594	76.8	195	0.850	1.0	0.12		26.8
苯	C_6H_6	78.11	879	80.10	394	1.70	0.737	0.148	1.24	28.6
甲苯	C_7H_8	92.13	867	110.63	363	1.70	0.675	0.138	1.09	27.9
乙醇	C_2H_5OH	46.07	789	78.3	846	2.395	1.15	0.172	1.16	22.8
乙醇(95%)	—	—	804	78.2	—	—	1.4	—	—	—
煤油	—	—	780~820	—	—	—	0.7~0.8	0.13 (30℃)	1.00	—
汽油	—	—	680~800	—	—	—	—	—	1.25	—

5. 常用固体材料的重要物理性质（常态）

名称	密度/(kg/m³)	导热系数/[W/(m·K)]	比热容/[kJ/(kg·K)]
(1)金属			
钢	7850	45.3	0.46
不锈钢	7900	17	0.50
铸铁	7220	62.8	0.50
铜	8800	383.8	0.41
青铜	8000	64.0	0.38
黄铜	8600	85.5	0.38
铝	2670	203.5	0.92
镍	9000	58.2	0.46
铅	11400	34.9	0.13
(2)塑料			
酚醛	1250~1300	0.13~0.26	1.3~1.7
聚氯乙烯	1380~1400	0.16	1.8
聚苯乙烯	1050~1070	0.08	1.3
低压聚乙烯	940	0.29	2.6
高压聚乙烯	920	0.26	2.2
有机玻璃	1180~1190	0.14~0.20	
(3)建筑、绝热和耐酸材料等			
干沙	1500~1700	0.45~0.48	0.8
混凝土	2000~24000	1.3~1.55	0.84
软木	100~300	0.041~0.064	0.96
石棉布	770	0.11	0.816
石棉水泥板	1600~1900	0.35	
玻璃	2500	0.74	0.67

名称	密度/(kg/m³)	导热系数/[W/(m·K)]	比热容/[kJ/(kg·K)]
耐酸陶瓷制品	2200～300	0.93～1.0	0.75～0.80
耐酸搪瓷	2300～2700	0.99～1.04	0.84～1.26
橡胶	1200	0.16	1.38
冰	900	2.3	2.11

附录三 常用二元物系的气液平衡组成

1. 乙醇-水（$p=101.325\text{kPa}$）

沸点/℃	液相组成(乙醇摩尔分数)/%	汽相组成(乙醇摩尔分数)/%	沸点/℃	液相组成(乙醇摩尔分数)/%	汽相组成(乙醇摩尔分数)/%
97.65	0.79	8.76	81.90	28.12	56.71
95.80	1.61	16.34	81.70	29.80	57.41
94.15	2.34	21.45	81.50	31.47	58.11
92.60	3.29	26.21	81.30	33.24	58.78
91.30	4.16	29.92	81.20	35.09	59.55
90.50	5.07	33.06	81.00	36.98	60.29
89.20	5.98	35.83	80.85	38.95	61.02
88.30	6.86	38.06	80.65	41.02	61.61
87.70	7.95	40.18	80.50	43.17	62.52
87.00	8.92	42.09	80.40	45.41	63.43
86.40	9.93	43.82	80.20	47.74	64.21
85.95	11.00	45.41	80.00	50.16	65.34
85.40	12.08	46.90	79.85	52.68	66.28
85.00	13.19	48.08	79.72	55.34	67.42
84.70	14.35	49.30	79.65	58.11	68.76
84.30	15.55	50.27	79.50	61.02	70.29
83.85	16.77	51.27	79.30	64.05	71.86
83.70	18.03	52.04	79.10	67.27	73.61
83.40	19.34	52.68	78.85	70.63	75.82
83.10	20.68	53.46	78.65	74.15	78.00
82.65	22.07	54.12	78.50	77.88	80.42
82.50	23.51	54.80	78.30	81.83	83.26
82.35	25.00	55.48	78.20	85.97	86.40
82.15	26.53	56.03	78.15	89.41	89.41

2. 乙醇-正丙醇（$p=101.325\text{kPa}$）

沸点/℃	液相组成(乙醇摩尔分数)	汽相组成(乙醇摩尔分数)	沸点/℃	液相组成(乙醇摩尔分数)	汽相组成(乙醇摩尔分数)
97.16	0	0	84.98	0.546	0.711
93.85	0.126	0.240	84.13	0.600	0.760
92.66	0.188	0.318	83.06	0.663	0.799
91.60	0.210	0.339	80.59	0.844	0.914
88.32	0.358	0.550	78.38	1.0	1.0
86.25	0.461	0.650			

3. 常压下乙醇-水溶液的平衡数据

液相组成（乙醇摩尔分数）	汽相组成（乙醇摩尔分数）	液相组成（乙醇摩尔分数）	汽相组成（乙醇摩尔分数）
0.0	0.0	0.45	0.635
0.01	0.110	0.50	0.657
0.02	0.175	0.55	0.678
0.04	0.273	0.60	0.698
0.06	0.340	0.65	0.725
0.08	0.392	0.70	0.755
0.10	0.430	0.75	0.785
0.14	0.482	0.80	0.820
0.18	0.513	0.85	0.855
0.20	0.525	0.894	0.894
0.25	0.551	0.90	0.898
0.30	0.575	0.95	0.942
0.35	0.595	1.0	1.0
0.40	0.614		

附录四　常用气体溶于水的亨利系数

气体	温度/℃															
	0	5	10	15	20	25	30	35	40	45	50	60	70	80	90	100
	$E\times10^{-6}$/kPa															
H_2	5.87	6.16	6.44	6.70	6.92	7.16	7.39	7.52	7.61	7.70	7.75	7.75	7.71	7.65	7.61	7.55
N_2	5.35	6.05	6.77	7.48	8.15	8.76	9.36	9.98	10.5	11.0	11.4	12.2	12.7	12.8	12.8	12.8
空气	4.38	4.94	5.56	6.15	6.73	7.30	7.81	8.34	8.82	9.23	9.59	10.2	10.6	10.8	10.9	10.8
CO	3.57	4.01	4.48	4.95	5.43	5.88	6.28	6.68	7.05	7.39	7.71	8.32	8.57	8.57	8.57	8.57
O_2	2.58	2.95	3.31	3.69	4.06	4.44	4.81	5.14	5.42	5.70	5.96	6.37	6.72	6.96	7.08	7.10
CH_4	2.27	2.62	3.01	3.41	3.81	4.18	4.55	4.92	5.27	5.58	5.85	6.34	6.75	6.91	7.01	7.10
NO	1.71	1.96	2.21	2.45	2.67	2.91	3.14	3.35	3.57	3.77	3.95	4.24	4.44	4.54	4.58	4.60
C_2H_6	1.28	1.57	1.92	2.90	2.66	3.06	3.47	3.88	4.29	4.69	5.07	5.72	6.31	6.70	6.96	7.01
	$E\times10^{-5}$/kPa															
C_2H_4	5.59	6.62	7.78	9.07	10.3	11.6	12.9	—	—	—	—	—	—	—	—	—
N_2O	—	1.19	1.43	1.68	2.01	2.28	2.62	3.06	—	—	—	—	—	—	—	—
CO_2	0.738	0.888	1.05	1.24	1.44	1.66	1.88	2.12	2.36	2.60	2.87	3.46	—	—	—	—
C_2H_2	0.73	0.85	0.97	1.09	1.23	1.35	1.48	—	—	—	—	—	—	—	—	—
Cl_2	0.272	0.334	0.399	0.461	0.537	0.604	0.669	0.74	0.80	0.86	0.90	0.97	0.99	0.97	0.96	—
H_2S	0.272	0.319	0.372	0.418	0.489	0.552	0.617	0.686	0.755	0.825	0.689	1.04	1.21	1.37	1.46	1.50
	$E\times10^{-4}$/(kPa)															
SO_2	0.167	0.203	0.245	0.294	0.355	0.413	0.485	0.567	0.661	0.763	0.871	1.11	1.39	1.70	2.01	—

附录五　折射率表

1. 某些液体的折射率

物质名称	分子式	密度/(kg/m³)	温度/℃	折射率
丙醇	CH_3COCH_3	0.791	20	1.3593
甲醇	CH_3OH	0.794	20	1.3290
乙醇	C_2H_5OH	0.800	20	1.3618

物质名称	分子式	密度/(kg/m³)	温度/℃	折射率
苯	C_6H_6	1.880	20	1.5012
二硫化碳	CS_2	1.263	20	1.6276
四氯化碳	CCl_4	1.591	20	1.4607
三氯甲烷	$CHCl_3$	1.489	20	1.4467
乙醚	$C_2H_5OC_2H_5$	0.715	20	1.3538
甘油	$C_3H_8O_3$	1.260	20	1.4730
松节油		0.87		1.4721
橄榄油		0.92	20	1.4763
水	H_2O	1.00	20	1.3330

2. 不同温度下水和乙醇的折射率

温度/℃	纯水	99.8%乙醇	温度/℃	纯水	99.8%乙醇
14	1.33348	—	34	1.33136	1.35474
15	1.33341	—	36	1.33107	1.35390
16	1.33333	1.36210	38	1.33079	1.35306
18	1.33317	1.36129	40	1.33051	1.35222
20	1.33299	1.36048	42	1.33023	1.35138
22	1.33281	1.35967	44	1.32992	1.35054
24	1.33262	1.35885	46	1.32959	1.34969
26	1.33241	1.35803	48	1.32927	1.34885
28	1.33219	1.35721	50	1.32894	1.34800
30	1.33192	1.35639	52	1.32860	1.34715
32	1.33164	1.35557	54	1.32827	1.34629

附录六　乙醇-正丙醇物系的温度-折射率-乙醇浓度关系

质量分数	温度/℃		
	25	30	35
0	1.3827	1.3809	1.3790
5.052	1.3815	1.3796	1.3775
9.985	1.3797	1.3784	1.3762
19.74	1.3770	1.3759	1.3740
29.50	1.3750	1.3755	1.3719
39.77	1.3730	1.3712	1.3692
49.70	1.3705	1.3690	1.3670
59.90	1.3680	1.3668	1.3650
64.45	1.3607	1.3657	1.3634
71.01	1.3658	1.3640	1.3620
79.83	1.3640	1.3620	1.3600
84.42	1.3628	1.3607	1.3590
90.64	1.3618	1.3593	1.3573
95.09	1.3606	1.3584	1.3553
100	1.3589	1.3574	1.3551

附录七　管子、管件、阀门的种类、用途及管子连接方法

管子、管件及阀门是构成管路的基本部件，是气体和液体输送时的主要设备。这里简单

介绍常用管子、管件及阀门的名称、特点及适用场合。

1. 常用管子的种类及用途

按管子的材料来分，常用管子和它们的特点以及适用的场合如下：

(1) 铸铁管：价格低廉，耐腐蚀性比刚强，但是笨重，强度较差，常用作埋于地下的给水总管、煤气管及污水管等，不宜用作有毒的或爆炸性气体输送管，也不宜作为高温蒸气管。

(2) 普通（碳）钢管：这是目前化工厂应用最广泛的一种管子。根据制造方法不同，它又分为焊接钢管和无缝钢管两种。

① 焊接钢管。又称水煤气管，因为它常用于水、煤气、暖气、压缩空气及真空管路，当然也可以输送其他无腐蚀性、不易燃烧的流体。根据承受力大小的不同，水煤气管有普通级 [极限工作压力为 1.013×10^6 Pa（表压）] 和加强级 [极限工作压力为 1.621×10^6 Pa（表压）] 两种。根据它是否镀锌，水煤气管又分为两种，镀了锌的俗称"镀锌钢管"，没有镀锌的，俗称"黑铁管"。它们的供应长度一般为 4～9 m，公称直径 2 寸以下的管子常采用螺纹连接，管子两头车有螺纹。水煤气管的品种规格可参看有关资料。公称直径，又也叫名义直径，并不是管子的真实内径或外径。通常极限工作压力是对 0～120℃温度范围而言的，如果温度升高，所能承受的极限工作压力将相应降低。例如：121～300℃时，极限工作压力只有 0～120℃时的 80%，301～400℃时，只有 64%。

② 无缝钢管。又分为冷拔管及热轧管两种，多用于高压、高温（435 ℃以下）而无腐蚀性的流体输送。它的规格用外径×壁厚表示，例如 $\Phi 40 \times 3.5$，单位为 mm。

(3) 合金钢管：主要用于温度极高（可达 950 ℃）的场合或腐蚀性强烈的流体，合金钢管种类很多，其中以镍铬不锈钢应用最为广泛。

(4) 紫铜管与黄铜管：性软，重量较轻，导热性好，低温下冲击韧性高，宜作热交换器管子及低温下管子（但不能输送氨、二氧化碳等）。黄铜管可以处理海水，紫铜管常用于传递有压力的液体（作压力传递管）。

(5) 铅管：性软、易于锻制、焊接，机械强度差，能抗硫酸以及 10 ℃以下的盐酸，最高允许温度为 140 ℃，多用于硫酸工业。

(6) 铝管：能耐酸腐蚀，但不能耐碱腐蚀，多用于输送浓硝酸、蚁酸、醋酸等。

(7) 陶瓷管：能耐酸碱，但性脆、强度低、不耐压，多用于腐蚀性污水的管道。

(8) 塑料管：种类很多，总的特点是质轻，抗蚀性好，加工容易，可任意弯曲或延伸，但耐热性及耐寒性都差，耐压性也不够好，可用于低压下常温酸碱液的输送，但是随着塑胶性能的改进，塑料管有取代金属管的可能。

(9) 橡胶管：能耐酸碱，抗蚀性好，且有弹性可任意弯曲，但易老化，工厂中多用作临时性管道。

2. 常用管件的种类及用途

管件主要用来连接管子，以达到延长管路，改变流向，分支及合流等目的。最基本的管件如附图 1 所示。其中：

(1) 用来改变流向的管件有：90°弯头、45°弯头、回弯头。

(2) 用来接支管的管件有：三通管、十字管。

(3) 用来改变管径的管件有：异径管（大小头）、管衬（内外牙）。

(4) 用来堵塞管路的管件有：管帽、管塞。

(5) 用来延长管路的管件有：内牙管、法兰、活接管。

3. 常用阀门的种类及用途

阀门是启闭或调节管内流量的部件，其种类繁多，最基本的有下列几种。

(1) 旋塞。如附图 2 所示，主要部分为一可转动的圆锥形，旋塞中有孔道。当旋塞转至一定角度时，孔道与管路联通，流体即经孔道而过，再转 90°管流即完全停止。

这种阀门因为构造简单，启闭迅速，流体阻力小，因此可用于气体及悬浮液的输送。但因为其不能精确调节流量，故多用于全开，全关的场合；此外，还因为旋塞的边较直，旋转比较困难（如果太斜又易被冲出），故多用在小直径的管路中。

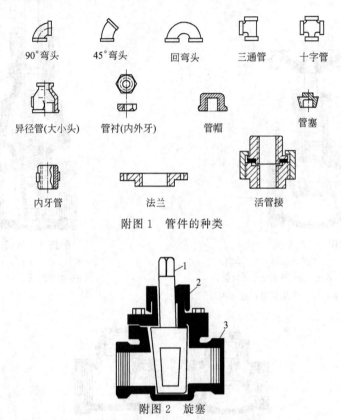

附图 1　管件的种类

附图 2　旋塞

1—阀杆（带锥形塞）；2—填料；3—阀体

(2) 球心阀。如附图 3 所示，其主要部分为盘塞与盘座，盘塞可通过手轮使之上下移动。当盘塞与盘座分开时，管流即通盘塞与盘座接触后，管流停止。

这种阀门构造比较复杂，流体阻力较大，但严密可靠，可较精确地控制流量，常用于蒸气、压缩空气与真空管路，也可用于液体管路。但不宜用于悬浮液，因颗粒会堵塞通道，磨损盘座，使阀关闭不严。

如果将盘座孔径缩小，配以针状盘塞，即成"节流阀"，它能准确地控制流量，多用于高压气体管路之调节。

(3) 闸门阀。如附图 4 所示，其主要部分为一闸门，通过闸门升降以启闭管路。这种闸门全开时流体阻力小，全闭时又较严密，故多用于大型管路上作启闭阀，不大用作流量调节，但在小管路中也有用它作为调节阀的。

(4) 止逆阀（单向阀）。止逆阀是一种根据阀前阀后的压力差而自动启闭的阀门。它的作用是使介质只作一定方向的流动，而阻止其逆向流动。

根据阀门结构的不同，止逆阀可分升降式和摇板式，见附图 5。升降式止逆阀的阀体与球形阀相似，但阀瓣上有导杆，可以在阀座的导向套筒内自由升降。当介质自左向右流动时，能推开阀盘而流动，流动方向相反时，则阀盘下降，截断通路。安装升降式止回阀时，应水平安装，以保证阀盘升降灵活与工作可靠。

摇板式系利用摇板来启闭的。安装时，注意介质的流向（见附图5），只要保证摇板的旋转轴呈水平，即可装在水平或垂直的管道上。

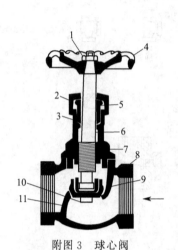

附图 3　球心阀

1—手轮螺母；2—填函盖螺母；3—填料；
4—手轮；5—填函盖；6—阀杆；7—阀盖；
8—阀体；9—盘座；10—阀盘螺母；11—阀盘

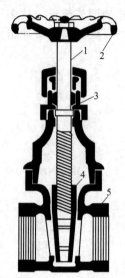

附图 4　闸门阀

1—阀杆；2—手轮；3—填料；
4—楔形闸板；5—阀体

(a) 升降式　　　　(b) 摇板式

附图 5　止逆阀

4. 管子的连接

一般管子都有一定的长度，因此管路铺设中一定有管子的连接问题。常用连接方法有以下 3 种。

（1）螺纹连接。小直径管，如水煤气管常用这种连接法。这时要借助于内牙管，活管接和法兰只在考虑管子需要装拆时才安装，前者多用于小管，后者多用于 2 寸以上的管路。

（2）插套连接。多用于铸铁管、水泥管和陶瓷管中。

（3）焊接连接。即将管子直接焊接，但在需要装拆之处也可装上法兰（法兰则焊于管上）。这种连接简单、便宜、牢固且严密，多用于无缝钢管、有色金属管等。

5. 管子管件的图标符号

常用管子、管件的图示符号如附图 6 所示。

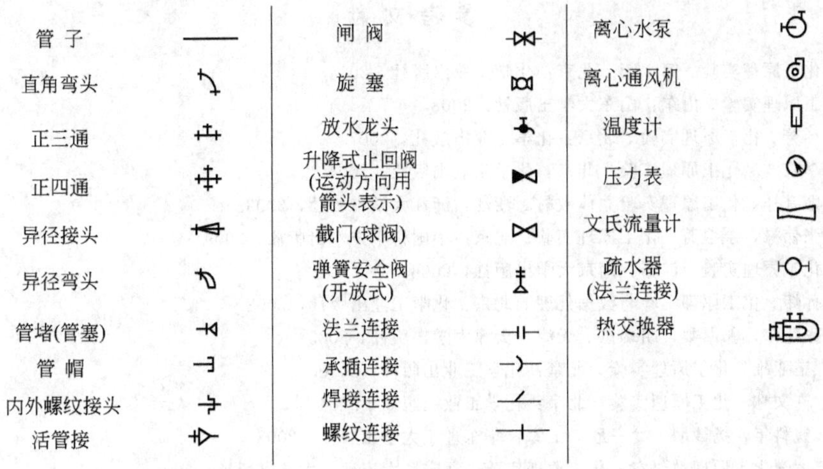

管 子	——	闸 阀	离心水泵
直角弯头		旋 塞	离心通风机
正三通		放水龙头	温度计
正四通		升降式止回阀 (运动方向用 箭头表示)	压力表
异径接头		截门(球阀)	文氏流量计
异径弯头		弹簧安全阀 (开放式)	疏水器 (法兰连接)
管堵(管塞)		法兰连接	热交换器
管 帽		承插连接	
内外螺纹接头		焊接连接	
活管接		螺纹连接	

附图 6　常用管子、管件的图示符号

注：管件、阀门除声明外均为螺纹连接符号

参 考 文 献

[1] 杨祖荣. 化工原理实验. 第 2 版. 北京：化学工业出版社，2014.

[2] 徐伟. 化工原理实验. 山东：山东大学出版社，2008.

[3] 杨涛，卢琴芳. 化工原理实验. 北京：化学工业出版社，2007.

[4] 王雪静，李晓波. 化工原理实验. 北京：化学工业出版社，2004.

[5] 姚克俭，姬登祥. 化工原理实验立体教材. 浙江：浙江大学出版社，2009.

[6] 赵亚娟，张伟禄，余卫芳. 化工原理实验. 北京：中国科学技术出版社，2009.

[7] 徐国想. 化工原理实验. 江苏：南京大学出版社，2006.

[8] 王存文，孙炜. 化工原理实验与数据处理. 北京：化学工业出版社，2008.

[9] 张金利，张建伟，郭翠梨，胡瑞杰. 天津：天津大学出版社，2005.

[10] 赫文秀，王亚雄. 化工原理实验. 北京：化学工业出版社，2010.

[11] 王雅琼，许文林. 化工原理实验. 北京：化学工业出版社，2004.

[12] 马江全，魏科年，杨德明，冷一欣. 上海：华东理工大学出版社，2008.

[13] 大连理工大学化工原理教研室. 化工原理实验. 辽宁：大连理工大学出版社，2002.

[14] 伍钦，邹华生，高桂田. 化工原理实验. 广州：华南理工大学出版社，2008.

[15] 卫静莉. 化工原理实验. 北京：国防工业出版社，2010.

[16] 陈寅生. 化工原理实验及仿真. 上海：华东大学出版社，2008.

[17] 国振双，邢进，张伟光. 化工原理实验指导. 哈尔滨：哈尔滨地图出版社，2007.

[18] 顾正荣，涂国云. 化工/食工原理实验. 北京：中国纺织出版社，2010.

[19] 赵俊廷. 化工原理实验. 河南：河南科学技术出版社，2011.